职业院校教学用书

供配电技术与技能训练

（第 2 版）

沈柏民　主　编
陆晓燕　沈骁茜　副主编

電子工業出版社
Publishing House of Electronics Industry
北京•BEIJING

内 容 简 介

本书依据职业院校《电气设备运行与控制专业教学标准》，参照变配电运维、配电线路运维、输电线路施工及运维等职业技能等级标准编写而成。

本书通过项目化、任务化形式，以项目为核心，重构专业理论知识和技能训练，贯彻“做中学，做中教”的教育理念，其内容面向实际，与职业岗位“接轨”，落实X证书标准要求，将供配电系统技术与技能训练相结合，培养学生工厂变配电系统运维核心技能。本书内容主要包括认识工厂供配电系统、认识电力负荷和短路故障、实施工厂变配电所电气设备巡查与维护、实施工厂供配电线路运行与维护、实施电力变压器运行与维护、认识工厂供配电系统过电流保护、工厂供配电系统防雷与接地装置的维护、实施工厂供配电系统运行管理与事故处理8个教学项目。

本书配有电子教学参考资料包（包括教学指南、电子教案、习题答案）。

本书适合作为职业院校电气设备运行与控制、机电技术应用专业及装备制造类、自动化类相关专业教学用书，也可作为相关工种职业技能培训与职业技能鉴定辅导用书。

图书在版编目（CIP）数据

供配电技术与技能训练 / 沈柏民主编. —2版. —北京：电子工业出版社，2022.5

ISBN 978-7-121-43371-9

Ⅰ. ①供… Ⅱ. ①沈… Ⅲ. ①供电系统－职业教育－教材②配电系统－职业教育－教材 Ⅳ. ①TM72

中国版本图书馆CIP数据核字（2022）第073653号

责任编辑：蒲 玥　　　　特约编辑：田学清
印　　刷：三河市华成印务有限公司
装　　订：三河市华成印务有限公司
出版发行：电子工业出版社
　　　　　北京市海淀区万寿路173信箱　　　邮编：100036
开　　本：880×1230　1/16　印张：17　字数：391.7千字
版　　次：2006年5月第1版
　　　　　2022年5月第2版
印　　次：2025年2月第7次印刷
定　　价：39.80元

凡所购买电子工业出版社图书有缺损问题，请向购买书店调换。若书店售缺，请与本社发行部联系，联系及邮购电话：（010）88254888，88258888。

质量投诉请发邮件至zlts@phei.com.cn，盗版侵权举报请发邮件到dbqq@phei.com.cn。

本书咨询联系方式：010-88254485，puyue@phei.com.cn。

前 言

本书是职业教育理实一体化教材《供配电技术与技能训练》的第 2 版。本书自第 1 版出版以来，得到了广大职业院校师生的一致好评。为贯彻落实《国家职业教育改革实施方案》等文件精神要求，适应“互联网+职业教育”的发展需求，跟随信息技术发展和产业升级，使教材内容更加贴近教学实际，与职业院校电气设备运行与控制、机电技术应用等专业人才培养目标相符，与行业企业的技术发展接轨，与职业院校学生的认知水平相洽，符合技术技能人才成长规律和学习认知特点，反映职业教育专业升级和数字化改造的最新成果，在继承前版教材优点的基础上，广泛听取一线教师建议，对本书进行了修订。

本书修订充分借鉴国内外优秀教材的特点，依据职业院校《电气设备运行与控制专业教学标准》的要求，对接行业企业主流生产技术，注重吸收行业发展的新知识、新技术、新工艺、新方法，通过校企合作，以项目引领、任务驱动模式编排教材内容，基本保持前版教材的框架不变，注重教材内容与 X 证书考核内容相融合，使教材更加突出思想性，促进“三全育人”；更加注重基础性，夯实学生个性发展的共同基础；更加体现职业性，突出实践育人；更加反映时代性，体现先进教育思想和教育理念。本书改动如下。

1．增加课程思政内容，落实“三全育人”

坚持“课程是教育思想、目标和内容的主要载体，课堂教学是学校教育最基本的形式，课程应发挥思想政治教育作用”的要求，突出以社会主义核心价值观为引领，以理想信念教育为核心，以课程思政为抓手，紧紧围绕立德树人根本任务，通过课程思政把理想信念、职业道德、工匠精神、奉献社会等思想政治核心元素融入课程教学内容和课程育人功能中。

2．适度调整教材内容，适应 X 证书制度

根据电气设备运行与控制等专业教学标准和变配电运维、配电线路运维、输电线路施工及运维等职业技能等级标准要求，以供配电系统运维等工作任务为主线，以适应相关专业面向多个职业类别的主要岗位或技术领域，针对素质、知识和能力的相关要求，对接国际先进职业教育理念，突出理论和实践相统一，促进书证融通，在工厂变配电所电气设备、工厂供配电线路及运行维护等内容中吸收了比较成熟的新技术、新工艺、新规范，并根据最新的国家标准调整了一些文字表述，使教材内容更加注重以真实生产项目、典型工作任务和案例等为载体来组成教学项目，以适应X证书的考核需求。

3．整合课程教学资源，打造高效课堂

对编写团队在教学实践中开发的课程教学资源进行整合，借助现代信息技术手段，通过扫描二维码即可浏览阅读材料等数字资源，随扫随学，突破传统课堂教学的时空限制，以激发学生自主学习的兴趣，提升学习效率，打造高效课堂。

本书由杭州市中策职业学校沈柏民担任主编，嘉兴海宁市技师学院陆晓燕、浙江科技学院沈骁茜担任副主编，由沈柏民负责统稿。其中沈柏民编写项目三、项目四、项目五，陆晓燕编写项目一，沈骁茜编写项目二，杭州市中策职业学校柴芳政编写项目六的任务一至任务四，杨勇编写项目六的任务五和任务六，陈美飞编写项目六的任务七，嘉兴海宁市职业高级中学姚忠杰编写项目七的任务一至任务三，浙江省衢州数字工业学校蒋文峰编写项目七的任务四、项目八的任务一和任务二，湖州市长兴县职业技术教育中心学校霍永红编写项目八的任务三和任务四。

本书在编写过程中得到了杭州市中策职业学校万亮斌、童立立，湖州市长兴县职业技术教育中心学校王旖旎，湖州市德清县中等职业学校王琦英，丽水市职业高级中学朱志明，山东省日照市机电工程学校刘瑞新，浙江华叉搬运设备有限公司朱晓靖、杭州地铁集团公司何宁刚等教师、工程师、技术人员的大力支持，在此一并表示感谢。

为了方便教师教学，本书还配有电子教学参考资料包（包括教学指南、电子教案、习题答案），请有此需要的教师登录华信教育资源网下载。

由于编者水平有限，书中难免存在不足之处，恳请使用本书的师生和读者批评指正，以便进一步完善本书。读者意见反馈邮箱：Zcsbm1967@163.com。

编　者

2021年11月

目　录

项目一

认识工厂供配电系统

项目介绍

本项目主要介绍工厂供配电系统的基本概念和基础知识，是学生学习本课程的预备知识。其主要内容有电能的特点及工厂供配电的基本要求、电力系统的组成与要求、电力系统的电压等级、电力系统中性点的运行方式、低压配电系统的接地形式和工厂供配电系统。学习本项目时，应将重点放在对基本概念的认识和基础知识的理解上。

通过参观工厂供配电系统，学生可对工厂供配电系统有一个初步的认识。

知识目标

✧ 掌握电能的特点及工厂供配电的基本要求。

✧ 掌握电力系统的组成与要求。

✧ 掌握电力系统的电压等级。

✧ 理解电力系统中性点的运行方式。

✧ 掌握低压配电系统的接地形式。

✧ 掌握工厂供配电系统的组成和工厂供配电电压的选择方法。

技能目标

✧ 能根据负荷大小、供电距离确定电气设备的供电电压。

✧ 会进行消弧线圈的巡查与维护。

✧ 能正确处理消弧线圈的异常运行及故障。

任务一　认识电能的特点及工厂供配电的基本要求

电能是现代工业生产和人民生活的主要能源和动力。由于电能具有从发电、供电到使用几乎同时完成的特性，因此任何一个部门或环节，电气设备的结构和装置不完善或作业人员的错误操作，都会导致电气事故的发生，引起严重的后果，轻者伤人或设备损坏，重者人员死亡和电力系统瘫痪，波及国民经济各部门及人民生活。因此，做好电能的生产和供应就显得特别重要。

一、电能的特点

电能作为二次能源，具有很多优于其他能源的特点，如表1-1所示。

表1-1　电能的特点

序号	特　点	说　明
1	易于能量转换	电能可由煤炭、石油、天然气、水力、核能、太阳能、风能等一次能源转换而来；而电能通过一定的设备或装置又能很方便地转换成机械能、光能、热能等供人们使用
2	易于远距离输送	通过输电、变电及配电设备，电能可以很方便地进行远距离输送。例如，我国规模较大的“西电东送”工程，就是将一次能源比较集中的西部发电厂发出的电能通过输电线路输送到东部发达地区
3	易于调整和控制，利于实现生产自动化	电能通过一定的设备可以很容易地实现电压高低、交直流变换和信号转换，以满足输送、配电的需要和实现生产过程的自动控制功能
4	耗费较低，利于提高经济效益	电能在现代化生产中虽然占有很重要的地位，但电能在产品生产成本中占有的比例却很小（除电化工业外）。在一般机械产品生产中，电费开支仅占产品成本的5%左右。电能的应用有利于增加产量，提高产品质量，提高劳动生产效率，减轻工人劳动强度，降低生产成本，提高经济效益

二、工厂供配电的基本要求

工厂供配电工作要很好地为工业生产服务，切实保障工厂生产和生活用电的需求，并做好安全用电、节约用电和计划用电工作。工厂供配电的基本要求如表1-2所示。

表1-2　工厂供配电的基本要求

序　号	要　求	说　明
1	保证供电的安全可靠	保证安全、可靠地供电是工厂供配电工作的首要任务。工厂供电一旦中断将导致生产停顿、生活秩序混乱，甚至会发生人身和设备安全事故，造成严重的经济损失和社会影响。 工厂供配电的可靠性应满足电能用户对供电可靠性（连续供电）的要求。可靠性应与负荷的类别和性质相对应，对于不同生产类别和性质的负荷，其供电可靠性要求不同，应根据具体情况和要求，保证必要的供电可靠性要求。对于在供配电工作中的安全性，应确保在工厂供配电工作中不发生任何人身和设备安全事故。 保证供电的安全可靠，除要求供电电源要可靠外，还与工厂供配电系统的设计、电气设备的选择和运行维护等因素有关
2	保证良好的电能质量	衡量工厂供电电能质量的指标是电压和频率。我国规定交流电的频率为50Hz（工频），允许偏差范围是±0.2～±0.5Hz；各级额定电压允许偏差为±5%U_N。保证良好的电能质量，就是在工厂供配电工作中，保证电能的频率和电压相对比较稳定，偏差范围在国家规定的允许范围之内，保证工厂供配电系统中电气设备的使用寿命，保证工厂供配电系统的运行安全和生产产品的质量

续表

序　　号	要　　求	说　　明
3	保证灵活的运行方式	保证灵活的运行方式，主要是指工厂供配电系统主接线的设计应力求简单，且可根据负荷变化的需要，能灵活、简便、迅速地由一种运行状态切换到另一种运行状态，避免发生误操作。另外，在不停电的情况下，能保证设备的维护、检修工作安全、方便地进行
4	保证具有经济性	保证具有经济性，主要是指在安全、可靠、优质供配电的前提下，使工厂供配电系统的建设投资和年运行费用最低。由于工厂供配电系统建设和电费指标占企业产品成本的比例较小，因此在工厂供配电系统设计和设备购置上，应充分考虑工厂供配电系统运行的灵活性，保证主要电气设备的质量

任务二　认识电力系统的组成与要求

阅读材料：我国电力供给能力实现跨越式快速增长

一、电力系统的组成

电能是由发电厂供给的，发电厂一般建在动力资源丰富的地方，往往距离负荷比较集中的大、中城市和企业较远。因此，电能必须通过输配电线路和变电站输送。电能输送到城市和企业后，还需要进一步将电能分配到用户或车间。同时，为了提高供配电的可靠性和实现经济运行，往往将许多发电厂和电网连接在一起运行。由发电厂、电网和用户组成的统一整体称为电力系统。这一系统使得电能的生产、输送、分配和使用过程保持严格的平衡，如图 1-1 所示。

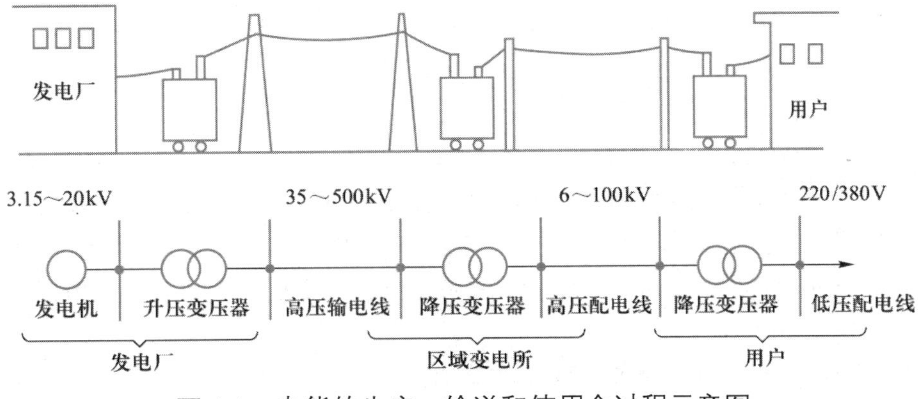

图 1-1　电能的生产、输送和使用全过程示意图

图 1-2 所示为大型电力系统的系统图。它是通过各级电压的电力线路，将发电厂、变配电所和电力用户连接起来的一个发电、输电、变电、配电和用电的整体。发电厂和电力用户之间的输电、变电和配电的整体包括所有变配电所和各级电压的线路，称为电网。但习惯上，电网或系统往往是以电压等级来区分的，如 10kV 电网或 10kV 系统。这里所指的电网或系统，实际上是指某一电压等级的相互联系的整个电力线路。

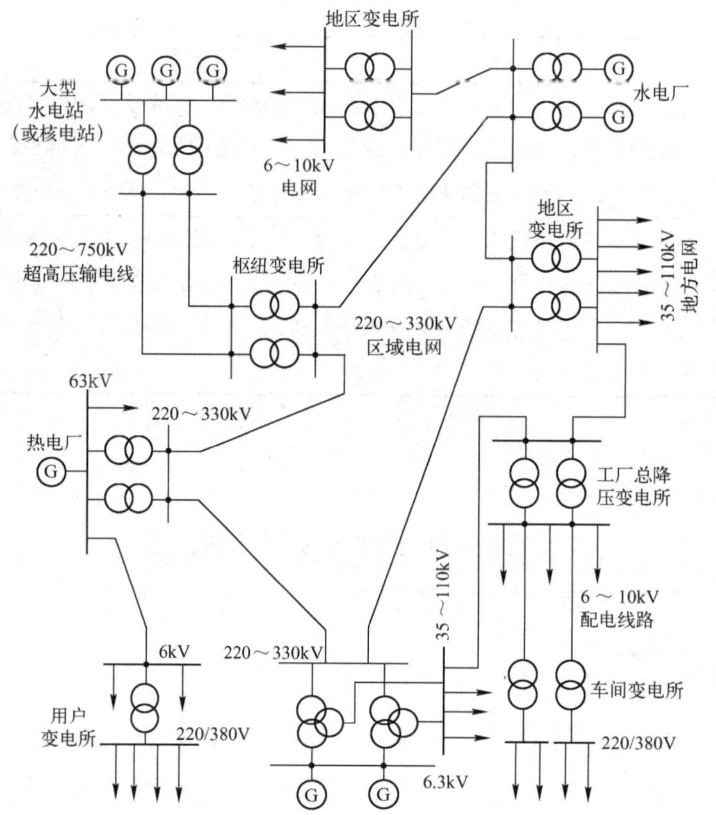

图 1-2　大型电力系统的系统图

电力系统主要环节说明如表 1-3 所示。

表 1-3　电力系统主要环节说明

序　号	环　节	说　明
1	发电厂	发电厂又称发电站，是指将自然界中存在的各种一次能源转换为电能（二次能源）的工厂。发电厂按其所利用能源的不同，分为水力发电厂、火力发电厂、核能发电厂、风力发电厂、地热发电厂、太阳能发电厂等多种类型。 水力发电厂简称水电厂（站），它是利用水流的位能来生产电能的；火力发电厂简称火电厂（站），它是利用燃料的化学能来生产电能的；核能发电厂又称为原子能发电厂，通称核电站，它是利用某些核燃料的原子核裂变能来生产电能的；风力发电厂是利用风力的动能来生产电能的；地热发电厂是利用地球内部蕴藏的大量地热能来生产电能的；太阳能发电厂是利用太阳的光能或热能来生产电能的
2	变电所	变电所是接受电能、变换电压和分配电能的场所。在电力系统中，为了满足电能的经济输送和用电设备对不同电压等级的要求，需要对发电厂发出的电能进行多次电压变换。 变电所的主要设备有电力变压器、母线和开关设备等。根据变电所在电力系统中所承担任务的不同，可分为升压变电所和降压变电所。升压变电所主要是为了满足电能的输送需要，将发电机发出的电压变换成高电压，一般建在发电厂内。降压变电所主要将高电压变换为一个合适的电压等级，以满足不同的输电和配电要求。一般降压变电所多建在靠近用电负荷中心的地方，根据其在电力系统中地位和作用的不同，降压变电所又分为枢纽变电所（站）、地区变电所（站）和工业企业变电所等。 为了满足配电的需要，在企业内还建有只用来接受和分配电能而不进行电压变换的配电所，在配电所内只有开关设备，而没有变压器

续表

序　号	环　节	说　明
3	电力线路	电力线路是输送电能的通道。按电力线路在电力系统中所承担任务的不同，可分为输电线路和配电线路。输电线路主要承担高电压远距离电能传输任务，它主要连接发电厂和地区变电所（通常将 35kV 及以上的电力线路称为输电线路）。配电线路主要承担电能的分配任务，它主要连接用户或设备（通常将 10kV 及以下的电力线路称为配电线路）
4	电力负荷	电力负荷一般指耗能的电气设备（电能用户）。电力负荷是电力系统的一部分，也是其主要的服务对象。电气设备按其用途可分为动力设备和照明设备等，它们分别将电能转换为机械能、光能等，以适应不同形式的生产、生活和工作场所需要的能量

二、电力系统的基本要求

阅读材料：
我国大型电网基本情况

1．保证供电的安全可靠

衡量供电安全可靠性的指标，一般以全部用户平均供电时间占全年时间的百分数表示。电力系统的供电可靠性与发供电设备和电力线路的可靠性、电力系统的结构，以及发电厂与变配电所的主接线形式、备用容量、运行方式及防止事故连锁发展的能力有关。为此，提高供电安全可靠性应采取以下措施。

（1）采用高度可靠的发供电设备，做好维护保养工作，防止各种可能的误操作。

（2）提高供电线路的可靠性，重要线路可采用双回路或双电源（两个不同的系统电源）供电。

（3）选择合理的电力系统结构和主接线，在设计阶段就应保证高度的可靠性，对重要用户应采用双电源供电。

（4）保证适当的备用容量，使电力系统在发电设备定期检修、机组发生事故时均不会使用户停电。

（5）制定合理的电力系统运行方式，必须满足系统稳定性和可靠性要求。

（6）对高压输电线路采用自动重合闸装置，变配电所装设按频率自动减负荷装置等。

（7）采用快速继电保护装置和以计算机为核心的自动安全监视和控制系统。

2．保证良好的电能质量

电压和频率是衡量电能质量的主要指标。按《供电营业规则》规定，在电力系统正常状况下，用户受电端的供电电压允许偏差为：35kV 及以上的供电电压允许偏差不超过额定电压的±10%，10kV 及以下的三相供电电压允许偏差为额定电压的±7%，220V 单相供电电压允许偏差为额定电压的 7%～-10%。在电力系统非正常状况下，用户受电端的供电电压最大允许偏差不应超过额定电压的±10%。

阅读材料：
现代电力系统的特点

我国一般交流电力设备的额定频率为 50Hz（简称“工频”）。按《供电营业规则》规定，在电网装机容量为 3000MW 及以上时，供电频率的允许偏差为±0.2Hz。在电网装机容量为 3000MW 以下时，供电频率的允许偏差为±0.5Hz。在电力系统非正常状况下，供电频率的允许偏差不应超过±1Hz。

此外，三相电力系统中三相电压或三相电流是否平衡也是衡量电能质量的一个指标。

任务三 认识电力系统的电压等级

电力系统中的所有设备都是在一定的电压和频率下工作的。电力系统的电压包括电力系统中各种供电设备、用电设备和电力线路的额定电压。按 GB/T 156—2017《标准电压》规定，我国三相交流电网和电力设备的额定电压如表 1-4 所示。表 1-4 中变压器一、二次绕组的额定电压是依据我国电力变压器标准产品规格确定的。

表 1-4 我国三相交流电网和电力设备的额定电压

电网和用电设备的额定电压/kV	发电机的额定电压/kV	电力变压器的额定电压/kV	
		一次绕组	二次绕组
0.38	0.40	0.38	0.40
0.66	0.69	0.66	0.69
3	3.15	3、3.15①	3.15、3.3②
6	6.3	6、6.3①	6.3、6.6②
10	10.5	10、10.5①	10.5、11②
—	13.8、15.75、18、20、22、24、26	13.8、15.75、18、20、22、24、26	—
35	—	35	38.5
66	—	66	72.5
110	—	110	121
220	—	220	242
330	—	330	363
750	—	750	825

注：① 变压器“一次绕组”栏内 3.15kV、6.3kV、10.5kV 的电压适用于和发电机端直接连接的变压器。

② 变压器“二次绕组”栏内 3.3kV、6.6kV、11kV 的电压适用于阻抗百分比在 7.5%及以上的降压变压器。

一、电网（线路）的额定电压

电网的额定电压（标称电压）等级是国家根据国民经济发展的需要和电力工业发展的水平，经全面的技术经济分析后确定的。它是确定各类电力设备额定电压的基本依据。

二、用电设备的额定电压

用电设备的额定电压一般规定与同级电网的额定电压相同。通常用线路首端电压和末端电压的算术平均值作为用电设备的额定电压，这个电压也是电网的额定电压。由于线路运行时要产生电压降，所以线路上各点的电压都略有不同，如图 1-3 所示。所以，用电设备的额定电压只能取首端电压和末端电压的平均电压。

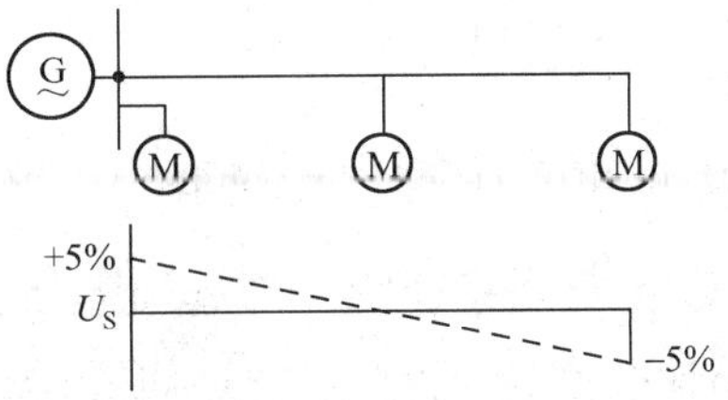

图 1-3 用电设备的额定电压的规定

三、发电机的额定电压

电力线路允许的电压偏差一般为±5%，即整个线路允许有 10%的电压损耗值。为了使线路的平均电压维持在额定值，线路首端（电源端）的电压宜较线路额定电压高 5%，而线路末端的电压则较线路额定电压低 5%，如图 1-3 所示。所以，发电机的额定电压规定高于同级电网额定电压 5%，用于补偿线路上的电压损失。

四、电力变压器的额定电压

电力变压器的一次绕组是接受电能的，相当于用电设备；其二次绕组是送出电能的，相当于发电机。因此，对其一次绕组和二次绕组的额定电压的规定有所不同。

1．电力变压器一次绕组的额定电压

电力变压器一次绕组的额定电压分两种情况。

（1）当电力变压器直接与发电机相连时，如图 1-4 中的电力变压器 T1 所示，其一次绕组额定电压应与发电机额定电压相同，都高于同级电网额定电压 5%。

（2）当电力变压器不与发电机相连而是连接在线路上时，如图 1-4 中的电力变压器 T2 所示，则其可看作线路的用电设备，因此其一次绕组额定电压应与供电线路额定电压相同。

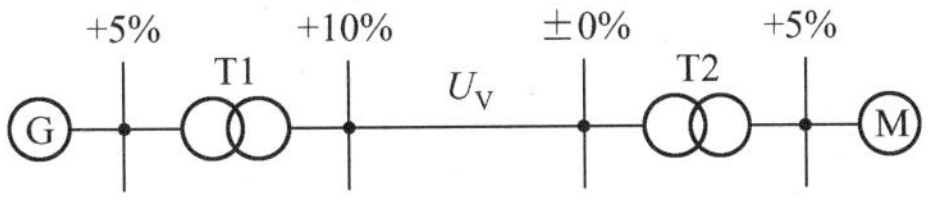

图 1-4 电力变压器一、二次绕组的额定电压说明图

2．电力变压器二次绕组的额定电压

电力变压器二次绕组的额定电压也分两种情况。

（1）电力变压器二次侧供电线路较长时，如图 1-4 中的电力变压器 T1 所示，其二次绕组额定电压应比供电线路额定电压高 10%，其中有 5%用于补偿电力变压器满载运行时绕组本身约 5%的电压降，另 5%用于补偿线路上的电压降。

（2）电力变压器二次侧供电线路较短或低压供电时，如图 1-4 中的电力变压器 T2 所示，其二次绕组额定电压只需高于供电线路额定电压 5%，仅考虑补偿电力变压器满载运行时绕组本身约 5%的电压降。

五、各级电压等级的适用范围

在我国电力系统中，220kV 以上的电压等级主要用于大型电力系统的主干线；110kV 电压既用于中小型电力系统的主干线，也用于大型电力系统的二次网络；35kV 电压多用于中小型城市或大型企业的内部供电网络，也广泛用于农村电网。

阅读材料：
中国电力的世界之最

一般企业内部多采用 6～10kV 的高压配电电压，且 10kV 电压用得较多。当企业 6kV 设备数量较多时，才会考虑采用 6kV 作为配电电压。220/380V 电压等主要作为企业的低压配电电压。

任务四　认识电力系统中性点的运行方式

为保证电力系统安全、经济、可靠地运行，必须正确选择电力系统中性点的运行方式，即中性点的接地方式。能否合理选择电力系统中性点的运行方式，将直接影响电网的绝缘水平、保护的配置、系统供电的可靠性和连续性、对通信线路的干扰，以及发电机和变压器的安全运行等。电力系统中性点，即发电机和变压器的中性点。

电力系统中性点的运行方式有中性点不接地、中性点经消弧线圈接地和中性点直接接地或经低阻抗接地三种。其中中性点不接地和中性点经消弧线圈接地的电力系统合称为小接地电流系统，也称为中性点非有效接地系统或称为中性点非直接接地系统。中性点直接接地或经低阻抗接地的电力系统称为大接地电流系统，也称为中性点有效接地系统。

我国 3～66kV 系统，特别是 3～10kV 系统，一般采用中性点不接地的运行方式。如果其单相接地电流大于一定数值（3～10kV 系统中接地电流大于 30A，20kV 及以上的系统中接地电流大于 10A），应采用中性点经消弧线圈接地的运行方式，但现在有的 10kV 系统还采用中性点经低阻抗接地的运行方式。我国 110kV 及以上的系统和 1kV 以下的低压配电系统，都采用中性点直接接地的运行方式。

一、中性点不接地的电力系统

中性点不接地的电力系统在正常运行时的电路图和相量图如图 1-5 所示，其中的三相交流电相序代号统一采用 U、V、W。

1．系统正常运行时

系统正常运行时，三个相的相电压 $\dot{U}_{\mathrm{U}}$、$\dot{U}_{\mathrm{V}}$、$\dot{U}_{\mathrm{W}}$ 是对称的，三个相的对地电容电流 $\dot{I}_{C0}$ 也是平衡的，如图 1-5（b）所示。因此三个相的电容电流的相量和为零，地中没有电流流过。各相的对地电压就是各相的相电压。

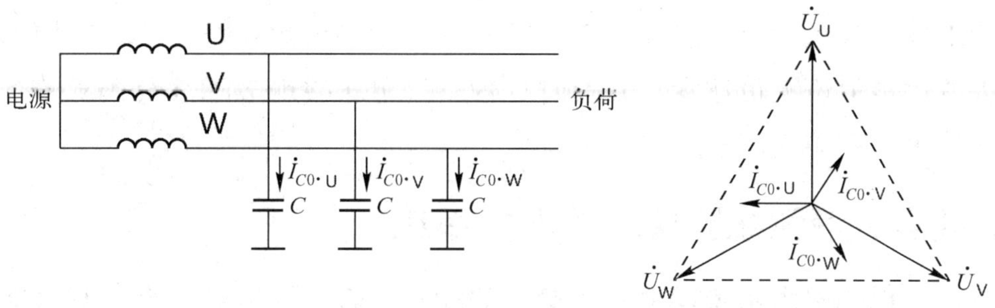

（a）电路图　　　　（b）相量图

图 1-5　中性点不接地的电力系统在正常运行时的电路图和相量图

2．系统发生单相接地故障时

假设 W 相发生接地故障，如图 1-6（a）所示。这时 W 相对地电压变为零，而完好的 U、V 两相对地电压将由原来的相电压升高到线电压，即升高为原对地电压的 $\sqrt{3}$ 倍，如图 1-6（b）所示。

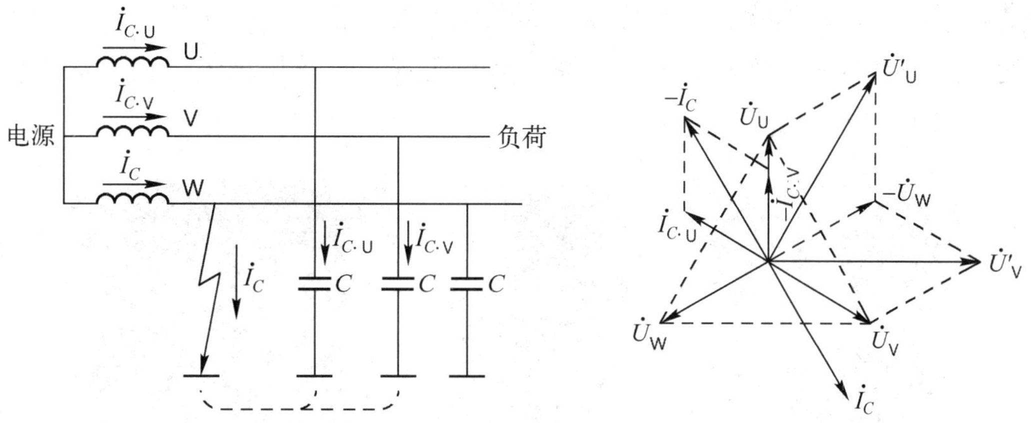

（a）电路图　　　　（b）相量图

图 1-6　中性点不接地的电力系统在发生单相接地故障时的电路图和相量图

当 W 相发生接地故障时，系统的接地电流（电容电流）$\dot{I}_C$ 应为 U、V 两相对地电容电流的相量和。由图 1-6（b）的相量图可知，$\dot{I}_C = 3\dot{I}_{C0}$，即一相接地的电容电流为正常运行时每相对地电容电流的 3 倍。

（说明：$\dot{I}_{C0}$ 是正常运行时每相对地电容电流，在图 1-6 中没有。）

3．系统发生不完全接地（经一定的接触电阻接地）时

当系统发生不完全接地时，故障相对地电压值将大于零而小于相电压，而其他完好的两相的对地电压值则大于相电压而小于线电压，接地电容电流值也比完全接地时略小。

必须指出，当中性点不接地的电力系统发生单相接地故障时，三相用电设备的正常工作并未受到影响，因为线路的线电压无论其相位和量值均未发生变化，因此系统中的三相用电设备仍能正常运行。但是这种线路不允许在单相接地故障情况下长期运行（规定单相接地后带故障运行时间最多不超过 2h），因为如果再有一相发生接地故障，就会形成两相接地短路，这时的短路电流很大，这是绝对不能允许的。因此，在中性点不接地的电力系统中，应装设

专门的单相接地保护或绝缘监视装置。在系统发生单相接地故障时，单相接地保护装置给予报警信号，提醒供电值班人员注意，并及时处理。当单相接地故障危及人身安全或设备安全时，单相接地保护装置应动作于跳闸。

二、中性点经消弧线圈接地的电力系统

当中性点不接地的电力系统发生单相接地故障时，若接地电流较大，则可能形成周期性熄灭和重燃的间歇性电弧，这是非常危险的。因为间歇性电弧可能会引起相对地谐振过电压，其值可以达到 2.5 倍以上相电压。这种过电压会危及与接地点有直接电气连接的整个电网，可能会使某一绝缘较为薄弱的部位引起另一相对地击穿，造成两相短路。为了防止单相接地时接地点出现断续电弧，避免引起过电压，在单相接地电流大于一定值的电力系统中，电源中性点必须采取经消弧线圈接地的运行方式。

目前，我国 35～60kV 的高压电网大多采用中性点经消弧线圈接地的运行方式。若消弧线圈能正常运行，则其是消除因雷击等原因而发生瞬间单相接地故障的有效措施之一。消弧线圈其实就是一个具有可调铁芯的电感线圈，其电阻很小，感抗很大，用于消除单相接地故障点的电弧。图 1-7 所示为消弧线圈实物图。

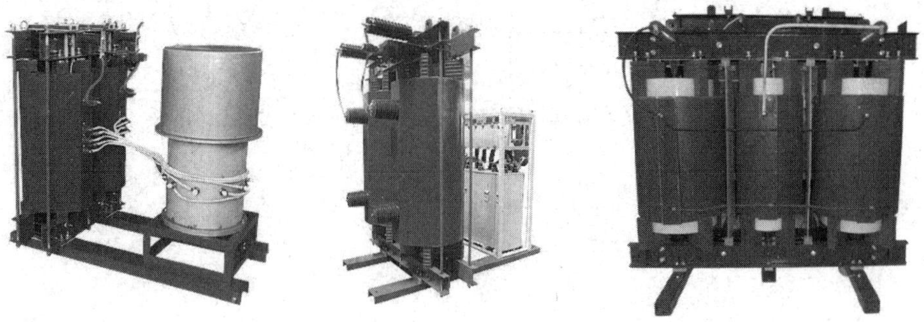

（a）调匝式消弧线圈　　（b）偏磁式消弧线圈

图 1-7　消弧线圈实物图

图 1-8 所示为中性点经消弧线圈接地的电力系统发生单相接地故障时的电路图和相量图。

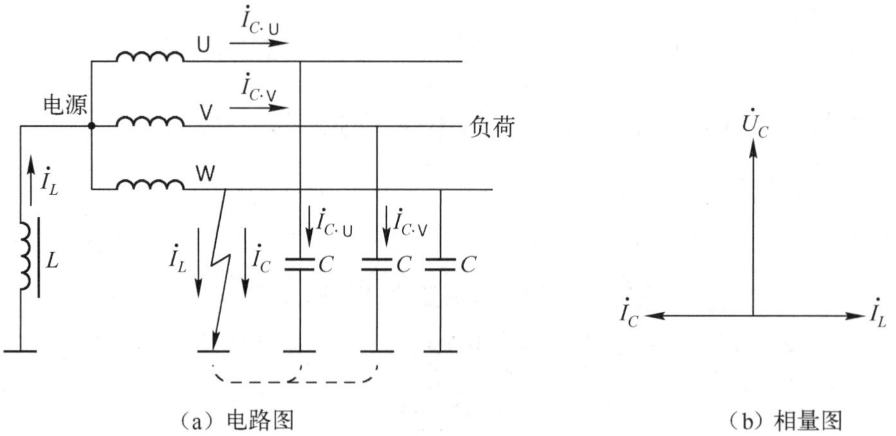

（a）电路图　　（b）相量图

图 1-8　中性点经消弧线圈接地的电力系统发生单相接地故障时的电路图和相量图

当系统发生单相接地故障时，流过接地点的电流是接地电容电流 $\dot{I}_C$ 与流过消弧线圈的电感电流 $\dot{I}_L$ 之和。由于 $\dot{I}_C$ 超前 $\dot{U}_C$ 90°，而 $\dot{I}_L$ 滞后 $\dot{U}_C$ 90°，所以 $\dot{I}_L$ 与 $\dot{I}_C$ 在接地点互相补偿。当 $\dot{I}_L$ 与 $\dot{I}_C$ 的量值差小于发生电弧的最小生弧电流时，电弧就不会发生，从而也不会出现谐振过电压。

在中性点经消弧线圈接地的三相系统中，与中性点不接地的系统一样，允许在发生单相接地故障时短时（一般规定为 2h）继续运行，但保护装置应能及时发出单相接地报警信号。运行值班人员应抓紧时间查找和处理故障，在暂时无法消除故障时，应设法将负荷（特别是重要负荷）转移到备用电源线路。当单相接地故障危及人身和设备的安全时，保护装置应动作于跳闸。

中性点经消弧线圈接地的电力系统在发生单相接地故障时，其他两相对地电压也要升高到线电压，即升高为原对地电压的 $\sqrt{3}$ 倍。

阅读材料：
消弧线圈的巡查与维护

三、中性点直接接地或经低阻抗接地的电力系统

中性点直接接地的电力系统发生单相接地故障时的电路图如图 1-9 所示。这种系统的单相接地，即通过接地中性点形成单相短路 $k^{(1)}$。单相接地时的单相短路电流 $I_k^{(1)}$ 比线路的负荷电流大得多，因此在系统发生单相短路时，保护装置应动作于跳闸，切除短路故障，使系统的其他部分恢复正常运行。

中性点直接接地的电力系统发生单相接地故障时，由于其他完好的两相的对地电压不会升高，所以凡中性点直接接地的电力系统中的供用电设备的绝缘只需要按相电压考虑，而不需要按线电压考虑。这对 110kV 及以上的超高压系统是很有经济技术价值的。因此，我国 110kV 及以上的超高压系统通常都采取中性点直接接地的运行方式。在低压配电系统中，我国广泛采用的 TN 系统及在国外应用较多的 TT 系统，均为中性点直接接地系统，在发生单相接地故障时，一般能使保护装置迅速动作，切除故障部分。

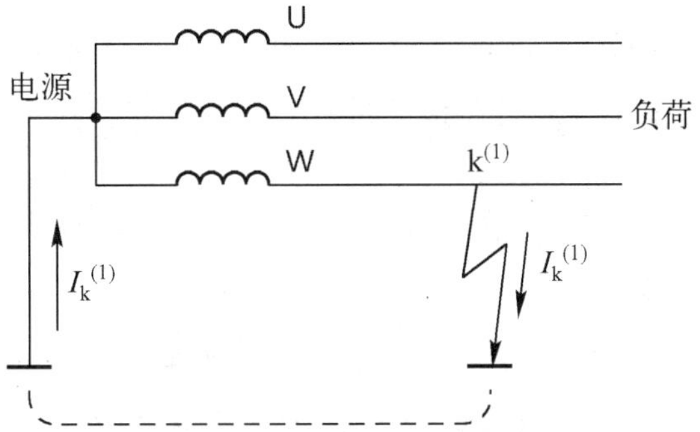

图 1-9 中性点直接接地的电力系统发生单相接地故障时的电路图

中性点经低阻抗接地的运行方式主要用于城市电网的电缆线路。它接近于中性点直接接地的运行方式，但必须装设单相接地保护装置。在系统发生单相接地故障时，保护装置应动作于跳闸，迅速切除故障线路，同时系统的备用电源投入装置动作，投入备用电源，及时恢复对重要负荷的供电。

任务五　认识低压配电系统的接地形式

我国的220/380V低压配电系统，广泛采用中性点直接接地的运行方式，而且引出有中性线（N线）、保护线（PE线）或保护中性线（PEN线）。

N线的功能：一是用来连接额定电压为系统相电压的单相用电设备；二是用来传导三相系统中的不平衡电流和单相电流；三是减小负荷中性点的电位偏移。

PE线的功能：它是为保障人身安全、防止发生触电事故而采用的接地线。系统中所有电气设备的外露可导电部分（正常时不带电，但在故障情况下可能带电的易被人身接触的导电部分，如金属外壳、金属构架等）通过PE线接地，可在设备发生接地故障时减少触电危险。

PEN线的功能：它兼有N线和PE线的功能。这种PEN线，我国过去习惯称之为零线。

低压配电系统按其保护接地形式分为TN系统、TT系统和IT系统。

一、TN系统

TN系统中的电源中性点直接接地，其中所有设备的外露可导电部分（如金属外壳、金属构架等）均接公共保护接地线（PE线）或公共保护中性线（PEN线）。这种接公共保护接地线（PE线）或接公共保护中性线（PEN线）的方式，统称为接零。TN系统又分为以下三种形式。

1．TN-C系统

TN-C系统中的N线与PE线合为一根PEN线，所有设备的外露可导电部分均接PEN线，如图1-10（a）所示。其PEN线中可有电流通过，因此通过PEN线可能会对某些设备产生电磁干扰。如果PEN线断线，还会使接PEN线的设备的外露可导电部分带电，对人仍有触电危险。因此，该系统不适用于对安全要求和抗电磁干扰要求较高的场所。但由于N线与PE线合一，因而可节约一些有色金属（导线材料）和投资。该系统过去在我国低压系统中应用最为普遍，但目前在安全要求较高的场所（包括住宅建筑、办公大楼等）及要求抗电磁干扰的场所均不允许采用了。

2．TN-S系统

TN-S系统中的N线与PE线完全分开，所有设备的外露可导电部分均接PE线，如图1-10（b）所示。PE线中没有电流通过，因此对接PE线的设备不会产生电磁干扰。若PE线断线，则在正常情况下也不会使接PE线的设备的外露可导电部分带电。但在有设备发生单相接外壳故障时，将使其他接PE线的设备的外露可导电部分带电，对人仍有触电危险。由于N线与PE线分开，与上述TN-C系统相比，在有色金属和投资方面均有增加。该系统现广泛应用在对安全要求和抗电磁干扰要求较高的场所，如重要办公地点、实验场所和居民住宅等处。

3. TN-C-S 系统

TN-C-S 系统的前一部分全为 TN-C 系统，而后面则有一部分为 TN-C 系统，另有一部分为 TN-S 系统，如图 1-10（c）所示。该系统比较灵活，在对安全要求和抗电磁干扰要求较高的场所采用 TN-S 系统配电，而其他场所则采用较经济的 TN-C 系统。

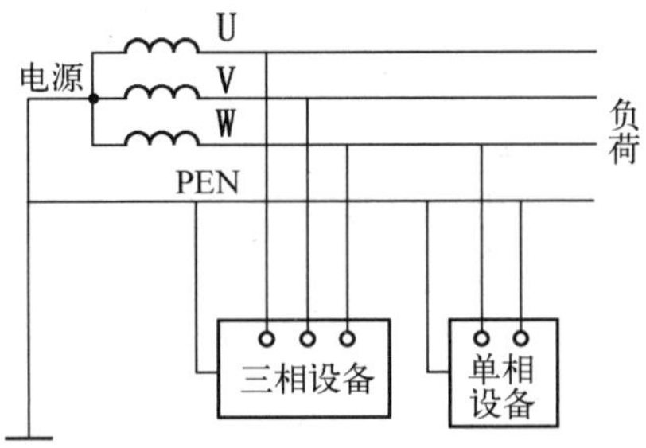

（a）TN-C系统

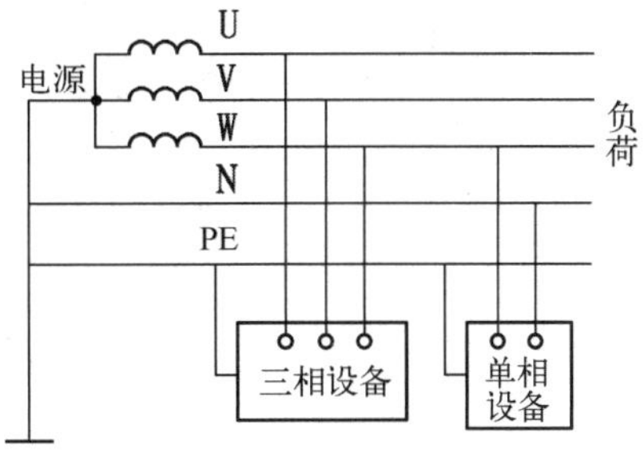

（b）TN-S系统

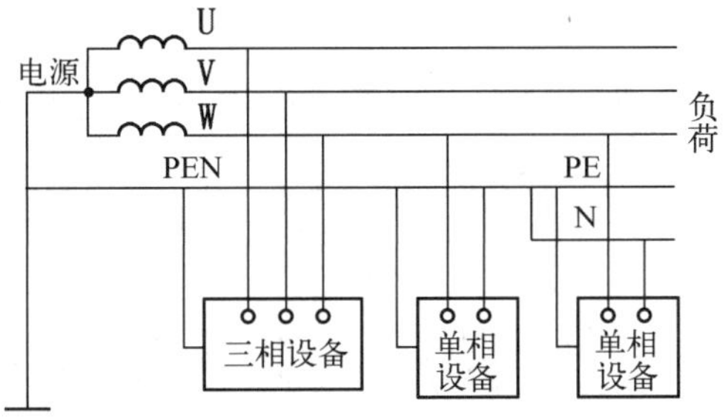

（c）TN-C-S系统

图 1-10　低压配电的 TN 系统

二、TT 系统

TT 系统中的电源中性点也直接接地，与 TN 系统不同的是，该系统所有设备的外露可导电部分均各自经 PE 线单独接地，如图 1-11 所示。由于各设备的 PE 线之间无电气联系，因此相互之间无电磁干扰。该系统适用于对安全要求和抗电磁干扰要求较高的场所。国外这种系统应用比较普遍，现在我国也开始推广应用。GB 50096—2011《住宅设计规范》规定，住宅供电系统“应采用 TT、TN-C-S 或 TN-S 接地方式，并应进行总等电位联结”。

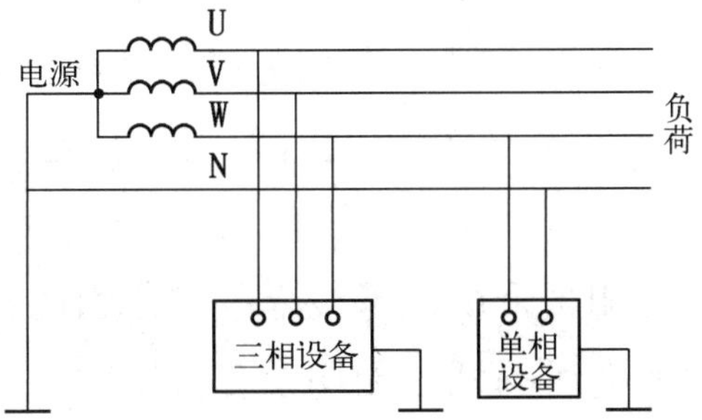

图 1-11　低压配电的 TT 系统

三、IT 系统

IT 系统中的电源中性点不接地或经约 1000Ω 阻抗接地，其中所有设备的外露可导电部分也都各自经 PE 线单独接地，如图 1-12 所示。该系统中各设备之间也不会发生电磁干扰，且在发生单相接地故障时，三相设备及连接额定电压为线电压的单相设备仍可继续运行，但需装设单相接地保护装置，以便在发生单相接地故障时发出报警信号。该系统主要用于对连续供电要求较高及有易燃易爆危险的场所，如矿山、井下等地。

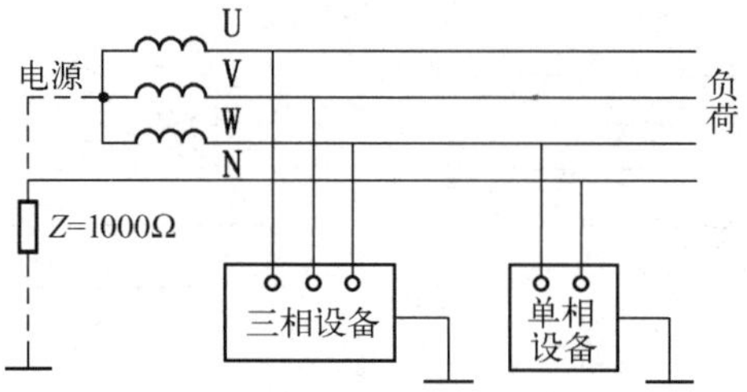

图 1-12　低压配电的 IT 系统

低压配电系统中，凡是引出有 N 线的三相系统，包括 TN 系统（含 TN-C、TN-S 和 TN-C-S 系统）及 TT 系统，都属于三相四线制系统，正常情况下不通过电流的 PE 线不计算在内。没有 N 线的三相系统，如 IT 系统则属于三相三线制系统。

任务六　认识工厂供配电系统

一、工厂供配电系统的组成

1. 工厂供配电系统的概况

一般中型工厂的电源进线电压是 6～10kV。电能先经高压配电所，由高压配电线路将电能分送至各个车间变电所。车间变电所内装有电力变压器，将 6～10kV 的高压降为一般低压用电设备所需的电压，通常降为 220/380V。若工厂拥有 6～10kV 的高压用电设备，则由高压配电所直接以 6～10kV 对其供电。

图 1-13 是一个比较典型的中型工厂供配电系统简图。该简图只用一根线来表示三相线路，即绘成单线图的形式，而且该简图除母线分段开关和低压联络线上装设的开关外，未绘出其他开关电器。图 1-13 中的母线又称汇流排，其任务是汇集和分配电能。

图 1-13 所示的高压配电所有四条高压配电出线，供电给三个车间变电所。其中，1 号车间变电所和 3 号车间变电所各装有一台配电变压器，而 2 号车间变电所装有两台配电变压器，并分别由两段母线供电，其低压侧又采用单母线分段制，因此对重要的低压用电设备可由两段低压母线交叉供电。各车间变电所的低压侧均设有低压联络线相互连接，以提高供电系统运行的可靠性和灵活性。此外，该高压配电所还有一条高压配电线路，直接供电给一组高压电动机，另有一条高压配电线路，直接与一组高压并联电容器相连。3 号车间变电所低压母线上也连接一组低压并联电容器。这些并联电容器都是用来补偿系统的无功功率、提高功率因数的。

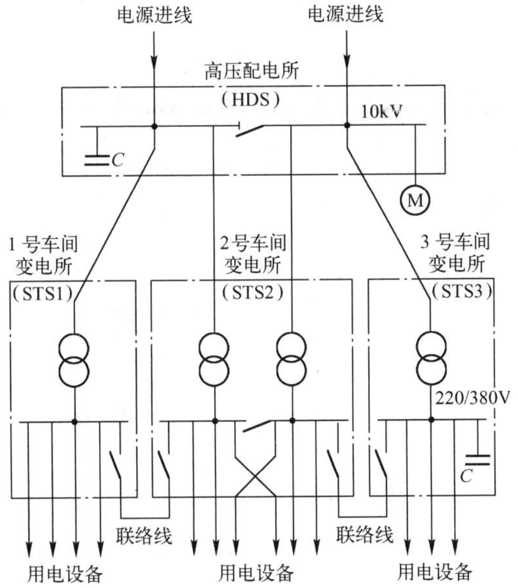

图 1-13　中型工厂供配电系统简图

图 1-14 所示为中型工厂供配电系统的平面布线示意图。从平面布线示意图上可以看出，高压配电所、车间变电所、控制屏、配电屏的分布位置及其进线、出线情况。

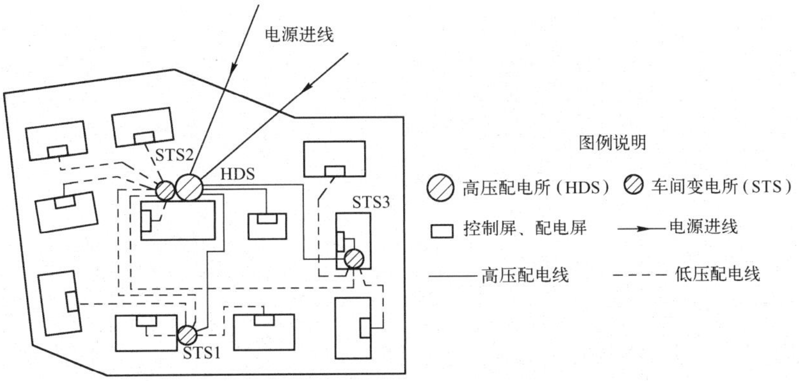

图 1-14　中型工厂供配电系统的平面布线示意图

2．35kV 及以上进线的大中型工厂供配电系统

对于大型工厂及某些电源进线电压为 35kV 及以上的中型工厂，通常需要经过两次降压，也就是电源进厂以后，先经总降压变电所的较大容量电力变压器，将 35kV 及以上的电源电压降为 6～10kV 的配电电压，然后通过 6～10kV 的高压配电线将电能送到各车间变电所，也有的经过高压配电所再送到车间变电所，车间变电所装有配电变压器，再将 6～10kV 电压降为一般低压用电设备所需的电压 220/380V。具有总降压变电所的工厂供配电系统简图如图 1-15 所示。

3．小型工厂供配电系统

对于小型工厂，由于其所需容量一般不大于 1000kV·A 或稍多，因此通常只设一个降压变电所，将 6～10kV 电压降为低压用电设备所需的电压，如图 1-16 所示。

若工厂所需容量不大于 160kV·A，则可采用低压电源进线，因此工厂只需要设一个低压配电间，如图1-17所示。

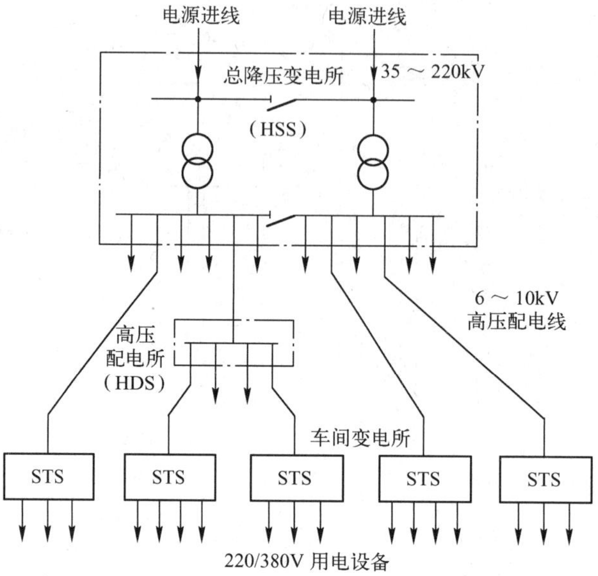

图1-15　具有总降压变电所的工厂供配电系统简图

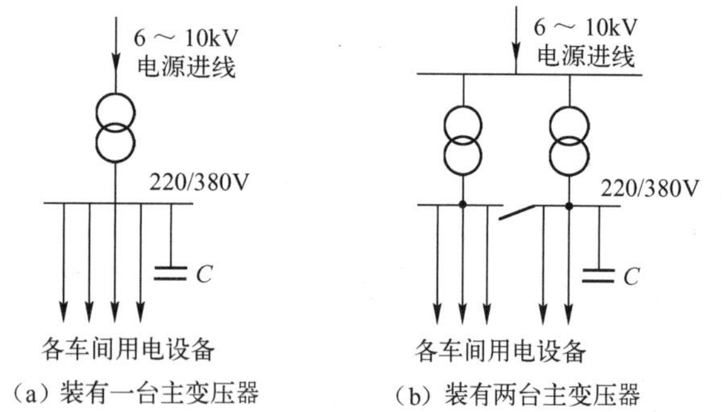

图1-16　只设一个降压变电所的小型工厂供配电系统简图

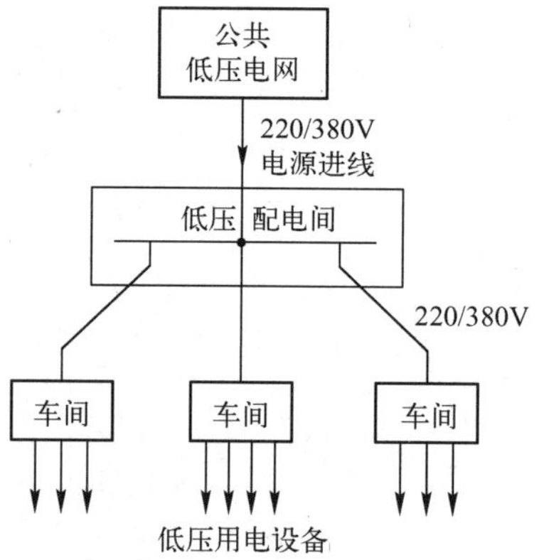

图1-17　低压进线的小型工厂供配电系统简图

由以上分析可知，工厂供电中配电所的主要任务是接受和分配电能，不改变电压；而变电所的任务是接受电能、变换电压和分配电能。因此，工厂供配电系统是指从电源线路进厂到用电设备进线端的整个电路系统，包括工厂变配电所和所有的高低压供配电线路。

二、工厂供配电电压的选择

1．工厂供电电压的选择

工厂供电电压的选择主要取决于当地电网的供电电压等级，同时要考虑工厂用电设备的电压、容量和供电距离等因素。由于在相同的输送功率和相同的输送距离条件下，线路电压越高，线路电流就越小，因此线路采用的导线或电缆截面可越小，从而可减少线路的初期投资和有色金属消耗量，且可降低线路的电能损耗和电压损耗。

我国的《供电营业规则》规定，供电企业（电网）供电的额定电压，低压有单相220V、三相 380V，高压有 10kV、35kV、66kV、110kV、220kV，并规定除发电厂直配电压可采用 3kV 或 6kV 外，其他等级的电压都要过渡到上述额定电压。若用户需要的电压等级不在上述范围，则应自行采用变压措施解决。用户需要的电压等级在 110kV 及以上时，其受电装置应作为终端变电所设计，其方案需要经省电网经营企业审批。

2．工厂高压配电电压的选择

工厂高压配电电压的选择主要取决于工厂高压用电设备的电压、容量、数量等因素。

工厂采用的高压配电电压通常为 10kV。若工厂拥有相当数量的 6kV 用电设备，或者供电电源电压就是 6kV，则可考虑采用 6kV 作为工厂高压配电电压。若 6kV 用电设备数量不多，则应选择 10kV 作为工厂高压配电电压，而 6kV 高压设备则可通过专用的 10/6.3kV 的变压器单独供电。

若当地的电源电压为 35kV，而厂区环境条件又允许采用 35kV 架空线路和较经济的 35kV 设备，则可考虑采用 35kV 作为高压配电电压深入工厂各车间负荷中心，并经车间变电所直接降低为低压用电设备所需的电压。但是必须考虑厂区要有满足 35kV 架空线路深入负荷中心的“安全走廊”，以确保电气安全。

3．工厂低压配电电压的选择

工厂低压配电电压一般采用 220/380V。其中，线电压 380V 接三相动力设备和 380V 的单相设备，相电压 220V 接一般照明灯具和其他 220V 的单相设备。但是，某些场合宜采用 660V 甚至更高的 1140V 作为低压配电电压。

任务操作一　参观工厂供配电系统

任务操作是教学过程中进行技能训练的一个重要环节，现场参观就是一项很好的技能训练实践活动。通过现场参观，可对工厂供配电系统有初步的了解，能认识和熟悉各种高低压电气设备和各种规章制度，提高安全用电的意识。根据具体条件，可完成下列训练任务。

1．参观工厂变配电所及高低压架空输电线路

1）参观内容

参观内容为工厂变配电所及高低压架空输电线路。

2）参观目的

（1）了解和熟悉工厂变配电所的基本概况，认识各种高压电气设备及高低压架空输电线路的架设方式和要求。

（2）了解工厂变配电所的位置、结构，以及高压配电室、变压器室、低压配电室和电容器室等的布置。

（3）了解各开关柜的作用，能辨认工厂变配电所电气设备的外形和名称。

（4）熟悉工厂变配电所安全操作常识，了解 10kV 配电线路的运行管理及有关规章制度。

（5）熟悉高低压架空输电线路的结构、形式。

（6）初步尝试看工厂变配电所图纸等资料。

（7）了解工厂变配电所常用操作工具、检修工具与仪表。

（8）了解工厂变配电所运行值班人员的工作职责、工作程序、职业守则和规章制度等。

3）参观方式

首先听取工厂变配电所运行值班负责人或电气工程师介绍工厂变配电所的基本概况，以及工厂变配电所运行管理的规章制度和操作规程，特别是倒闸操作的基本要求和操作程序；然后由运行值班负责人或电气工程师带领参观高压配电室、低压配电室、变压器室等。

4）参观注意事项

参观时一定要服从指挥，注意安全，未经许可不得进入禁区，决不允许摸、动任何开关按钮，严防发生意外。参观时必须穿工作服和绝缘鞋，戴安全帽，做好相应的安全措施。

2. 参观工厂低压配电系统

1）参观内容

参观内容为工厂低压配电系统。

2）参观目的

（1）了解和熟悉工厂低压配电系统的基本概况，认识各种低压电气设备，以及车间动力、照明线路的架设方式和要求。

（2）能正确分析工厂低压配电系统的接地形式。

3）参观方式

首先听取工厂变配电所运行值班负责人或电气工程师介绍工厂低压配电系统的基本概况，以及相关的规章制度和操作规程，特别是安全注意事项；然后由运行值班负责人或电气工程师带领参观工厂低压配电系统。

4）参观注意事项

参观时一定要服从指挥，注意安全，未经许可不得进入禁区，决不允许摸、动任何开关按钮，严防发生意外。参观时必须穿工作服和绝缘鞋，戴安全帽，做好相应的安全措施。

对于有条件的学校，还可带领学生参观大型室外变电所（站），或让学生到变配电所跟班实习3～4天，以利于学生对工厂供配电系统有比较全面深入的了解。

项目总结

本项目主要介绍了电能的特点及工厂供配电的基本要求、电力系统的组成与要求、电力系统的电压等级、电力系统中性点的运行方式、低压配电系统的接地形式和工厂供配电系统。这些内容是学习本课程的预备知识。

1．工厂供配电的基本要求是保证供电的安全可靠、保证良好的电能质量、保证灵活的运行方式、保证具有经济性。

2．电力系统是通过各级电压的电力线路，将发电厂、变配电所和电力用户连接起来的一个发电、输电、变电、配电和用电的整体。

3．电力系统的电压包括电力系统中各种供电设备、用电设备和电力线路的额定电压。

4．电力系统中性点的运行方式有中性点不接地、中性点经消弧线圈接地和中性点直接接地或经低阻抗接地。

5．低压配电系统按其保护接地形式分为 TN 系统（TN-C、TN-S、TN-C-S 系统）、TT 系统和 IT 系统。

6．工厂供配电系统主要由外部电源系统和工厂内部变配电系统组成。一般中型工厂的电源进线电压是 6～10kV。电能先经高压配电所，由高压配电线路将电能分送至各个车间变电所，再由车间变电所将电压降为一般低压用电设备所需的电压。工厂供配电电压应按《供电营业规则》规定执行。

思考与练习题

1．电能的特点有哪些？工厂供配电有哪些基本要求？

2．电力系统由哪几个部分组成？

3．衡量供电电能质量的指标有哪些？各有什么要求？

4. 我国电网的额定电压等级有哪些？为什么用电设备的额定电压一般规定与同级电网额定电压相同？

5．为什么发电机的额定电压应高于同级电网额定电压 5%？为什么电力变压器一次绕组的额定电压有的高于同级电网额定电压 5%，有的等于供电线路额定电压？为什么电力变压器二次绕组的额定电压有的高于供电线路额定电压 5%，有的高于供电线路额定电压 10%？

6. 三相交流电力系统的电源中性点有哪些运行方式？中性点直接接地与中性点不直接接地在电力系统发生单相接地故障时各有哪些特点？中性点经消弧线圈接地与中性点不接地在电力系统发生单相接地故障时有哪些异同？

7．低压配电系统中的中性线（N 线）、保护线（PE 线）和保护中性线（PEN 线）各有哪些功能？

8. 低压配电的 TN-C 系统、TN-S 系统、TN-C-S 系统、TT 系统及 IT 系统各有哪些特点？

9．说明工厂供配电系统的任务、主要组成和供配电电压选择的方法。

10．确定如题图 1-1 所示的供电系统中电力变压器 T1 和线路 WL1、WL2 的额定电压。

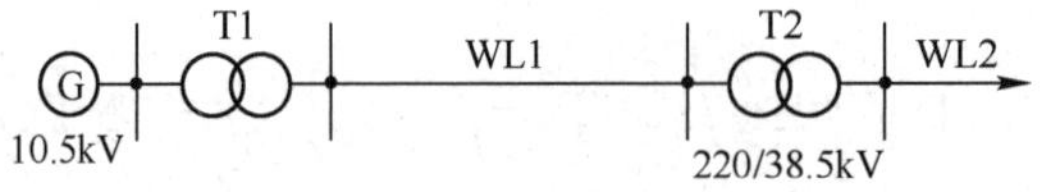

题图 1-1

11．试确定如题图 1-2 所示的供电系统中发电机和所有电力变压器的额定电压。

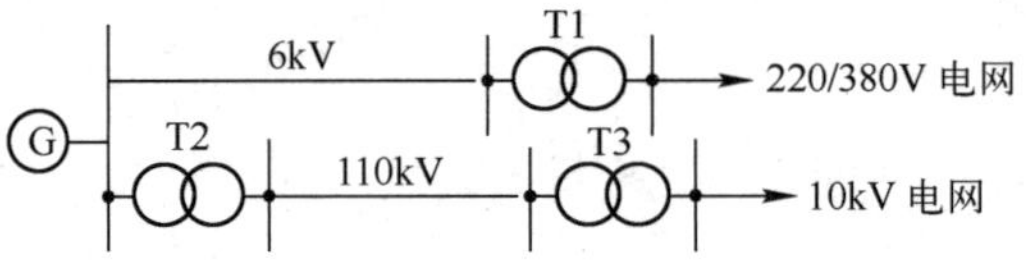

题图 1-2

12．消弧线圈运行时，有哪些巡查与维护项目？

项目二

认识电力负荷和短路故障

项目介绍

本项目主要介绍电力负荷的基本概念，以及供配电系统短路的定义、原因、类型和后果，为工厂供配电系统运行分析奠定基础。

知识目标

✧ 掌握电力负荷的分级及电力负荷对供电电源的要求。

✧ 了解工厂用电设备的工作制、负荷曲线的概念，以及与负荷曲线和负荷计算有关的物理量。

✧ 掌握短路的定义、原因、类型及后果。

技能目标

✧ 会分析三相对称及不对称短路故障。

✧ 会判断、处理单相接地故障。

任务一　认识电力负荷与负荷曲线

一、电力负荷的分级及电力负荷对供电电源的要求

1．电力负荷

电力负荷又称电力负载，有两种含义：一是指耗用电能的用电设备或用电单位（用户），如重要负荷、动力负荷、照明负荷等；二是指用电设备或用电单位（用户）所耗用的电功率或电流大小，如轻负荷（轻载）、重负荷（重载）、空负荷（空载、无载）、满负荷（满载）等。因此，电力负荷的具体含义视其使用的具体场合而定。

2．电力负荷的分级

工厂电力负荷按 GB 50052—2009《供配电系统设计规范》规定，根据其对供电可靠性的

要求及其中断供电在对人身安全、经济上所造成的损失或影响程度分为三级。

1）一级负荷

符合下列情况之一时，应为一级负荷。

（1）突然中断供电将造成人身伤害。

（2）突然中断供电将在政治、经济上造成重大损失。例如，重大设备损坏、重大产品报废、用重要原料生产的产品大量报废、国民经济中重点企业的连续生产过程被打乱，需要长时间才能恢复。

（3）突然中断供电将影响具有重大政治、经济意义的用电单位的正常工作。例如，重要的交通枢纽、通信枢纽、大型体育场、经常用于国际政治活动的大量人员集中的公共场所等用电单位中的重要电力负荷就属于一级负荷。

在一级负荷中，当突然中断供电将造成人员伤亡或重大设备损坏或发生中毒、爆炸和火灾等情况的负荷，以及特别重要场所不允许中断供电的负荷，应视为特别重要的一级负荷。例如，中压及以上的锅炉、大型压缩机等生产装置，当其工作电源突然中断时，若不能确保安全停车，则可能引起爆炸、火灾、人员伤亡。给这些锅炉供水的水泵、给这些压缩机供润滑油的油泵，就是特别重要的一级负荷。另外，民用建筑中大型金融中心的关键电子计算机和防盗报警系统、大型国际比赛场馆的记分系统及监控系统等，或者为及时处理事故、防止事故扩大、保证工作人员的抢救和撤离，而必须保证的用电负荷，也都是特别重要的一级负荷。

2）二级负荷

符合下列情况之一时，应为二级负荷。

（1）突然中断供电将在经济上造成较大损失。例如，主要设备损坏、大量产品报废、连续生产过程被打乱，需要较长时间才能恢复，导致重点企业大量减产。

（2）突然中断供电将影响重要用电单位的正常工作。例如，交通枢纽、通信枢纽、大型影剧院、大型商场等用电单位中的重要电力负荷就属于二级负荷，中断供电将造成这些较多人员集中的重要公共场所秩序混乱。

3）三级负荷

三级负荷为一般电力负荷，指所有不属于上述一、二级负荷者。

除上述三种负荷外，还有一种称为保安负荷，它是在事故情况下保证安全停车的负荷。在一些大型、连续生产的石油化工企业中，当突然停电时，为保证设备安全必须进行一系列操作，这些操作和控制设备的用电负荷就称为保安负荷，也称为特别重要的一级负荷。

3. 电力负荷对供电电源的要求

可靠的电源对保障供电连续性起到至关重要的作用。显然，级别越高的负荷对电源可靠性要求越高。在供电系统中，电源可靠性不是由单一电源保障的，而是通过若干不同电源的配合，达到足够的电源可靠性。

1）一级负荷对供电电源的要求

一级负荷应由双重电源供电，当其中一个电源发生故障时，另一个电源应不致同时受到损坏。

对于一级负荷中特别重要负荷的供电，应符合下列要求。

（1）除应由双重电源供电外，还必须增设应急电源，并严禁将其他负荷接入应急电源。

（2）设备的供电电源的切换时间应满足设备允许中断供电的要求。

常用的应急电源主要有独立于正常电源的柴油发电机组，以及供电网络中独立于正常电源的专门馈电线路、蓄电池、干电池等。

2）二级负荷对供电电源的要求

二级负荷也属于重要负荷，仅允许极短时间的停电。要求由两条回路供电，供电变压器也应有两台（但不一定在同一变电所）。在其中一条回路或一台变压器发生常见故障时，二级负荷应不致中断供电，或中断供电后能迅速恢复供电。只有当负荷较小或当地供电条件困难时，二级负荷才可由一条6kV及以上的专用架空线路供电。这是考虑到架空线路发生故障时，较之电缆线路发生故障时易于发现且易于检查和修复。若采用电缆线路，则必须采用两根电缆并列供电，每根电缆应能承担全部二级负荷。

3）三级负荷对供电电源的要求

对于三级负荷，它对供电可靠性无特殊要求，一般采用单回路供电即可。但当容量较大时，根据电源的条件，也可采用双回路供电。

二、工厂用电设备的工作制

工厂用电设备按其工作特征分为以下三类。

1．长期连续运行工作制

工厂用电设备大多属于长期连续运行工作制的设备。这类设备在规定的工作环境下长期连续运行时，设备的温度不会超过最高允许温度，其负荷比较稳定，如通风机、水泵、空气压缩机、电炉和照明灯等。机床电动机的负荷一般变动较大，但其主轴电动机一般也是连续运行的。

2．短时运行工作制

短时运行工作制用电设备的工作时间较短，而停歇时间相当长。在工作时间内，用电设备的温度尚未达到该负荷下的稳定温度就停歇冷却，在停歇时间内其温度又降低为周围工作环境温度，这是短时运行工作制设备的特点，如机床上的某些进给电动机等。

3．断续周期运行工作制

断续周期运行工作制的用电设备周期性地反复工作，时而工作，时而停歇，工作时间内设备温度升高，停歇时间内温度下降，且工作周期一般不超过10min，如电焊机和起重机中的电动机等。断续周期运行工作制的设备可用负荷持续率（一个工作周期内工作时间与工作周期的百分比值）来表征其工作特征。

三、负荷曲线的概念

电力负荷是一个随着时间不断变化的值，在一定的范围和时间段内，电力负荷具有一定的变化规律。为描述这个变化规律，引入了负荷曲线的概念。

负荷曲线是表征电力负荷随时间变化情况的一种记录，绘在直角坐标纸上，纵坐标表示负荷（有功功率或无功功率）值，横坐标表示对应的时间，一般以小时（h）为单位。

负荷曲线按负荷对象分，有工厂负荷曲线、车间负荷曲线和设备负荷曲线；按负荷的功率性质分，有有功负荷曲线和无功负荷曲线；按所表示负荷变化的时间分，有年负荷曲线、月负荷曲线、日负荷曲线和工作班负荷曲线。

1．日负荷曲线

为了描述负荷在不同时刻具有不同的量值的特性，一般按照一天（24h）的时间顺序依次绘出负荷大小，得到的曲线称为日负荷曲线。图 2-1 是一班制工厂的日有功负荷曲线。其中，图 2-1（a）是依点连成的连续变化的负荷曲线，图 2-1（b）是依点绘成梯形的负荷曲线。为便于计算，负荷曲线多绘成梯形，横坐标一般按半小时分格，以便确定半小时最大负荷（计算负荷 P_{30}）。

2．年负荷曲线

年负荷曲线通常绘成年负荷持续时间曲线，按负荷大小依次排列，全年时间按 8760h 计。

图 2-2（a）和图 2-2（b）分别表示年负荷持续时间曲线在一年中具有代表性的夏日负荷曲线和冬日负荷曲线。其夏日和冬日在全年负荷计算中所用的天数，应视当地的地理位置和气温情况而定。例如，在我国北方，可近似地取夏日 165 天，冬日 200 天，而在我国南方，可近似地取夏日 200 天，冬日 165 天。图 2-2（c）是南方某厂的年负荷持续时间曲线，其 P_1 在年负荷曲线上所占的时间 $T_1=200(t_1+t_1')$，而 P_2 在年负荷曲线上所占的时间 $T_2=200t_2+165t_2'$，其余以此类推。

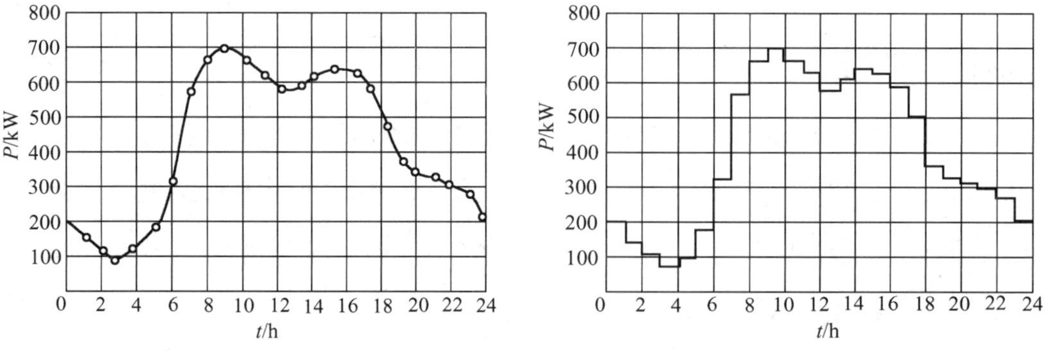

（a）依点连成的连续变化的负荷曲线　　（b）依点绘成梯形的负荷曲线

图 2-1　一班制工厂的日有功负荷曲线

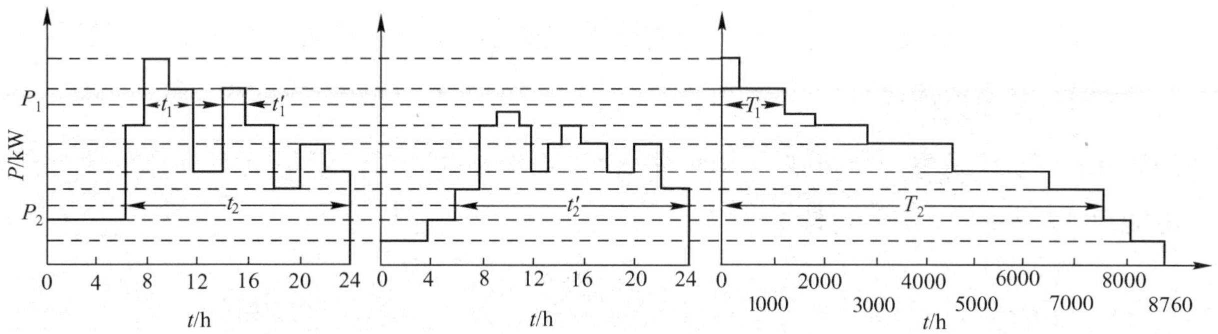

（a）夏日负荷曲线 （b）冬日负荷曲线 （c）年负荷持续时间曲线

图 2-2 年有功负荷曲线

图 2-3 是另一种形式的年负荷曲线，是按全年每日的最大负荷（通常取每日最大负荷的半小时平均值）绘制的，称为年每日最大负荷曲线。横坐标依次以全年 12 个月的日期来分格。这种年每日最大负荷曲线可用来确定多台变压器在一年中不同时期宜投入几台运行，即经济运行方式，以降低电能损耗，提高供电系统的经济效益。

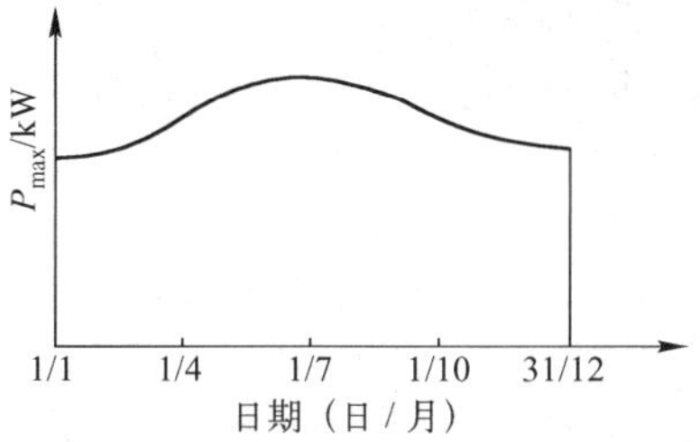

图 2-3 年每日最大负荷曲线

四、与负荷曲线和负荷计算有关的物理量

1. 年最大负荷和年最大负荷利用小时

年最大负荷 P_{max} 就是全年中负荷最大的工作班内消耗电能最大的半小时的平均功率。因此，年最大负荷也称为半小时最大负荷 P_{30}。

年最大负荷利用小时又称年最大负荷使用时间 T_{max}。它是一个假想时间，在此时间内，电力负荷按年最大负荷 P_{max}（或 P_{30}）持续运行所消耗的电能，恰好等于该负荷全年实际消耗的电能，如图 2-4 所示。

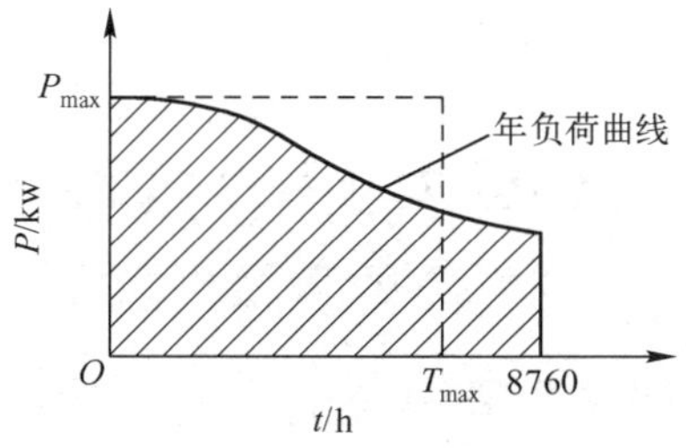

图 2-4 年最大负荷和年最大负荷利用小时

年最大负荷利用小时的大小在一定程度上反映了实际负荷在一年内变化的程度。若年负荷曲线比较平坦，即负荷随时间的变化较小，则 T_{max} 较大；若负荷变化剧烈，则 T_{max} 较小。

年最大负荷利用小时是反映电力负荷特征的一个重要参数，与企业的生产班制有明显的关系。

2. 平均负荷和负荷系数

平均负荷 P_{av} 就是电力负荷在一定时间 t 内平均消耗的功率，就是电力负荷在时间 t 内消耗的电能 W_t 除以时间 t 的值，即

$$P_{av}=\frac{W_t}{t}$$

年平均负荷 P_{av} 按全年（8760h）消耗的电能 W_a 来计算（见图 2-5），即

$$P_{av}=\frac{W_a}{8760h}$$

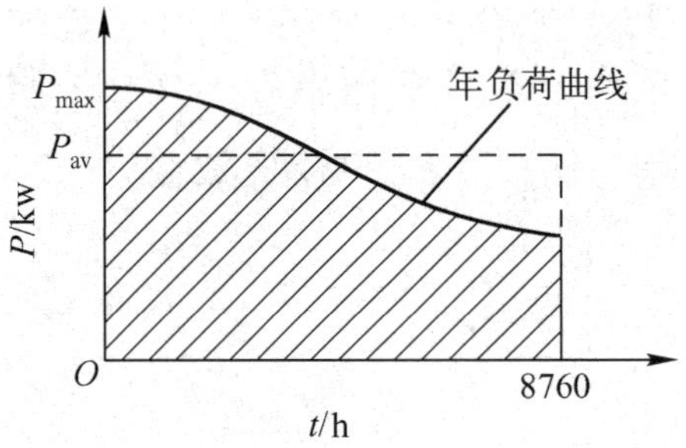

图 2-5　年平均负荷

负荷系数又称负荷率，是用电负荷的平均负荷 P_{av} 与最大负荷 P_{max} 的比值，即

$$K_L=\frac{P_{av}}{P_{max}}$$

对负荷曲线来说，负荷系数也称负荷曲线填充系数，它表征负荷曲线不平坦的程度，即负荷起伏变动的程度。从充分发挥供电设备的能力、提高供电效率来说，希望此系数越高越趋近于 1 越好。从发挥整个电力系统的效能来说，应尽量使用户的不平坦的负荷曲线“削峰填谷”，提高负荷系数。

对用电设备来说，负荷系数是设备的输出功率 P 与设备额定容量 P_N 的比值，即

$$K_L=\frac{P}{P_N}$$

任务二　认识供配电系统短路故障

短路是指不同电位的导体之间（含零电位的大地）的电气短接。短路是电力系统中最常见的一种故障，也是最严重的一种故障。

一、短路的原因

短路发生的主要原因是系统中某一部分的绝缘破坏。引起绝缘破坏的原因很多，根据长

期的事故统计分析，主要有以下几个方面。

1. 绝缘老化或外界机械损伤

由于设备长期运行，绝缘自然老化，或者由于设备本身不合格，绝缘强度不够而被正常电压击穿，或者设备绝缘正常而被过电压击穿，或者设备绝缘受到外力损伤，使电气设备载流部分的绝缘破坏而造成短路。

外界机械损伤是绝缘破坏的另一种途径，如挖沟时损伤电缆、塔吊吊臂砸断架空线等。对于这类绝缘破坏，只有技术措施和管理措施双管齐下，才能有效避免。

2. 误操作

工作人员由于违反安全操作规程而发生误操作。例如，带负荷拉合隔离开关、未拆除检修接地线合闸引起短路，或者误将低电压设备接入较高电压的电路中等人为过失而造成短路。

3. 雷击或高电位侵入

雷击或高电位侵入是电力系统常见的过电压形式，一旦过电压超过电气设备绝缘的耐压值，绝缘就会被击穿，从而造成短路。

4. 动、植物造成的短路

鸟兽跨越在裸露的相线之间或相线与接地物体之间，藻类植物生长造成带电导体绝缘净距减小、真菌等造成绝缘性能下降、设备和导线的绝缘被鸟兽咬坏等原因导致短路。

二、短路的类型

在三相电力系统中，可能发生三相短路、两相短路、单相短路和两相接地短路。三相短路用文字符号 $k^{(3)}$表示，如图 2-6（a）所示。两相短路用文字符号 $k^{(2)}$表示，如图 2-6（b）所示。单相短路用文字符号 $k^{(1)}$表示，如图 2-6（c）和图 2-6（d）所示。两相接地短路一般用文字符号 $k^{(1.1)}$表示，如图 2-6（e）和图 2-6（f）所示，不过它实质上是两相短路，因此也可用文字符号 $k^{(2)}$表示。

三相短路属于对称性短路；其他形式短路属于不对称短路。通常三相短路电流最大，当短路点发生在发电机附近时，两相短路电流可能大于三相短路电流；当短路点靠近中性点接地的变压器时，单相短路电流也可能大于三相短路电流。

在电力系统中，发生单相短路的概率最大，而发生三相短路的概率最小，但是三相短路所造成的危害却最为严重。

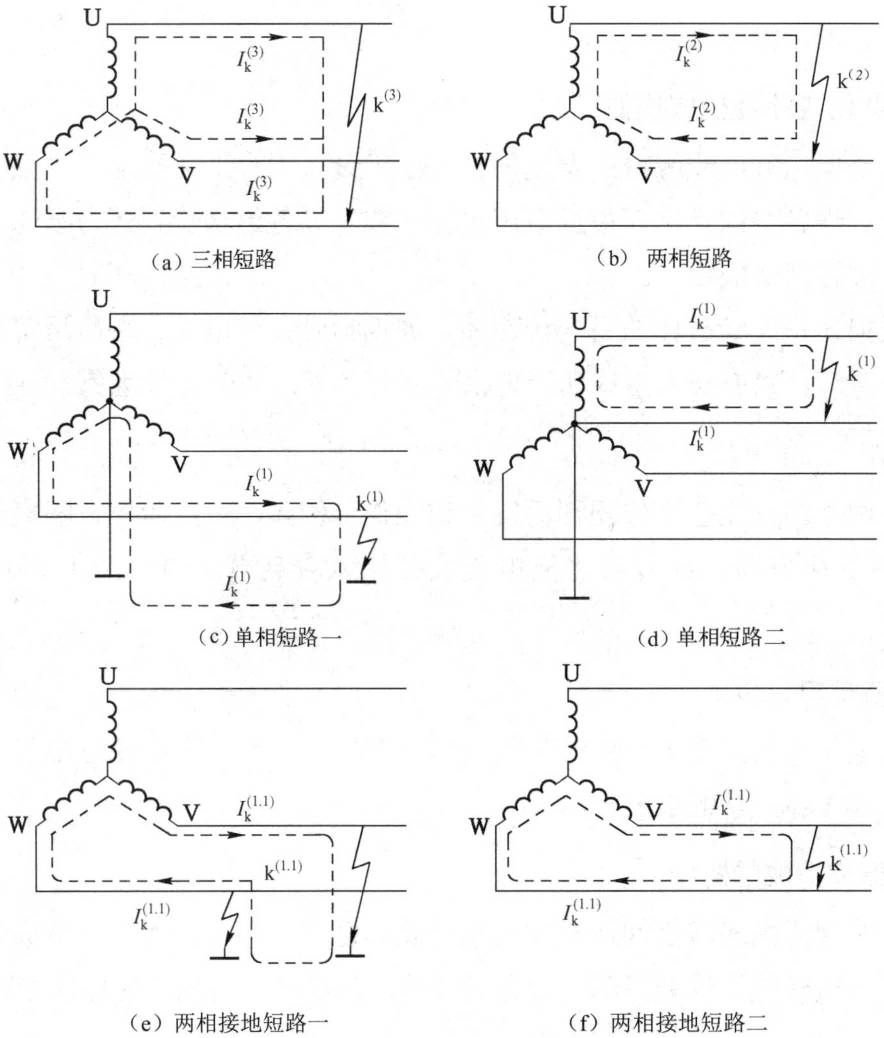

图 2-6　短路的基本类型和符号（虚线表示短路电流路径）

三、短路的后果

短路后，短路电流比正常电流大得多。在大电力系统中，短路电流可达几万安培甚至几十万安培。如此大的短路电流可对供电系统产生极大的危害。

1．损坏线路或设备

短路电流会产生很大的机械力（称为机械效应）和很高的温度（称为热效应），从而造成线路或电气设备的损坏。

2．使电压骤降

短路时，由于线路中的电流增大，会造成供配电线路上的压降增大，使用户及设备的端电压骤然降低，严重影响电气设备的正常运行。

3．造成停电事故

短路时，会使电力系统的保护装置动作而造成停电，而且短路事故越靠近电源，停电的范围越大，造成的损失也越大。

4．影响电力系统运行的稳定性

严重的短路会影响电力系统运行的稳定性，可使并列运行的发电机组不同步，造成系统解列。

5．产生电磁干扰

不对称短路包括单相短路和两相短路，其短路电流将产生较强的不平衡交变磁场，对附近的通信线路、电子设备等产生干扰，影响其正常运行，甚至使其发生误动作。

阅读材料：
带接地刀闸送电引起恶性短路事故

任务操作二　工厂供配电系统单相接地故障的处理

训练目标

（1）认识单相接地故障时的征象。

（2）掌握单相接地故障的判断及处理方法。

训练内容

1．认识单相接地故障时的征象

当电力系统发生短路故障时，将造成断路器跳闸，事故蜂鸣器响，控制回路的监视灯（绿灯）闪光，保护动作的光字牌亮，有关回路的电流表、有功表、无功表的指示为零，母线故障时母线电压表指示为零等。若有上述情况，则说明系统发生短路故障，应按事故处理原则进行处理。

当小接地电流系统发生单相接地故障时，则有下列征象。

（1）警铃响，“××kV×段母线接地”光字牌亮。中性点经消弧线圈接地系统还会有“消弧线圈动作”光字牌亮。

（2）绝缘监视电压表三相指示值不同，接地相电压降低或等于零，其他两相电压升高为线电压，此时为稳定性接地。

（3）若绝缘监视电压表指示值不停地摆动，则为间歇性接地。

（4）中性点经消弧线圈接地系统装有中性点位移电压表时，可看到有一定指示（不完全接地）或指示为相电压值（完全接地），且消弧线圈的接地告警灯亮。

（5）接地自动装置可能启动。

（6）发生弧光接地，产生过电压时，非故障相电压很高（表针打到头）。电压互感器高压熔断器可能熔断，甚至可能会烧坏电压互感器。

（7）用户可能会来电话，报告发现的异常现象。

2．判断单相接地故障的方法

1）用对比法进行判断

在同一电气系统中，若几组电压互感器同时出现接地信号，绝缘监视对地电压均发生相同的变化（如一相电压下降或为零，其他两相电压升高为线电压），且线电压不变，则应判断为接地。而电压互感器高压熔断器一相熔断，虽会报出接地信号，但其对地电压一相降低，另两相不会升高，线电压指示则会降低。

2）根据消弧线圈的仪表指示进行判断

若发生线路接地故障，则变压器中性点将出现位移电压，因该电压加在所接消弧线圈上，故其电压表、电流表将有指示。通过检查这些仪表可确定系统的接地情况。

3）根据系统运行方式有无变化进行判断

用变压器对空载母线充电时，断路器三相合闸不同期，三相对地电容不平衡，使中性点发生位移，三相电压不对称，保护装置会报出接地信号。这种情况是系统中有倒闸操作时发生的，且是暂时的，当投入一条线路后即可消失。

4）用验电器进行判断

若对系统三相带电导体验电时，发现一相不亮，其他两相亮，同时在设备的中性点上验电时验电器也亮（说明有位移电压），则说明系统中有单相接地故障，并发生在验电器验电不亮的一相上。

3．单相接地故障的处理方法

当发生接地故障时，值班人员应先记录接地时间、接地相别、零序电压值、消弧线圈电压值和电流值，然后根据当时的具体情况穿上绝缘靴，详细检查所内设备。当发现所内有接地点时，值班人员不得靠近（室内不得小于接地点4m，室外不得小于接地点8m）。若不是所内设备接地，则应考虑是输电线路接地。此时，应按拉路试验进行查找，查找和处理时必须两人进行并互相配合。接地点查出后，对一般非重要用户的线路，应切除后再进行检修处理，若接地点在带有重要用户的线路上，又无法由其他电源供电，则在通告重要用户做好停电准备后，再切除该线路进行检修处理。

在处理接地故障时，应特别注意如下事项。

应密切监视电压互感器，特别是10kV三相五柱式电压互感器，以防其发热严重。消弧线圈的顶层油温不得超过85℃。当发现电压互感器、消弧线圈发生故障或严重异常时，应断开故障线路。不得用隔离开关断开接地点，当必须用隔离开关断开接地点（如接地点发生在母线隔离开关与断路器之间）时，可给故障相经断路器作一辅助接地，然后用隔离开关断开接地点。

值班人员在选切联络线时，应切除两侧断路器，在切除前，应考虑负荷分配。

利用重合闸试拉线路时，当重合闸没有动作时，应立即手动合闸送电。

项目总结

1．电力负荷指耗用电能的用电设备或用电单位（用户），也可指用电设备或用电单位（用户）所耗用的电功率或电流大小。电力负荷根据其中断供电所造成的经济损失和政治影响，可划分为三个负荷等级，即一级负荷、二级负荷和三级负荷。不同等级负荷对供电电源的要求不同，一级负荷对供电电源的要求最高。

2．工厂用电设备按其工作特征分类，有长期连续运行工作制、短时运行工作制和断续周期运行工作制三类。

3．负荷曲线是表征电力负荷随时间变化情况的一种记录，绘在直角坐标纸上，纵坐标表示负荷（有功功率或无功功率）值，横坐标表示对应的时间。它分为日有功负荷曲线、年有功负荷曲线等，其中日有功负荷曲线是最基本的。

4．短路是电力系统中最常见、最严重的一种故障。短路发生的主要原因是系统中某一部分的绝缘破坏。短路的形式主要有三相短路、两相短路、单相短路和两相接地短路。短路会损坏线路或设备、使电压骤降、造成停电事故、影响电力系统运行的稳定性和产生电磁干扰，因此，应避免发生短路事故。

思考与练习题

1．电力负荷按重要性分哪几级？各级电力负荷对供电电源有什么要求？

2．工厂用电设备的工作制分哪几类？各有哪些特点？

3．什么是年最大负荷利用小时？什么是年最大负荷和年平均负荷？什么是负荷系数？

4．什么是短路？短路产生的原因有哪些？它对电力系统有哪些危害？

5．短路有哪些类型？哪种短路类型发生的可能性最大？哪种短路类型危害最为严重？

6．发生单相接地的故障原因和现象是什么？

7．如何判断单相接地故障？

8．如何处理单相接地故障？处理单相接地故障时的注意事项有哪些？

项目三

实施工厂变配电所电气设备巡查与维护

项目介绍

本项目主要介绍工厂变配电所常用的一次设备的功能与分类、结构特点、基本原理等基础知识和操作，以及巡查与维护等基本技能。本项目是本课程的重点之一，为今后开展工厂变配电所电气设备操作和巡查与维护工作打下基础。

知识目标

✧ 掌握高压熔断器的功能与分类、型号与技术参数、结构原理，熟悉高压熔断器的安装方法、操作方法和巡查与维护项目。

✧ 掌握高压隔离开关的功能与分类、型号和结构原理，熟悉高压隔离开关的操作方法和巡查与维护项目。

✧ 掌握高压负荷开关的功能与分类、型号和结构原理，熟悉高压负荷开关的操作方法和巡查与维护项目。

✧ 掌握高压断路器的功能与分类、型号和结构原理，熟悉高压断路器的操作方法和巡查与维护项目。

✧ 掌握母线的基本要求、涂漆和排列方式，熟悉母线的巡查与维护项目。

✧ 掌握电力电容器的用途与分类、型号、结构和连接方式，熟悉电力电容器的巡查与维护项目。

✧ 掌握电压互感器、电流互感器的作用、分类、型号、结构、工作原理和主要技术参数，熟悉电压互感器、电流互感器的接线方式、巡查与维护项目。

✧ 熟悉高低压成套电气装置的特点、分类和结构原理，熟悉高低压成套电气装置的巡查与维护项目。

技能目标

✧ 能识别常见的一次设备及二次设备。

✧ 能进行高压跌开式熔断器的操作、巡查与维护。

✧ 能进行高压隔离开关的操作、巡查与维护。
✧ 能进行高压负荷开关的操作、巡查与维护。
✧ 能进行高压断路器的操作、巡查与维护。
✧ 能进行母线的巡查与维护。
✧ 能进行电力电容器的巡查与维护。
✧ 能进行电压互感器、电流互感器的操作、巡查与维护。
✧ 能进行高低压成套电气装置的巡查与维护。

在工厂变配电所中承担输送和分配电能任务的电路，称为一次电路或一次回路，也称主电路。一次电路中所有的电气设备，称为一次设备。凡用来控制、指示、监测和保护一次设备运行的电路，称为二次电路或二次回路。二次电路通常接在互感器的二次侧。二次电路中所有的电气设备，称为二次设备。

一次设备按其功能来分，主要有变换设备（如电力变压器、电流互感器、电压互感器等）、控制设备（如断路器、隔离开关等）、保护设备（如熔断器和避雷器等）、补偿设备（如并联电容器）、成套设备（如高压开关柜、低压配电屏、动力和照明配电箱等）、线路设备（如母线、电缆、架空线路）。二次设备主要有测量仪表、继电器、操作开关、按钮、自动控制设备、信号设备、控制电缆，以及提供这些设备能源的一些供电装置（如蓄电池、硅整流器）等。

本项目主要介绍一次电路中常用的高压熔断器、高压隔离开关、高压负荷开关、高压断路器、母线、电力电容器、互感器和高低压成套电气装置等一次设备。

任务一 巡查与维护高压熔断器

一、高压熔断器的功能与分类

高压熔断器是一种当所在电路的电流超过规定值并经一定时间后，使其熔体熔化而分断电流、断开电路的一种保护电器。熔断器的功能主要是对电路和设备进行短路保护，但有的也具有过负荷保护功能。其主要优点是结构简单、价格便宜和维护方便。但熔断器的保护特性误差较大，且其熔体一般是一次性的，熔断后难以修复。

高压熔断器按其使用场合，可分为户内式高压熔断器和户外式高压熔断器；按限流作用，可分为高压限流式熔断器和高压非限流式熔断器。高压限流式熔断器是指在短路电流未达到冲击值之前就能完全熄灭电弧的熔断器；高压非限流式熔断器是指在熔体熔化后，电弧电流继续存在，直到第一次过零或经过几个周期后电弧才完全熄灭的熔断器。工厂供配电系统中，户内广泛采用 RN1、RN2 型等高压管式熔断器；户外则广泛采用 RW4-10G、RW10-10F 型等高压跌开（落）式熔断器，也有的采用 RW10-35 型高压限流式熔断器等。图 3-1 所示为户内、户外高压熔断器的实物图。

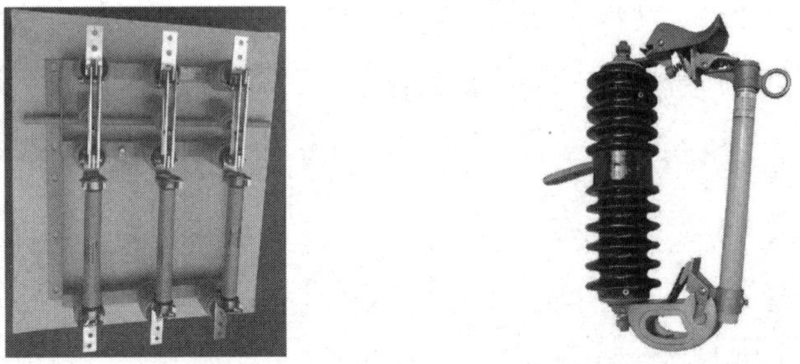

（a）户内高压管式熔断器　　（b）户外高压跌开式熔断器

图 3-1　户内、户外高压熔断器的实物图

二、高压熔断器的型号与技术参数

高压熔断器的型号和含义如下。

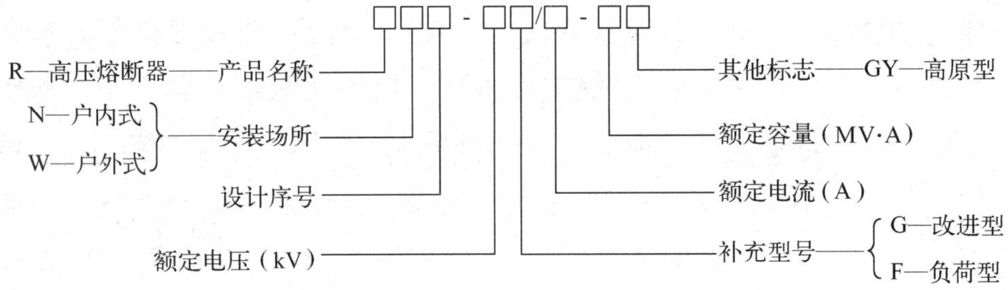

高压熔断器的主要技术参数如下。

（1）熔断器的额定电流：是熔断器壳体的载流部分和接触部分所允许长期通过的工作电流。

（2）熔体的额定电流：是长期通过熔体而熔体不会熔断的最大电流。熔体的额定电流通常小于或等于熔断器的额定电流。

（3）熔断器的极限断路电流：是熔断器所能分断的最大电流。

（4）熔断器的保护特性：也称熔断器的安秒特性，表示切断电流的时间 t 与通过熔断器的电流 I 之间的关系特性曲线，如图 3-2 所示。熔断器的保护特性曲线必须位于被保护设备的热特性曲线之下，才能起到保护作用。

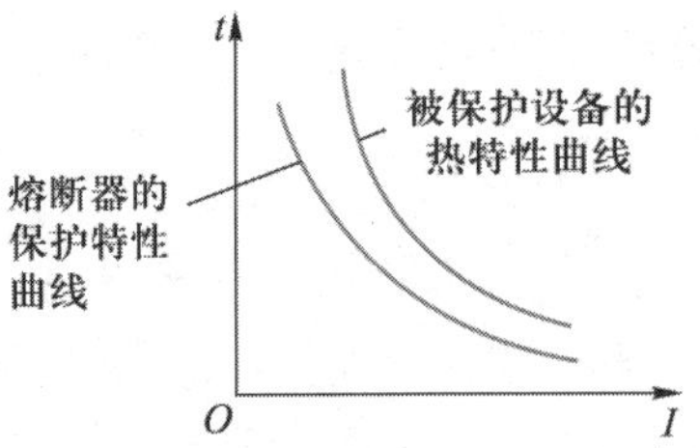

图 3-2　高压熔断器的保护特性

三、户内高压管式熔断器的结构原理

常用的户内高压管式熔断器有 RN1、RN2 型，它们的结构基本相同，都是瓷质熔管内填

充石英砂的密闭管式熔断器。RN1 型主要用于高压线路和设备的短路保护，也能起过负荷保护的作用，其熔体要通过主电路的电流，因此其结构尺寸较大，额定电流可达 100A。而 RN2 型只用于高压电压互感器一次侧的短路保护。高压电压互感器二次侧连接的都是阻抗很大的电压线圈，致使它接近于空载工作，其一次电流很小，因此 RN2 型的结构尺寸较小，其熔体额定电流一般为 0.5A。

图 3-3 是 RN1、RN2 型户内高压管式熔断器的外形与结构示意图，图 3-4 是其熔管的剖面示意图。

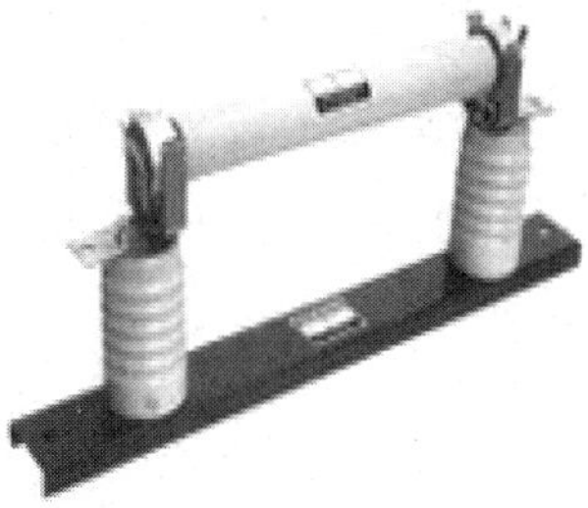

（a）外形

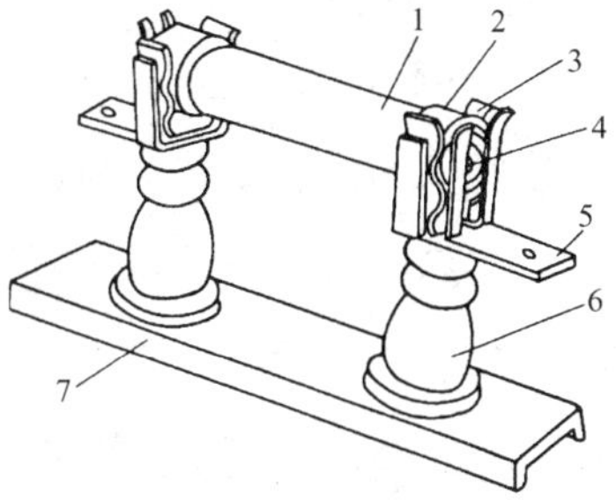

（b）结构示意图

1—瓷质熔管；2—金属管帽；3—弹性触座；4—熔断指示器；5—接线端子；6—瓷绝缘支柱；7—底座

图 3-3 RN1、RN2 型户内高压管式熔断器的外形与结构示意图

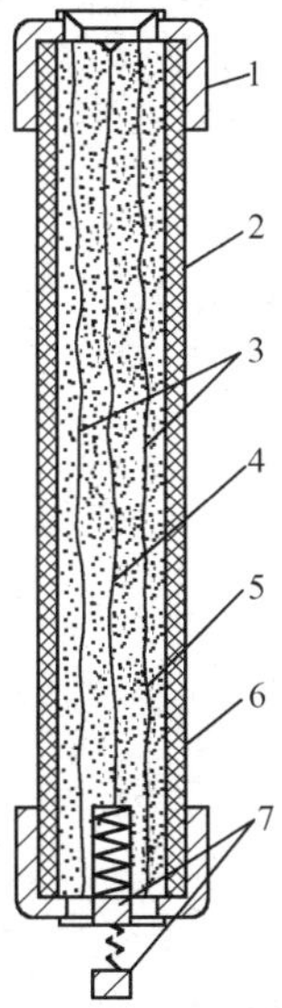

1—金属管帽；2—瓷质熔管；3—工作熔体；4—指示熔体；5—锡球；6—石英砂填料；7—熔断指示器

图 3-4 RN1、RN2 型户内高压管式熔断器熔管的剖面示意图（虚线表示熔断指示器在熔体熔断时弹出）

由图 3-4 可见，熔断器的工作熔体（铜熔丝）上焊有锡球，利用“冶金效应”使铜熔丝在较低温度下熔断，可使熔断器在过负荷电流和较小的短路电流下动作，提高了保护灵敏度。熔断器采用几根熔丝并联，利用“粗弧分细灭弧法”来加速电弧的熄灭。熔管内填充石英砂，利用“狭沟灭弧法”提高其灭弧能力，使电弧快速熄灭，切断短路电流，从而保护电路和设备，因此这种熔断器属于限流熔断器。

当工作熔体熔断后，指示熔体也相继熔断，熔断指示器弹出，如图 3-4 中虚线所示。

四、户外高压跌开式熔断器的结构原理

跌开式熔断器又称跌落式熔断器，广泛应用于周围没有导电尘埃、腐蚀性气体、易燃易爆危险和剧烈振动的户外场所。它既可用于 6～10kV 线路和设备的短路保护，又可在一定条件下，直接用高压绝缘操作棒来操作熔管的分合。一般的跌开式熔断器（如 RW4-10G 型）只能在无负荷下操作，或仅通断小容量的空载变压器和空载线路等。而负荷型跌开式熔断器（如 RW10-10F 型）则能带负荷操作。

图 3-5 是 RW4-10G 型跌开式熔断器的外形与结构示意图。它串接在线路上，正常运行时，其熔管上端的动触头借熔丝张力拉紧后，利用绝缘操作棒将此动触头推入上静触头内锁紧，同时下动触头与下静触头相互压紧，从而使电路接通。当线路上发生短路时，短路电流使熔丝熔断，形成电弧。消弧管（熔管）由于电弧烧灼而分解出大量气体，使管内压力剧增，并沿管道形成强烈的气流纵向吹弧，使电弧迅速熄灭。熔管的上动触头因熔丝熔断后失去张力而下翻，使锁紧机构释放熔管，在触头弹力及熔管自重作用下，回转跌开，造成明显可见的断开间隙，兼起隔离开关的作用。

由图 3-5 可以看出，熔管上端在正常运行时是被一薄膜封闭的，可以防止雨水浸入。在分断小的短路电流时，由于上端封闭而形成单端排气，管内保持足够大的压力，这有利于熄灭小的短路电流产生的电弧。而在分断大的短路电流时，由于管内产生的气压大，上端薄膜冲开而形成两端排气，这有利于防止分断大的短路电流可能造成的熔管爆破，从而有效地解决了自产气熔断器分断大小故障电流的矛盾。

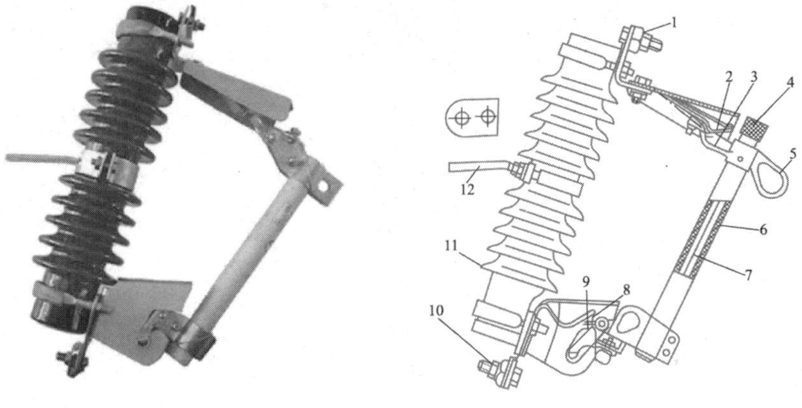

（a）外形　　（b）结构示意图

1—上接线端子；2—上静触头；3—上动触头；4—管帽（带薄膜）；5—操作环；6—熔管（外层为酚醛纸管或环氧玻璃布管，内套纤维质消弧管）；7—铜熔丝；8—下动触头；9—下静触头；10—下接线端子；11—绝缘瓷瓶；12—固定安装板

图 3-5　RW4-10G 型跌开式熔断器的外形与结构示意图

图 3-6 所示为 RW10-10F 型负荷型跌开式熔断器的外形与结构示意图。它在一般跌开式熔断器的上静触头上加装了简单的灭弧室，因而能带负荷操作。跌开式熔断器的灭弧能力不是很强，灭弧速度也不快，不能在短路电流达到冲击值之前熄灭电弧，因此属于非限流式熔断器。

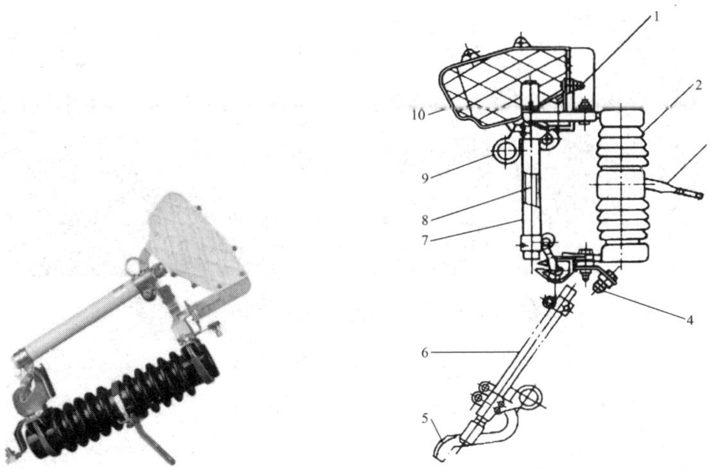

（a）外形　　　　（b）结构示意图

阅读材料：
户外高压跌开式熔断器的
操作方法

1—上接线端子；2—绝缘瓷瓶；3—固定安装板；4—下接线端子；5—动触头；6、7—熔管（内套消弧管）；8—铜熔丝；9—操作扣环；10—灭弧罩（内有静触头）

图 3-6　RW10-10F 型负荷型跌开式熔断器的外形与结构示意图

任务操作三　高压跌开式熔断器的巡查与维护

训练目标

（1）掌握高压跌开式熔断器的巡查与维护项目。

（2）会对高压跌开式熔断器进行巡查与维护。

训练内容

1. 巡查与维护前的准备

（1）着装、穿戴：穿工作服、绝缘鞋，戴安全帽，系安全带。下雨天巡查户外高压熔断器时应穿绝缘靴。

（2）巡查与维护人员：巡查与维护应由两人同时进行，巡查与维护人员应为经安全知识培训，考试合格并经单位领导批准，可单独进行巡查与维护的值班人员。巡查与维护人员同时应熟悉电气设备的工作原理和结构性能，掌握电气设备铭牌规范和主要技术参数，了解设备定级状况和存在的设备缺陷，熟悉当时工厂变配电所运行方式。

（3）准备巡查路线图和设备巡查卡（记录簿）：巡查人员应按规定的巡查路线、规定的时间对变配电所设备进行认真的巡视检查。图 3-7 所示为巡查人员实施现场巡查工作，图 3-8 所示为某企业 220kV 变电所巡查路线图。在巡查路线图中有明显的前进箭头标记；在设备巡查卡（记录簿）中写明了每台设备巡查的项目和内容。

图 3-7　巡查人员实施现场巡查工作

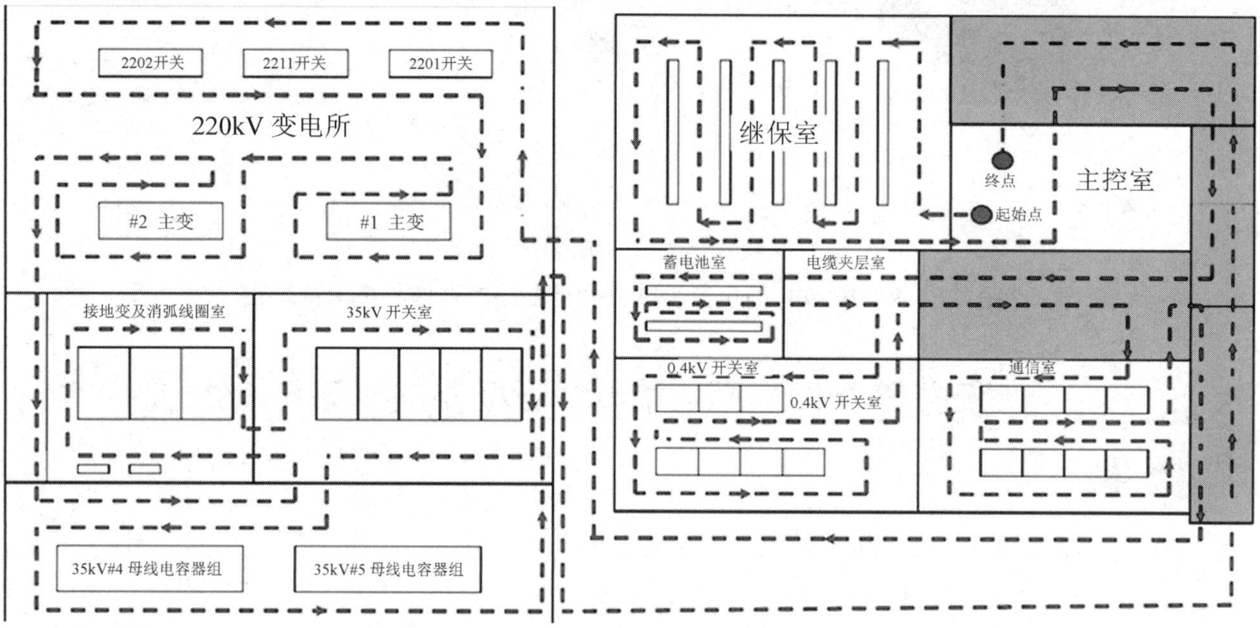

图 3-8　某企业 220kV 变电所巡查路线图

（4）召开巡查班前会：由值班负责人向所有参与巡查的人员讲解巡查注意事项和要求，并进行巡查分工。

2．巡查与维护工作内容

1）检查电流匹配情况

检查高压熔断器的额定电流与熔体及负荷电流值是否匹配，若配合不当，则必须调整。

2）对高压熔断器进行巡查与维护

高压熔断器每月不少于一次夜间巡视，查看有无放电火花和接触不良现象，尽早安排处理。巡视检查项目如下。

（1）检查静、动触头接触是否吻合、紧密完好，有无烧伤痕迹。在开断短路电流后如果出现熔疤，应用细锉修平，使熔管紧紧地插入插座内。

（2）检查高压熔断器各活动轴是否灵活，有无锈蚀、转动不灵等异常，零部件是否损坏，弹簧有无锈蚀。若触头弹簧锈蚀，则应予以更换。

（3）检查熔体本身有无受到损伤，经长期通电后应无发热伸长过多而变得松弛无力现象。

（4）检查熔管经日晒雨淋后是否损伤变形及长度是否缩短。

（5）检查绝缘子是否有损伤、裂纹或放电痕迹。可拆除上、下引线，用 2500V 绝缘电阻表测试绝缘电阻，其阻值应大于 300kΩ。如果损伤较轻，尚不影响整体强度和绝缘效果，可不做处理；如果有瓷片掉落，可用环氧树脂黏合修补。

（6）检查高压熔断器上下连接引线有无松动、放电和过热现象。若有，则应进行接头处理。

（7）检查高压熔断器安装是否牢固，安装角度及相间距离是否正确；检查裸带电部分与各部分距离是否足够长。

3. 巡查与维护记录

按要求在巡查与维护卡（记录簿）上记录巡查与维护时间、人员姓名及设备状况等，设备巡查与维护记录表如表 3-1 所示。

表 3-1 设备巡查与维护记录表

正常或缺陷、障碍、异常运行情况记录表				
检查开始日期 年 月 日		检查结束日期 年 月 日		
检 查 顺 序	检 查 项 目	正常或缺陷、障碍、异常运行情况	原因及分析	处理对策
评 价				
检查人： （填写人）		审核人： （监护人）		

任务二 巡查与维护高压隔离开关

一、高压隔离开关的功能与分类

高压隔离开关是一种最简单的高压开关，在实际使用中也称为刀闸。它主要起隔离高压电源的作用。因其断开后有明显可见的断开间隙，而且断开间隙的绝缘及相间绝缘都是足够可靠的，故能充分保证设备和线路检修人员的安全。由于高压隔离开关没有专门的灭弧装置，因此不允许带负荷操作（不允许接通或切断负荷电流和短路电流）。否则，断开时产生的电弧会烧坏开关，造成短路或人身伤亡事故。它通常与高压熔断器或高压断路器配合使用。

高压隔离开关按极数，可分为单极式高压隔离开关和三极式高压隔离开关；按使用条件，可分为户内式高压隔离开关和户外式高压隔离开关；按刀闸运动方式，可分为水平旋转式高压隔离开关、垂直旋转式高压隔离开关、摆动式高压隔离开关和插入式高压隔离开关；按有无接地刀闸，可分为有接地刀闸式高压隔离开关和无接地刀闸式高压隔离开关；按操作机构，可分为手动式高压隔离开关、电动式高压隔离开关和气动式高压隔离开关。图 3-9 所示为户内式高压隔离开关和户外式高压隔离开关的安装实物图。

（a）户内式高压隔离开关　　（b）户外式高压隔离开关

图 3-9　户内式高压隔离开关和户外式高压隔离开关的安装实物图

高压隔离开关的型号和含义如下。

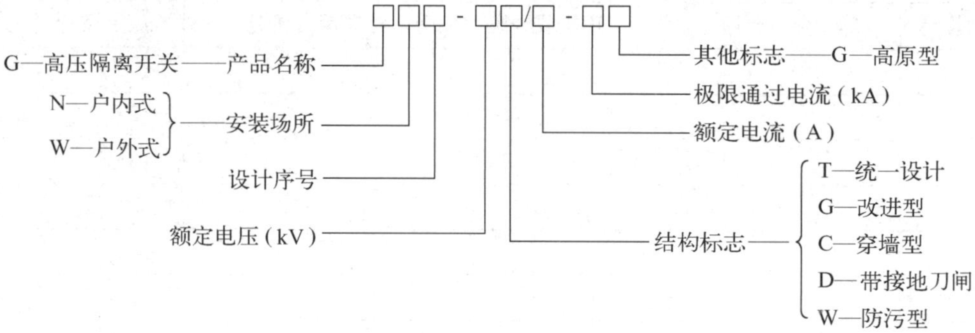

二、高压隔离开关的结构原理

1. 户内式高压隔离开关

户内式高压隔离开关一般的额定电压在 35kV 以下，多为垂直旋转式高压隔离开关。图 3-10 所示为 GN8-10 型户内式高压隔离开关的外形与结构示意图。其结构中每相导电部分通过一个支柱绝缘子和一个套管绝缘子安装，每相隔离开关中间均有拉杆绝缘子，拉杆绝缘子与安装在框架上的转轴相连，主轴通过拐臂与连杆和操作机构相连。

2. 户外式高压隔离开关

户外式高压隔离开关的工作条件比较恶劣，绝缘要求较高，要求能保证在冰雪、雨水、风、灰尘、严寒和酷热等条件下可靠地工作。同时，户外式高压隔离开关应具有较高的机械强度，因为户外式高压隔离开关可能在触头结冰时操作，所以要求户外式高压隔离开关触头在操作时有破冰作用。图 3-11 所示为 GW2-35 型户外式高压隔离开关的外形与结构示意图。

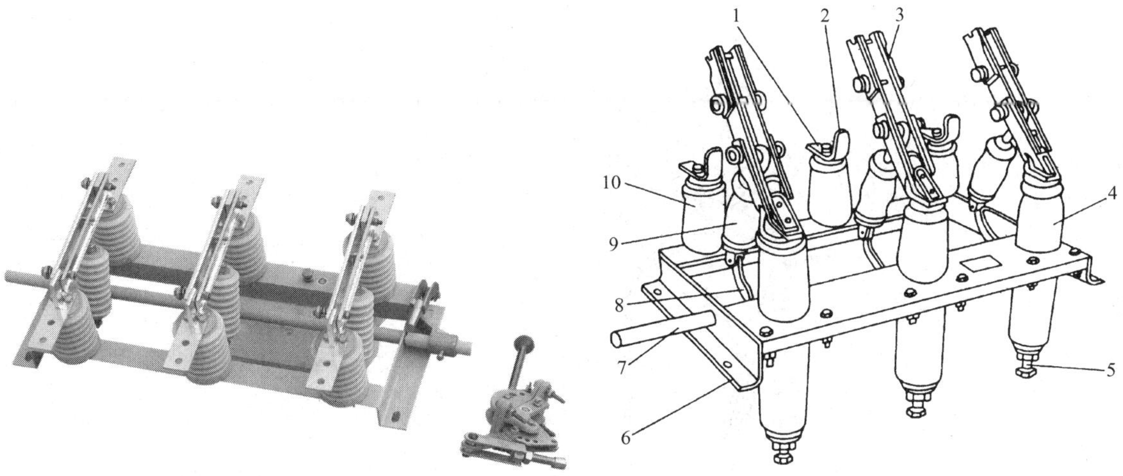

（a）外形　　（b）结构示意图

1—上接线端子；2—静触头；3—刀闸；4—套管瓷瓶；5—下接线端子；

6—框架；7—转轴；8—拐臂；9—升降瓷瓶；10—支柱瓷瓶

图 3-10　GN8-10 型户内式高压隔离开关的外形与结构示意图

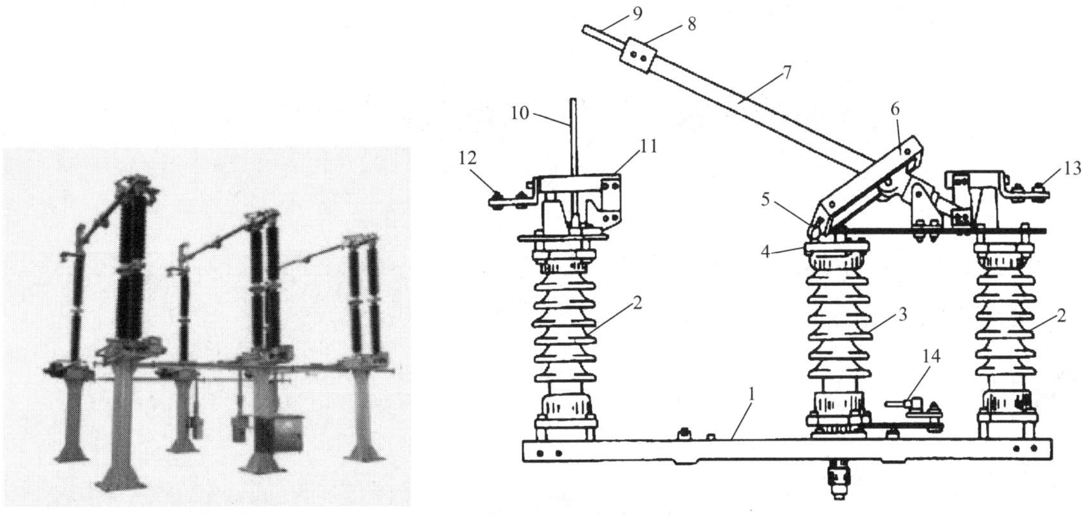

（a）外形　　（b）结构示意图

1—角钢架；2—支柱瓷瓶；3—旋转瓷瓶；4—曲柄；5—轴套；6—传动框架；7—管形刀闸；

8—工作动触头；9、10—灭弧角条；11—插座；12、13—接线端子；14—曲柄传动机构

图 3-11　GW2-35 型户外式高压隔离开关的外形与结构示意图

户内式高压隔离开关通常采用 CS6 型（C 表示操作机构，S 表示手动，6 为设计序号）手动操作机构进行操作，而户外式高压隔离开关则大多通过高压绝缘操作棒进行操作，也有的通过杠杆传动的手动操作机构进行操作。图 3-12 是 CS6 型手动操作机构与 GN8 型高压隔离开关配合的一种安装方式。

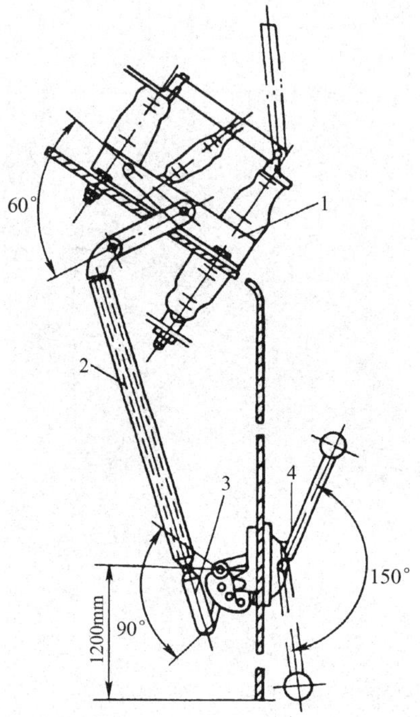

阅读材料：
防止高压隔离开关误操作的措施

1—GN8 型高压隔离开关；2—传动连杆；3—调节杆；4—CS6 型手动操作机构

图 3-12　CS6 型手动操作机构与 GN8 型高压隔离开关配合的一种安装方式

任务操作四　高压隔离开关的巡查与维护

训练目标

（1）掌握高压隔离开关的巡查与维护项目。

（2）会对高压隔离开关进行巡查与维护。

训练内容

1. 巡查与维护前的准备

（1）工器具的选择、检查：要求能满足工作需要，质量符合要求。

（2）着装、穿戴：穿工作服、绝缘鞋，戴安全帽，系安全带等。

2. 巡查与维护工作内容

1）巡查高压隔离开关

巡查高压隔离开关的主要项目如下。

（1）应监视高压隔离开关的运行电流有无超过额定值，温度是否超过允许温度。高压隔离开关的接头和触头在运行中是否有过热现象，一般用变色漆或示温蜡片（黄、绿、红 3 种示温蜡片）进行监视，熔化时分别代表 60℃、70℃、80℃或用红外测温仪定期巡测。

（2）检查高压隔离开关本体是否完好，三相触头在合闸时是否同期到位、有无错位现象。

（3）检查高压隔离开关触头在运行中是否保持不偏斜、不振动、不过热、不锈蚀、不变形。夜间巡视时，应观察触头是否烧红。

（4）检查高压隔离开关绝缘部位是否清洁完整，有无闪络痕迹和机械损伤。

（5）检查高压隔离开关操作机构各部件有无变形、锈蚀、机械损伤，部件之间连接是否牢固，有无松动脱落现象。

（6）检查高压隔离开关底座连接轴上的开口销是否完好，法兰螺栓紧固有无松动，法兰有无裂纹。

（7）检查高压隔离开关接地部分是否接地良好，接地体可见部分有无断裂现象。

（8）检查高压隔离开关闭锁装置是否良好。在高压隔离开关拉开后，应检查电磁锁或机构闭锁的销子是否插牢，辅助接头位置是否正确。

（9）检查高压隔离开关刀片和刀嘴的消弧角有无烧伤、变形或锈蚀。刀片和刀嘴应无脏污，无烧伤痕迹，弹簧片、弹簧应无折断现象。

（10）当高压隔离开关通过较大负荷电流时，合闸状态的高压隔离开关应接触严密，无弯曲、无发热、无变色等异常现象。

（11）高压隔离开关的母线连接处应无松动、脱落现象。

（12）在发生事故或气候骤变时，应按特殊巡视要求进行巡查。

2）维护高压隔离开关

维护高压隔离开关的主要项目如下。

（1）清扫瓷件表面的尘土，检查瓷件表面是否掉釉、破损，有无裂纹和闪络痕迹，绝缘子的铁、瓷结合部位是否牢固。如果破损严重，应进行更换。

（2）用汽油擦净刀片、触头或触指上的油污，检查接触表面是否清洁，有无机械损伤、氧化、过热痕迹、扭曲及变形等现象。

（3）检查触头或刀片上的附件是否齐全，有无损坏。

（4）检查连接高压隔离开关和母线、断路器的引线是否牢固，有无过热现象。

（5）检查软连接部件有无折损、断股等现象。

（6）检查并清扫操作机构和传动部分，加入适量的润滑油脂。

（7）检查传动部分与带电部分的距离是否符合要求，定位器和制动装置是否牢固，动作是否正确。

（8）检查高压隔离开关的底座是否良好，接地是否可靠。

3. 巡查与维护记录

按要求在巡查与维护记录卡（记录簿）上记录巡查与维护时间、巡查与维护人员姓名及设备状况等。

任务三　巡查与维护高压负荷开关

一、高压负荷开关的功能与分类

高压负荷开关具有简单的灭弧装置，能通断一定的负荷电流和过负荷电流，但不能断开短路电流，因此它必须与高压熔断器串联使用，以借助高压熔断器来切除短路故障。高压负荷开关断开后，与高压隔离开关一样，具有明显可见的断开间隙，也具有隔离电源、保证安全检修的功能。图3-13所示为安装在墙上与高压熔断器串联使用的高压负荷开关实物图。

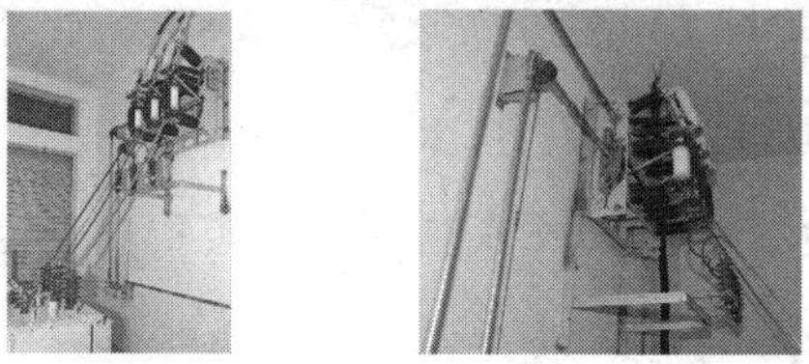

图3-13　安装在墙上与高压熔断器串联使用的高压负荷开关实物图

高压负荷开关的型号和含义如下。

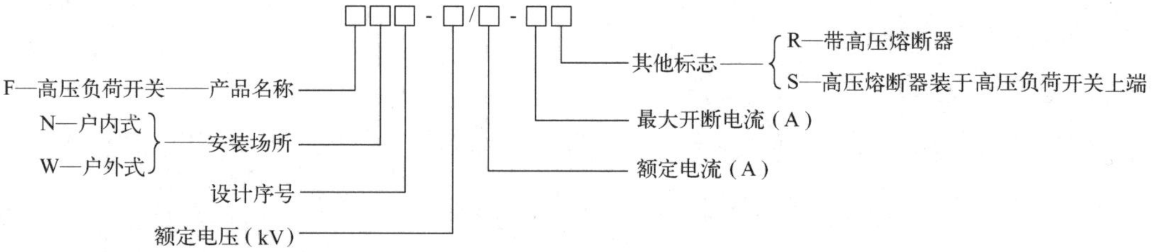

高压负荷开关的类型较多，按灭弧介质的不同，可分为产气式高压负荷开关、压气式高压负荷开关、充油式高压负荷开关、真空式高压负荷开关及六氟化硫式高压负荷开关等，如图3-14所示。按安装方式的不同，可分为两种，一种是独立安装在墙上、构架上的，其结构类似于高压隔离开关；另一种是安装在高压开关柜中的。本任务主要介绍一种应用最广的户内压气式高压负荷开关。

（a）产气式高压负荷开关

（b）压气式高压负荷开关

（c）充油式高压负荷开关

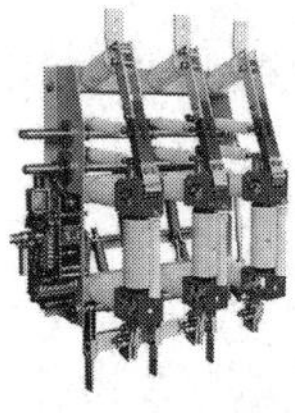

（d）真空式高压负荷开关

（e）六氟化硫式高压负荷开关

图3-14　按灭弧介质分类的高压负荷开关

二、高压负荷开关的结构原理

图 3-15 是 FN3-10RT 型户内压气式高压负荷开关的外形与结构示意图。图 3-15（b）的下半部分为高压熔断器，上半部分为高压负荷开关本身，外形与高压隔离开关相似，但其上端的绝缘子内部实际上是一个压气式灭弧装置，如图 3-16 所示。当高压负荷开关分闸时，在刀闸一端的弧动触头与绝缘喷嘴内的弧静触头之间产生电弧。分闸时主轴转动而带动活塞，压缩气缸内的空气使之从绝缘喷嘴向外吹弧，使电弧迅速拉长，同时在电流回路的电磁吹弧作用下，使电弧迅速熄灭。但是，高压负荷开关的灭弧断流能力是有限的，只能断开一定的负荷电流和过负荷电流，因此高压负荷开关不能配以短路保护装置来自动跳闸，但可以装设热脱扣器用于过负荷保护。

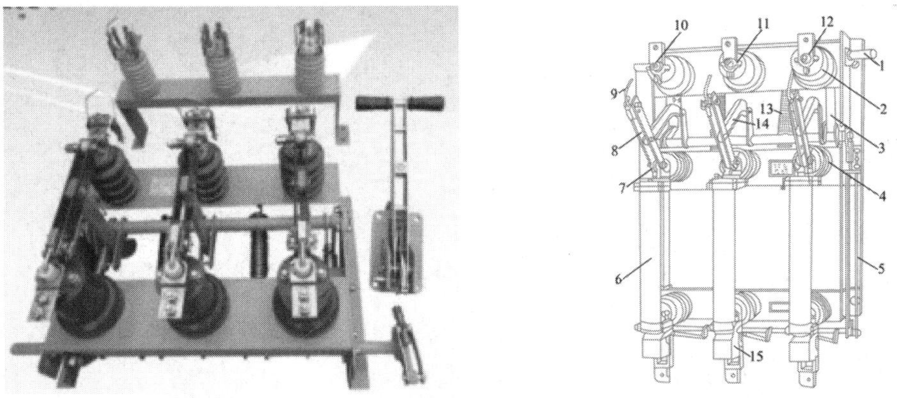

（a）外形　　（b）结构示意图

1—主轴；2—上绝缘子兼气缸；3—连杆；4—下绝缘子；5—框架；6—RN1 型高压熔断器；7—下触座；8—刀闸；9—弧动触头；10—绝缘喷嘴；11—主静触头；12—上触座；13—断路弹簧；14—绝缘拉杆；15—热脱扣器

图 3-15　FN3-10RT 型户内压气式高压负荷开关的外形与结构示意图

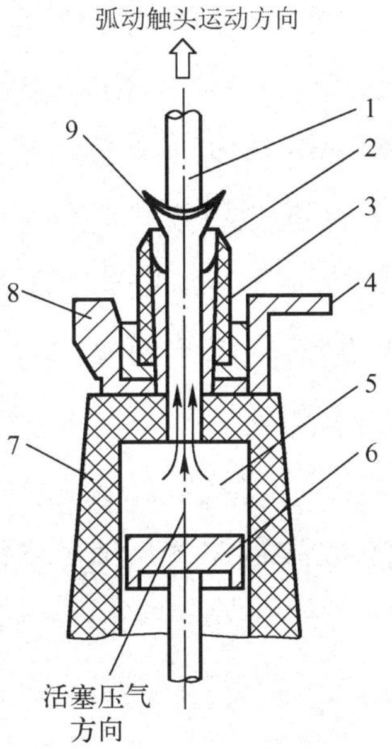

1—弧动触头；2—绝缘喷嘴；3—弧静触头；4—接线端子；5—气缸；6—活塞；7—上绝缘子；8—主静触头；9—电弧

图 3-16　FN3-10RT 型户内压气式高压负荷开关灭弧装置工作示意图

任务操作五　高压负荷开关的巡查与维护

训练目标

（1）掌握高压负荷开关的巡查与维护项目。

（2）会对高压负荷开关进行巡查与维护。

训练内容

1．巡查与维护前的准备

（1）工器具的选择、检查：要求能满足工作需要，质量符合要求。

（2）着装、穿戴：穿工作服、绝缘鞋，戴安全帽。

2．巡查与维护工作内容

1）高压负荷开关的巡查周期

高压负荷开关的巡查周期规定如下。

（1）有人值班的变配电所，每班巡查一次；无人值班的变配电所，每周至少巡查一次。

（2）在雷雨后、事故后、连接点发热未进行处理之前等特殊情况下，应增加特殊巡查次数。

2）高压负荷开关的巡查

在运行中巡查高压负荷开关可分为整体性外观检查和对各元件从外观上进行细致检查两部分。

整体性外观检查的项目如下。

（1）观察相关指示仪表是否正常，以确定高压负荷开关的工作条件是否正常。

（2）检查运行中的高压负荷开关有无异常声响，如放电声、过大的振动声等。

（3）检查运行中的高压负荷开关有无异常气味，如绝缘漆或塑料护套挥发出的气味等。

对各元件从外观上进行细致检查的项目如下。

（1）检查连接点有无腐蚀及有无过热变色现象。

（2）检查动、静触头的工作状态是否到位。在合闸位置时，应接触良好，切合深度适当，无侧击；在分闸位置时，分开的垂直距离应符合要求。

（3）检查灭弧装置、绝缘喷嘴有无异常。

（4）检查绝缘子有无掉瓷、破碎、裂纹及闪络痕迹，且表面应清洁。

（5）检查传动机构、操作机构的零部件是否完整，连接件是否紧固，操作机构的分合指示应与实际工作位置一致。

3）高压负荷开关的维护

高压负荷开关的维护项目如下。

（1）定期维护灭弧腔。经过多次操作后，高压负荷开关灭弧腔将逐渐损伤，使灭弧能力降低，造成接地或相间短路事故。因此，必须定期停电检查灭弧腔的完好情况，及时清除损伤、漏电等不良现象。

（2）检查开关的张开度。高压负荷开关完全分闸时，张开角应为58°，以起到高压隔离开关的作用。合闸时，高压负荷开关主触头的接触应良好，接触点应无发热现象。

（3）检查传动装置。高压负荷开关必须垂直安装，分闸加速弹簧不可拆除。高压负荷开关的绝缘子和操作连杆表面应无积尘、外伤、裂纹、缺损或闪络痕迹。

3. 巡查与维护记录

按要求在巡查与维护记录卡（记录簿）上记录巡查与维护时间、巡查与维护人员姓名及设备状况等。

任务四 巡查与维护高压断路器

一、高压断路器的功能与分类

高压断路器不仅能通断正常的负荷电流，而且能通断和承受一定时间的短路电流，并能在保护装置的作用下自动跳闸，切除短路故障。

1. 高压断路器的功能

高压断路器在电力系统中有两方面的功能：一是控制功能，即根据电力系统运行的需要，将部分电力设备或线路投入或退出运行；二是保护功能，即在电力设备或线路发生故障时，通过继电保护装置作用于高压断路器，将故障部分的设备或线路从电力系统中迅速切除，保证电力系统无故障部分的正常运行。

2. 高压断路器的分类

高压断路器按其采用的灭弧介质分，有高压油断路器、高压六氟化硫（SF6）断路器、高压真空断路器、高压压缩空气断路器、高压磁吹断路器等。其中，高压油断路器按其油量多少和油的功能，分为高压多油断路器和高压少油断路器两大类。高压多油断路器的油量多，其油一方面作为灭弧介质，另一方面又作为相对地（外壳），甚至相与相之间的绝缘介质。高压少油断路器的油量很少（一般只有几千克），其油只作为灭弧介质。

高压断路器的型号和含义如下。

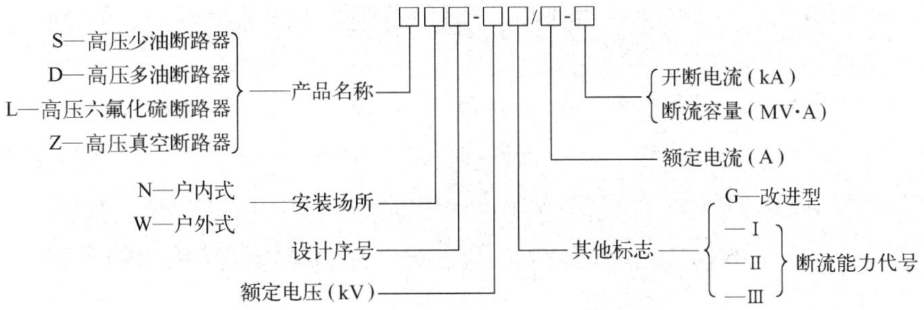

下面重点介绍 SN10-10 型高压少油断路器、高压六氟化硫断路器和高压真空断路器。

二、高压少油断路器的结构原理

图 3-17 是 SN10-10 型高压少油断路器的外形与结构示意图，其一相油箱内部结构的剖面图如图 3-18 所示。

（a）外形

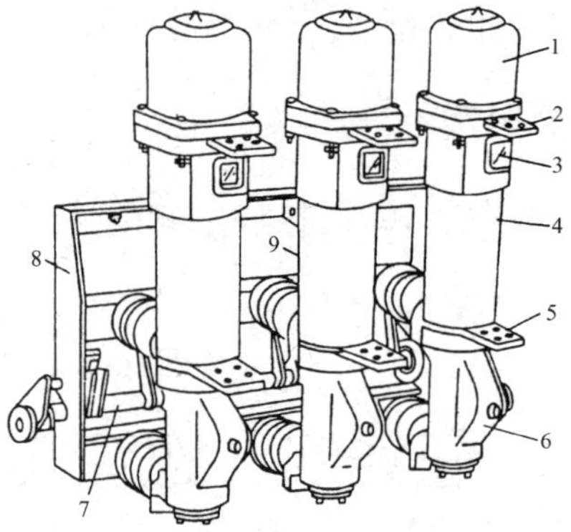

（b）结构示意图

1—铝帽；2—上接线端子；3—油标；4—绝缘筒；

5—下接线端子；6—基座；7—主轴；8—框架；9—断路弹簧

图 3-17　SN10-10 型高压少油断路器的外形与结构示意图

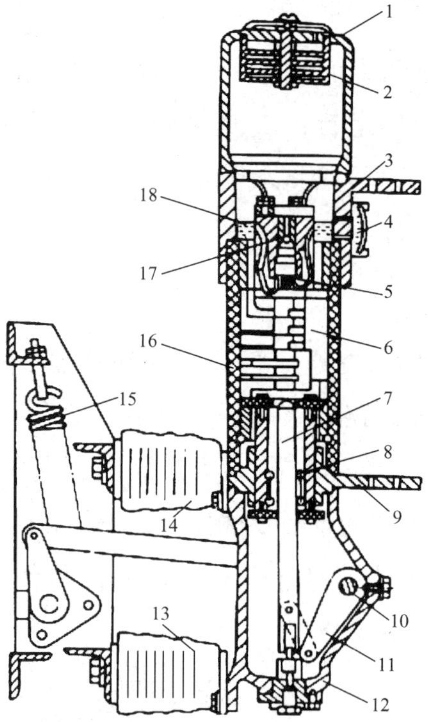

1—铝帽；2—油气分离器；3—上接线端子；4—油标；5—插座式静触头；6—灭弧室；7—动触头（导电杆）；

8—中间滚动触头；9—下接线端子；10—转轴；11—拐臂（曲柄）；12—基座；13—下支柱瓷瓶；

14—上支柱瓷瓶；15—断路弹簧；16—绝缘筒；17—逆止阀；18—绝缘油

图 3-18　SN10-10 型高压少油断路器一相油箱内部结构的剖面图

这种高压少油断路器的导电回路是：上接线端子→静触头→动触头（导电杆）→中间滚动触头→下接线端子。

高压断路器跳闸时，动触头向下运动。当动触头离开静触头时，产生电弧，使油分解，形成气泡，导致静触头周围的油压骤增，迫使逆止阀（钢珠）动作，钢珠上升堵住中心孔，这时电弧在近乎封闭的空间内燃烧，从而使灭弧室内的油压迅速增大。当动触头继续向下运动，相继打开灭弧室的第一、二、三道灭弧沟及下面的油囊时，油气流强烈地横吹和纵吹电弧。同时由于动触头向下运动，在灭弧室内形成附加油气流射向电弧。油气流的横吹和纵吹及机械运动引起的油吹等的综合作用使电弧迅速熄灭。由于这种高压断路器跳闸时，动触头是向下运动的，其端部的弧根部分总与下面的新鲜冷油接触，进一步改善了灭弧条件，因此该高压断路器具有较大的断流容量。SN10-10 型高压少油断路器灭弧室及其工作示意图如图 3-19、图 3-20 所示。

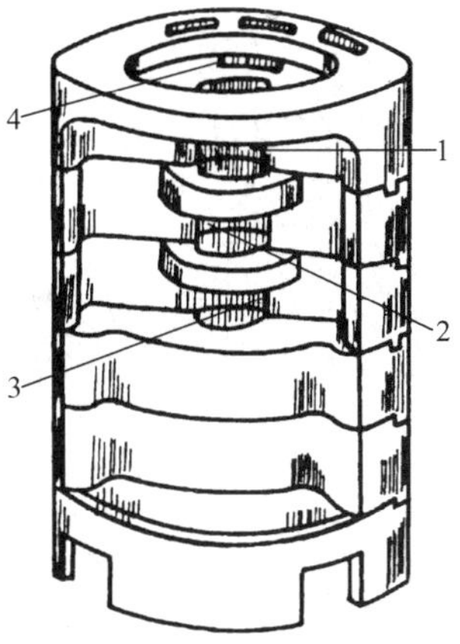

1—第一道灭弧沟；2—第二道灭弧沟；3—第三道灭弧沟；4—吸弧铁片

图 3-19 SN10-10 型高压少油断路器灭弧室

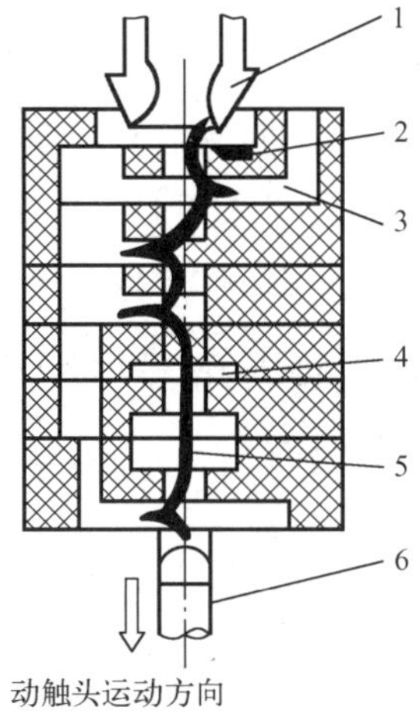

1—静触头；2—吸弧铁片；3—横吹灭弧沟；4—纵吹油囊；5—电弧；6—动触头

图 3-20 SN10-10 型高压少油断路器灭弧室的工作示意图

这种高压少油断路器的油箱上部设有油气分离室，其作用是使灭弧过程中产生的油气混合物旋转分离，气体从油箱顶部的排气孔排出，而油滴则附着内壁流回灭弧室。

SN10-10 型高压少油断路器可配用 CD 型电磁操作机构或 CT 型弹簧储能操作机构。

三、高压六氟化硫断路器的结构原理

高压六氟化硫断路器是利用六氟化硫气体作为灭弧和绝缘介质的一种断路器，适用于需要频繁操作及有易燃易爆危险的场所，广泛应用于封闭式组合配电装置中。高压六氟化硫断路器具有以下优点：断流能力强，灭弧速度快，寿命长，满容量开断 30 次不检修，无须更换六氟化硫气体；电绝缘性能好，适合于频繁操作，无燃烧爆炸危险，结构简单，体积小，检修周期长。但也有加工精度要求很高、密封性能要求高、对水分和气体的检测控制要求更严格、价格高等缺点。图 3-21 所示为 LN2-10 型高压六氟化硫断路器的外形与结构示意图。

（a）外形

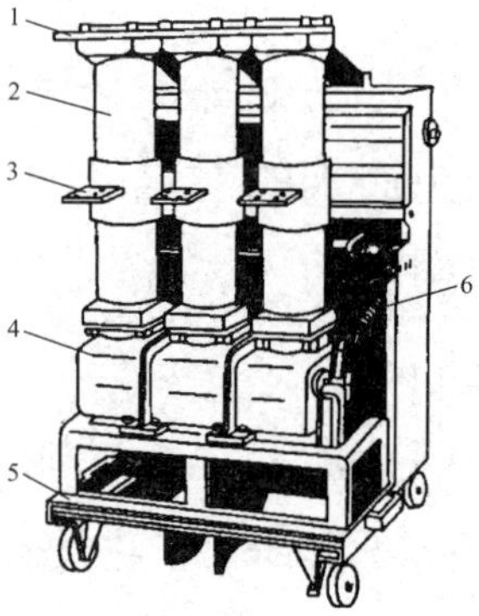

（b）结构示意图

1—上接线端子；2—绝缘筒（内为气缸及触头、灭弧系统）；

3—下接线端子；4—操作机构箱；5—小车；6—断路弹簧

图 3-21　LN2-10 型高压六氟化硫断路器的外形与结构示意图

六氟化硫是一种无色、无味、无毒且不易燃烧的惰性气体，在 150℃以下时，其化学性能相当稳定，具有优良的电绝缘性能。特别优越的是，六氟化硫在电流过零、电弧暂时熄灭后，具有迅速恢复绝缘强度的能力，从而使电弧难以复燃而很快熄灭。

高压六氟化硫断路器也配用 CD 型电磁操作机构或 CT 型弹簧储能操作机构，主要是 CT 型弹簧储能操作机构。

四、高压真空断路器的结构原理

高压真空断路器是利用“真空”来灭弧的一种断路器，其触头装在真空灭弧室内。由于真空中不存在气体游离问题，所以在高压真空断路器的触头断开时，电弧很难产生。

高压真空断路器主要适用于 35kV 及以下的户内变配电所，具有以下优点：触头开距短，所需操作功率小，动作快；燃弧时间短，一般只需要半个周期，且与开断电流大小无关；熄弧后触头间隙介质恢复迅速；开断电流触头烧蚀轻微，使用寿命长；体积小，质量轻，能防火防爆；操作噪声小，运行维护简单。

高压真空断路器的价格较高，主要适用于频繁操作和安全要求较高的场所，常取代高压少油断路器而应用于高压配电装置中。

图 3-22 是 ZN3-10 型高压真空断路器的外形与结构示意图。图 3-23 是真空灭弧室的结构示意图。

在真空灭弧室的中部，有一对圆盘状的触头。当触头分离时，在触头间产生电弧。电弧的温度很高，可使触头表面产生金属蒸气。随着触头的分开和电弧电流的减小，触头间的金属蒸气密度逐渐降低。当电弧电流过零时，电弧暂时熄灭，触头周围的金属离子迅速扩散，凝聚在四周的屏蔽罩上，以致在电流过零后只几微秒的极短时间内，触头间实际上又恢复了原有的高真空度。因此，当电流过零后虽又加上高电压，但触头间隙也不会被再次击穿（真空电弧在电流第一次过零时就能完全熄灭）。

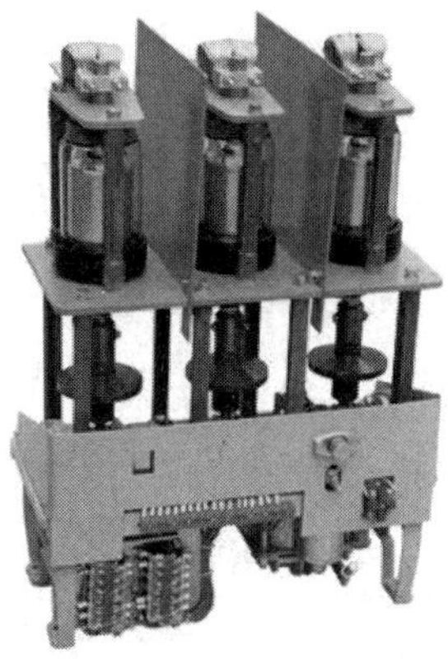

（a）外形

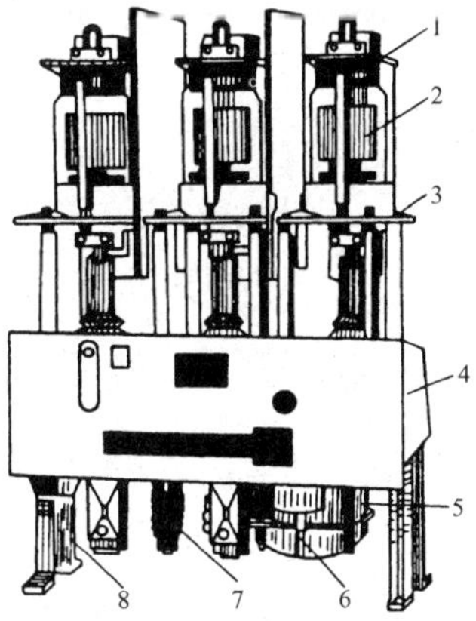

（b）结构示意图

1—上接线端子；2—真空灭弧室（内有触头）；3—下接线端子（后面出线）；4—操作机构箱；

5—合闸电磁铁；6—分闸电磁铁；7—断路弹簧；8—底座

图 3-22 ZN3-10 型高压真空断路器的外形与结构示意图

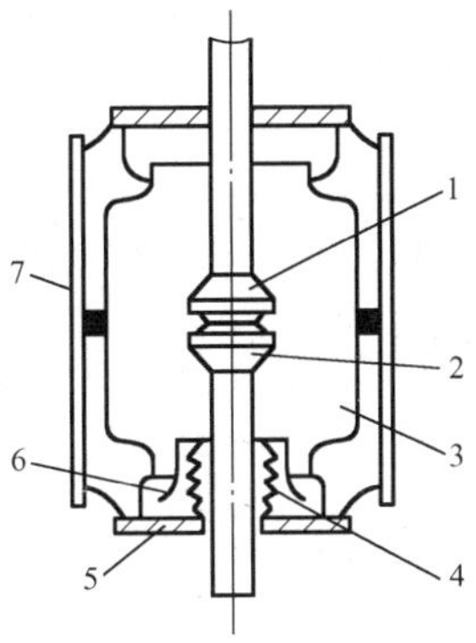

1—静触头；2—动触头；3—屏蔽罩；4—波纹管；

5—与外壳封接的金属法兰盘；6—波纹管屏蔽；7—绝缘外壳

图 3-23 真空灭弧室的结构示意图

高压真空断路器同样配用 CD 型电磁操作机构或 CT 型弹簧储能操作机构，且同样主要是 CT 型弹簧储能操作机构。

任务操作六 高压断路器的巡查与维护

训练目标

（1）掌握高压断路器的巡查与维护项目。

（2）会对高压断路器进行巡查与维护。

训练内容

1．巡查与维护前的准备

（1）工器具的选择、检查：要求能满足工作需要，质量符合要求。

（2）着装、穿戴：穿工作服、绝缘鞋，戴安全帽。

2. 巡查与维护工作内容

1）高压断路器的巡查

投入电网和处于备用状态的高压断路器必须定期进行巡查。有人值班的变电所和发电厂升压站由值班人员负责巡查，无人值班的变电所由供电局运行值班人员按计划日程负责巡查。

有人值班的变电所和发电厂升压站每天当班巡查不少于 1 次，无人值班的变电所由当地按具体情况确定，通常每月巡查不少于 2 次。对于新投运的高压断路器，其巡查周期应相对缩短，每天不少于 4 次，投运 72h 后转入正常巡查。夜间闭灯巡查对有人值班的变电站每周 1 次，无人值班的变电站每月 2 次。在天气突变时及高温季节的高峰负荷期间应加强巡查。在雷雨季节雷击后应立即进行巡查。

（1）高压油断路器的巡查项目。

① 检查高压油断路器的分、合闸位置指示器指示是否正确，应与当时实际运行工况相符。

② 检查主触头接触是否良好及是否过热，要求主触头外露的高压少油断路器示温蜡片不熔化，变色漆不变色，高压多油断路器外壳温度与环境温度相比无较大差异，内部无异常声响。

③ 检查本体套管的油位是否在正常范围内，油色是否透明无炭黑悬浮物。

④ 检查有无渗、漏油痕迹，放油阀关闭是否紧密。

⑤ 检查套管、瓷瓶有无裂痕、放电声和电晕。

⑥ 检查引线的连接部位接触是否良好，有无过热。

⑦ 检查排气装置是否完好，隔栅是否完整。

⑧ 检查接地是否完好。

⑨ 检查防雨帽有无鸟窝。

⑩ 检查高压油断路器运行环境条件，户外高压断路器栅栏是否完好，要求设备附近无杂草和杂物，配电室的门窗、通风及照明应良好。

（2）高压六氟化硫断路器的巡查项目。

① 检查高压六氟化硫断路器的外绝缘部分（瓷套）是否完好，有无损坏、脏污及闪络放电现象。

② 对照温度-压力曲线，观察压力表（或带指示密度控制器）指示是否在规定的范围内，并定期记录压力、温度值。

③ 检查分、合闸位置指示器指示是否正确，分、合闸是否到位。

④ 检查整体紧固件有无松动、脱落。

⑤ 检查储能电机及断路器内部有无异常声响。

⑥ 检查分、合闸线圈有无焦味、冒烟及烧伤现象。

⑦ 检查接地外壳或支架接地是否良好。

⑧ 检查外壳或操作机构箱是否完整及有无锈蚀。

⑨ 检查各部件有无破损、变形、锈蚀严重等现象。

注意事项：进入室内检查前，应先抽风 3min，使用监测仪器检查无异常后，才能进入室内。

（3）高压真空断路器的巡查项目。

① 检查高压真空断路器的分、合闸位置指示器指示是否正确，应与当时实际运行工况相符。

② 检查支持绝缘子有无裂痕、损伤，表面是否光洁。

③ 检查真空灭弧室有无异常（包括有无异常声响），如果是玻璃外壳，可观察屏蔽罩颜色有无明显变化。

④ 检查金属框架或底座有无严重锈蚀和变形。

⑤ 检查可观察部位的连接螺栓有无松动，轴销有无脱落或变形。

⑥ 检查接地是否良好。

⑦ 检查引线接触部位或有示温蜡片部位有无过热现象，引线弛度是否适中。

（4）高压断路器操作机构的巡查项目。

液压操作机构的巡查项目如下。

① 检查机构箱门是否平整，开启是否灵活，关闭是否紧密。

② 检查油箱油位是否正常，有无渗油、漏油，高压油的油压是否在允许范围内。

③ 每天记录油泵启动次数，检查机构箱内有无异味。

电磁操作机构的巡查项目如下。

① 检查机构箱门是否平整，开启是否灵活，关闭是否紧密。

② 检查分、合闸线圈及合闸接触器线圈有无冒烟、异味。

③ 检查直流电源回路接线端子有无松脱，有无铜绿或锈蚀。

④ 检查测试合闸熔丝是否完好。

对事故跳闸后的高压断路器还应检查以下项目：高压油断路器有无喷油现象，油位和油色是否正常；高压断路器各部件有无位移变形和损坏，瓷件有无裂纹现象；各引线触头有无发热变色现象，分、合闸线圈有无焦味等。

2）高压断路器的维护

（1）高压断路器运行维护的一般要求。

① 高压断路器应有制造厂铭牌，应在铭牌规定的额定值内运行。

② 高压断路器的分、合闸位置指示器应易于观察且指示正确，高压油断路器应有易于观察的油位指示器和上、下限监视线；高压六氟化硫断路器应装有密度继电器或压力表，液压操作机构应装有压力表。

③ 高压断路器的接地金属外壳应有明显的接地标志。

④ 每台高压断路器的机构箱上应有调度名称和运行编号。

⑤ 高压断路器外露的带电部分应有明显的相色漆。

⑥ 高压断路器允许的故障跳闸次数应列入《变电站现场运行规程》。

⑦ 应对每台高压断路器的年动作次数做出统计，正常操作次数和短路故障开断次数应分别统计。

（2）高压断路器的正常运行维护。

高压断路器的正常运行维护项目如下。

① 不带电部分的定期清扫。

② 配合停电进行传动部位检查。

③ 按设备使用说明书规定对机构添加润滑油。

④ 高压油断路器根据需要补充或放油，放油阀渗油处理。

⑤ 高压六氟化硫断路器根据需要补气，渗漏气体处理。

⑥ 检查合闸熔丝是否正常，核对容量是否相符。

3．巡查与维护记录

按要求在巡查与维护记录卡（记录簿）上记录巡查与维护时间、巡查与维护人员姓名及设备状况等。

阅读材料：
高压断路器的操作方法

任务五　巡查与维护成套电气装置

一、高压成套电气装置的特点、分类和结构原理

高压成套电气装置是以开关为主的成套电气装置。它将电气主电路分成若干单元，每个单元即一条回路，将每个单元的断路器、隔离开关、电流互感器、电压互感器，以及保护、控制、测量等设备集中装配在一个整体柜内（通常称为一面或一个高压开关柜）。由多个高压开关柜在发电厂、变电所或配电所安装后组成的电力装置称为成套配电电气装置，主要用于供配电系统接受与分配电能，以及对线路进行控制、测量、保护和调整。图 3-24 为某企业 35kV 高压成套电气装置。

图 3-24　某企业 35kV 高压成套电气装置

1. 高压成套电气装置的特点

（1）由于有金属外壳（柜体）保护，电气设备和载流导体不易被灰尘侵蚀脏污，便于维护，特别对处于污秽地区的变配电所，这显得更为突出。

（2）高压成套电气装置易于实现系列化、标准化，具有结构紧凑、布局合理、体积小、造价低、装配质量好、速度快和运行可靠等特点。

（3）高压成套电气装置的电气设备安装、线路敷设与变配电所施工可分开进行，以缩短基建时间。

2. 高压成套电气装置的分类

（1）按柜体结构特点，高压成套电气装置可分为开启式高压开关柜和封闭式高压开关柜。开启式高压开关柜的高压母线外露，柜内各元件也不隔开，结构简单，造价低。封闭式高压开关柜的母线、电缆头、断路器和测量仪表等均相互隔开，主要有金属封闭式组合电器、金属封闭铠装式组合电器、金属封闭箱式组合电器和六氟化硫封闭式组合电器等，运行较为安全，适用于工作条件差、要求较高的场所。

（2）按元件的固定特点，高压成套电气装置可分为固定式高压开关柜和手车式（移开式）高压开关柜。固定式高压开关柜的全部电气设备均固定在柜内。手车式高压开关柜的断路器及其操作机构（有时包括电流互感器、仪表等）安装在可以从柜内拉出的小车上，便于检修和更换元件。断路器在柜内通过插入式触头与固定在柜内的电路连接，取代了隔离开关。

（3）按其母线套数，高压成套电气装置可分为单母线高压开关柜和双母线高压开关柜。35kV 以下的配电装置一般采用单母线。

目前，国产新系列高压开关柜的型号和含义如下。

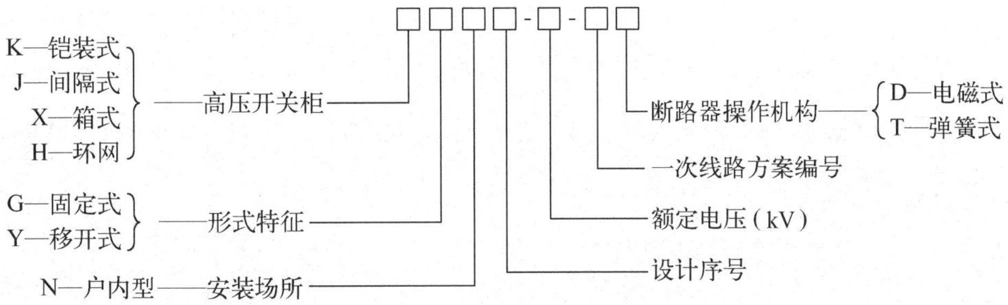

3. 高压成套电气装置的结构原理

1）固定式高压开关柜的结构原理

在一般中小型工厂中，普遍采用固定式高压开关柜，主要为 GG-1A（F）型。这种防误型高压开关柜具有“五防”功能：防止误分误合断路器，防止带负荷误拉误合隔离开关，防止带电误挂接地线，防止带接地线误合隔离开关，防止人员误入带电间隔。具有“五防”功能的高压开关柜从电气和机械联锁上采取了措施，实现了高压安全操作程序化，防止了误操作，提高了安全性和可靠性。

图3-25是GG-1A（F）-07S型固定式高压开关柜（断路器柜）的外形与结构示意图。从图3-25中可知，该高压开关柜按柜体的功能，可分为主母线室、断路器室、电缆室、继电器和仪表室、柜顶小母线室、二次端子室等单元。柜内的高压一次设备主要有电流互感器、隔离开关、断路器、母线等。柜内的二次设备主要有继电器、电度表、电流表、转换开关、信号灯等。

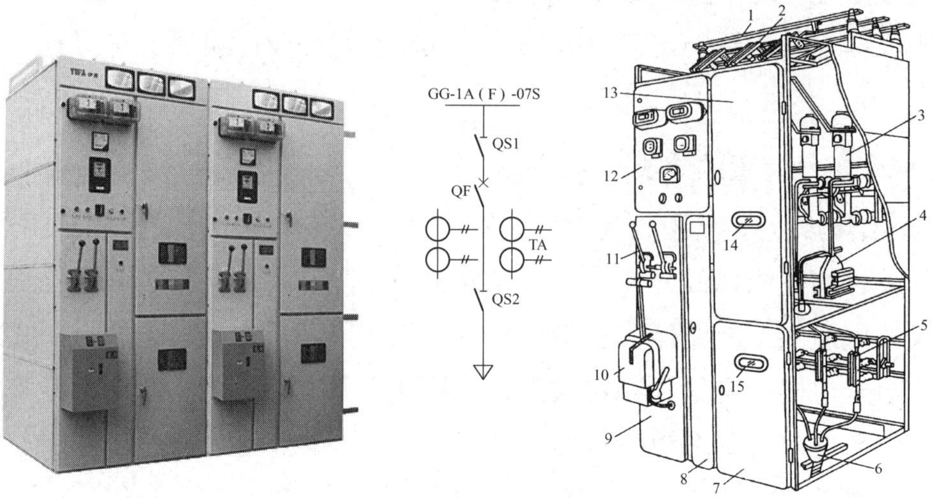

（a）外形　　（b）结构示意图

1—母线；2—母线隔离开关（QS1，GN8-10型）；3—少油断路器（QF，SN10-10型）；4—电流互感器（TA，LQJ-10型）；5—线路隔离开关（QS2，GN6-10型）；6—电缆头；7—下检修门；8—端子箱门；9—操作板；10—断路器的手动操作机构（CS2型）；11—隔离开关的操作机构（CS6型）手柄；12—仪表继电器屏；13—上检修门；14、15—观察窗口

图3-25　GG-1A（F）-07S型固定式高压开关柜（断路器柜）的外形与结构示意图

2）手车式高压开关柜的结构原理

手车式（又称移开式）高压开关柜的断路器等主要电气设备是装在可以拉出和推入开关柜的手车上的。当断路器等设备需要检修时，可随时将其手车拉出，然后推入同类备用手车，即可恢复供电。因此，它具有检修安全、供电可靠性高等优点。图3-26是GC□-10（F）型手车式高压开关柜的外形与结构示意图。

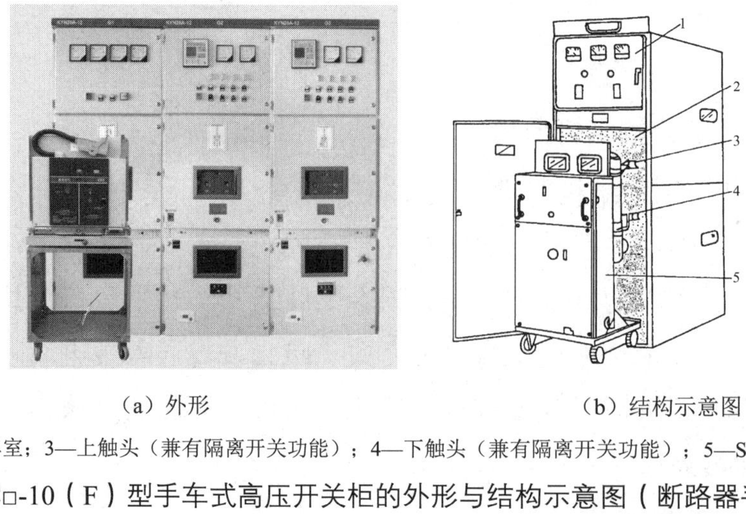

（a）外形　　（b）结构示意图

1—仪表屏；2—手车室；3—上触头（兼有隔离开关功能）；4—下触头（兼有隔离开关功能）；5—SN10-10型断路器手车

图3-26　GC□-10（F）型手车式高压开关柜的外形与结构示意图（断路器手车未推入）

3）环网高压开关柜的结构原理

环网高压开关柜是将原来的负荷开关、隔离开关、接地开关的功能，合并为一个“三位置开关”，兼有通断、隔离和接地三种功能。图 3-27 是某型号环网高压开关柜的外形和 SM6 型环网高压开关柜的结构示意图。其中，三位置开关被密封在一个充满六氟化硫气体的壳体内，利用六氟化硫来进行绝缘和灭弧。因此，这种三位置开关兼有负荷开关、隔离开关和接地开关的功能。

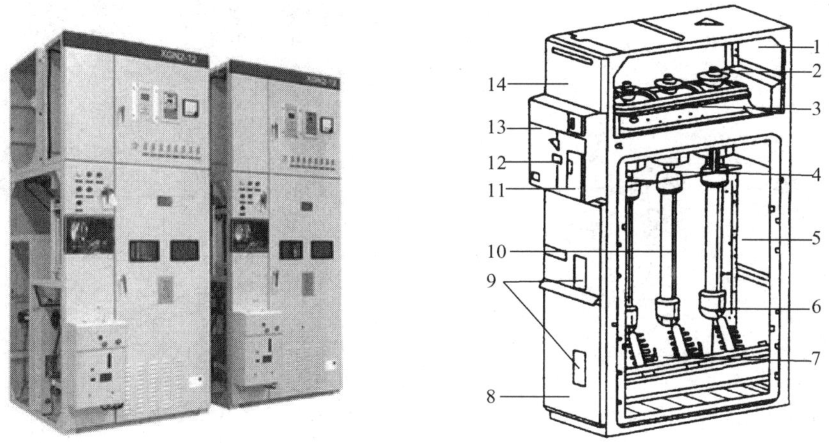

（a）外形　　（b）结构示意图

1—母线间隔；2—母线连接垫片；3—三位置开关间隔；4—熔断器熔断联跳开关装置；
5—电缆连接与熔断器间隔；6—电缆连接间隔；7—下接地开关；8—面板；
9—熔断器和下接地开关观察窗；10—熔断器；11—熔断器熔断指示；
12—带电指示器；13—操作机构间隔；14—控制保护与测量间隔

图 3-27　某型号环网高压开关柜的外形和 SM6 型环网高压开关柜的结构示意图

二、低压成套配电电气装置的结构原理

低压成套配电电气装置包括电压等级在 1kV 以下的开关柜、动力配电柜、照明箱、控制屏（台）、直流配电屏及补偿成套装置，供动力、照明配电及补偿用。

1. GCS 型低压抽出式开关柜

GCS 型低压抽出式开关柜适用于发电厂、石油、化工、冶金、纺织、高层建筑等配电系统，用于三相交流频率为 50（60）Hz、额定工作电压为 380（660）V、额定电流为 4000A 及以下的发电及供电系统中的配电、电动机集中控制、电抗器限流、无功功率补偿。图 3-28 所示为 GCS 型低压抽出式开关柜外形图。

GCS 型低压抽出式开关柜构架采用全拼装和部分焊接两种形式。装置有严格区分的各功能单元室、母线室、电缆室。相同单元室的互换性强，各抽屉面板有合、断、试验、抽出等位置的明显标识。母线系统全部采用 TMY-T2 系列硬铜排，采取柜后平置式排列的布局，以提高母线的动稳定、热稳定能力并改善接触面的温升。电缆室内的电缆与抽屉出线的连接采用专用的连接件，简化了安装工艺过程，提高了母线连接的可靠性。

2. MNS 型低压开关柜

MNS 型低压开关柜适用于交流频率为 50（60）Hz、额定工作电压为 660V 及以下的系统，用于发电、输电、配电、电能转换和电能消耗设备的控制。图 3-29 所示为 MNS 型低压抽出式开关柜外形图。

图 3-28　GCS 型低压抽出式开关柜外形图

图 3-29　MNS 型低压抽出式开关柜外形图

MNS 型低压抽出式开关柜的基本框架为组合装配式结构，由基本框架，再按方案变化需要，加上相应的门、封板、隔板、安装支架、母线及功能单元等零部件，组装成一台完整的装置。MNS 型低压抽出式开关柜的每个柜体分隔为三个室，即水平母线室（在柜后部）、抽屉小室（在柜前部）、电缆室（在柜下部或柜前右边）。MNS 型低压抽出式开关柜的结构设计可满足各种进出线方案要求：上进上出、上进下出、下进上出、下进下出；可组合成动力配电中心、抽出式电动机控制中心和小电流动力配电中心、可移动式电动机控制中心和小电流动力配电中心。

三、全封闭组合电器的结构原理

将六氟化硫断路器和其他高压电气元件（除主变压器外），按所需的电气主接线安装在充有一定压力的六氟化硫气体的金属壳内所组成的一套变电站设备，称为气体绝缘变电站，也可称为气体绝缘开关设备或全封闭组合电器（简称“GIS”）。GIS 一般包括断路器、隔离开关、接地开关、电流互感器、电压互感器、避雷器、母线、进出线套管或电缆连接头等。图 3-30 所示为某型号 GIS 的外形图。

图 3-30　某型号 GIS 的外形图

1．GIS 的结构与性能特点

（1）由于采用六氟化硫气体作为绝缘介质，导电体与金属地电位外壳之间的绝缘距离大大缩小，因此 GIS 的占地面积和安装空间只有相同电压等级常规设备的百分之几到百分之二十。电压等级越高，占地面积比例越小。

（2）全部电气元件都被封闭在接地金属外壳内，带电体不暴露在空气中，运行中不受自然条件的影响，其可靠性和安全性比常规电气元件好。

（3）六氟化硫气体是不燃不爆的惰性气体，所以 GIS 属于防爆设备，适合在城市中心地区和其他防爆场所安装使用。

（4）GIS 在使用过程中除断路器需要定期维修外，其他元件几乎不需要检修，因而维修工作量和年运行费用大大降低。

（5）GIS 结构比较复杂，要求设计制造的安装调试水平高，同时价格较高，变电站一次性投资大，但土建和运行费用低，体现了 GIS 的优越性。

2．GIS 的母线筒结构

（1）全三相共箱式结构。三相母线、三相断路器和其他电气元件都采用共箱筒体。全三相共箱式结构的体积和占地面积小，消耗金属材料少，加工工作量小，但技术要求高。

（2）不完全三相共箱式结构。母线采用三相共箱式筒体，而断路器和其他电气元件采用分箱式筒体。

（3）全分箱式结构。包括母线在内的所有电气元件都采用分箱式筒体。

在 GIS 内部各电气元件的气室间设置使气体互不相通的密封气隔。其优点是可以将不同六氟化硫气体压力的各电气元件分隔开，特殊要求的元件可以单独设立一个气隔，在检修时可以减小停电范围，减小检修时六氟化硫气体的回收和充放气工作量，有利于安装和扩建工作。

3．GIS 断路器的布置

GIS 断路器按布置方式，可分为立式 GIS 断路器和卧式 GIS 断路器。GIS 断路器开断装置因断口数量不同有 2～3 个灭弧室（一个断口对应一个灭弧室）及相应的开断装置。GIS 断路器操作机构一般采用液压操作机构、压缩空气操作机构或弹簧操作机构。

4．GIS 的出线方式

GIS 的出线方式主要有以下三种。

（1）架空线引出方式：在母线筒出线端装设充气（六氟化硫）套管。

（2）电缆引出方式：母线筒出线端直接与电缆头组合。

（3）母线筒出线端直接与主变压器对接：此时连接套管一侧充有六氟化硫气体，另一侧有变压器油。

阅读材料：
GIL 助力特高压输电线路通过江底隧道穿越长江

任务操作七　成套电气装置的巡查与维护

训练目标

（1）掌握成套电气装置的巡查与维护项目。

（2）会对成套电气装置进行巡查与维护。

训练内容

1. 巡查与维护前的准备

（1）工器具的选择、检查：要求能满足工作需要，质量符合要求。

（2）着装、穿戴：穿工作服、绝缘鞋，戴安全帽。

2. 巡查与维护工作内容

1）运行前的检查项目

（1）检查开关柜内是否清洁，所装电气元件的型号和规格是否与图纸相符。

（2）检查一、二次配线是否符合图纸要求，接线有无脱落及二次接线端子有无编号，所有紧固螺钉和销钉有无松动。

（3）检查各电气元件的整定值有无变动，并进行相应的调整。

（4）检查所有电气元件安装是否牢固，操作机构是否灵活，联锁机构是否正确、可靠，各程序性动作是否准确无误。

（5）对断路器、隔离开关等主要电气元件及操作机构按其操作方式试验5次。

（6）各继电器、指示仪表等二次设备的动作是否正确。

（7）检查保护接地系统是否符合技术要求，检验绝缘电阻是否符合要求。

（8）待所有检验没有异常现象，才能投入运行。

（9）对于手车式高压成套配电电气装置应将手车推入试验位置并锁紧后，断路器手车方可进行试验，如果试验无异常现象，可断开断路器，解除锁紧，用蜗轮蜗杆将手车推到工作位置并锁紧，再把断路器断开。

2）运行中的巡查与维护项目

（1）检查母线和各接点是否有过热现象，示温蜡片是否熔化。

（2）检查注油设备的油位是否正常，油色是否变深，有无渗漏油现象。

（3）检查开关柜中各电气元件在运行中有无异常气味、声响等。

（4）检查仪表、信号、指示灯等指示是否正确，继电保护压板位置是否正确。

（5）检查继电器的直流设备运行是否良好。

（6）检查接地和接零装置的连接线有无松脱和断线。

（7）检查高低压配电室的通风、照明及安全防火装置是否正常。

3. 工作记录

按要求进行巡查与维护记录（在相应的记录簿上记录巡查与维护时间、巡查与维护人员姓名及设备状况等）。

任务操作八 GIS 设备的巡查与维护

训练目标

（1）掌握 GIS 设备的操作规定。

（2）掌握 GIS 设备的巡查与维护项目。

（3）会对 GIS 设备进行巡查与维护。

训练内容

1. 巡查与维护前的准备

（1）工器具的选择、检查：要求能满足工作需要，质量符合要求。

（2）着装、穿戴：穿工作服、绝缘鞋，戴安全帽。

2. 巡查与维护工作内容

1）认识 GIS 设备的操作规定

（1）正常运行时，GIS 设备的所有倒闸操作和事故处理必须在控制室由运行值班人员在后台机上进行远方操作。

（2）在继电器室相应测控盘柜上允许进行的操作如下。

① 监控系统后台机发生故障而不能进行操作时，运行人员需要进行设备操作。

② 设备停电，保护人员进行保护调试工作，办理第一种工作票后，经当班值班长同意，可以在调试工作中操作。

（3）在现场就地控制盘上操作及刀闸、接地刀闸可在设备上用摇把手动操作。此操作只允许设备检修时，检修人员进行检修、调试操作。

2）GIS 设备的日常巡查

GIS 设备的日常巡查项目如下。

（1）检查开关、刀闸、接地刀闸的现场位置指示是否正确。

（2）检查开关、保护装置的信号灯的指示是否正确，综合自动化设备显示是否正常。

（3）检查各气室六氟化硫气体压力是否正常，气体密度、机构弹簧储能是否正常。

（4）检查设备外观有无异常，本体有无变形。各阀门管路应良好无变形，设备应无异常声响、无异常气味，外壳应无锈蚀。

（5）检查接地端子是否有过热现象。

（6）检查外壳接地是否完好（接地铜排应良好）。

（7）定期对 GIS 设备接头、壳体及二次盘柜接线进行红外测温，观察温度是否正常。

（8）定期查看 GIS 三相电流是否平衡。

（9）检查操作机构中的传动机构是否良好，断路器操作电动机是否良好，机构和本体有无渗漏。

（10）当巡查中发现六氟化硫气室压力突降、六氟化硫气体压力低报警等异常情况时，值班长必须及时汇报调度员和工区领导。当判断为六氟化硫气室发生泄漏时，必须根据《电业安全工作规程》规定做好防护措施，并对发生泄漏的气室用肥皂水进行气密性检查。在检漏时，可将肥皂水涂在检查部位，检查有无气泡产生（观察 30s 以上）。若有气泡产生，则说明有漏气存在，必须加以处理；若没有气泡产生，则将肥皂水擦干净。

（11）由于 GIS 设备是全封闭的，没有明显断开点，因此对 GIS 设备进行操作后还应进行检查。检查的依据是以下三点发生对应变化：运行人员工作站主接线图上该设备的状态、事件记录的报文、现场位置指示器的状态。

3）GIS 设备的特殊巡查

GIS 设备的特殊巡查项目如下。

（1）当负荷增大时，应及时增加对设备的巡查和测温工作。

（2）当气候发生变化时，如气温突降或高温、雪、雷雨、冰雹、大风、沙尘暴等，根据气候情况增加特殊巡查工作，雷雨后及时检查各线路避雷器动作情况。

（3）倒闸操作后，应检查操作机构中的传动机构是否良好，断路器操作电动机是否良好，机构和本体是否处于良好状态。

（4）当 GIS 设备发生故障时，如弹簧未储能、气室压力降低、气室红外测温温度偏高等，应及时进行设备检查，在故障未消除前，值班长需要制定反事故措施，并落实责任人。

（5）当发生事故跳闸后，对相关设备进行特殊巡查。

4）GIS 设备的日常维护

GIS 设备的日常维护项目如下（以 110kV 的 ZF7A-126 GIS 设备为例）。

（1）每日按规定进行设备巡视检查，重点检查各气室六氟化硫气体压力是否在规定范围内。在环温 20℃时，断路器和电流互感器气室的正常六氟化硫压力为 0.5MPa，报警压力为 0.45MPa，闭锁压力为 0.4MPa。电压互感器气室的正常六氟化硫压力为 0.4MPa，报警压力为 0.35MPa。避雷器气室的正常六氟化硫压力为 0.4MPa，报警压力为 0.3MPa。其他气室的正常六氟化硫压力：额定电流为 2000A 及以下时，额定压力为 0.4MPa，报警压力为 0.3MPa；额定电流为 3150A 时，额定压力为 0.5MPa，报警压力为 0.4MPa。

（2）监盘人员应注意监视 GIS 设备各回路三相电流是否平衡。每旬和遇高峰负荷时对 GIS 设备接头、GIS 壳体及二次盘柜工作进行红外测温，观察各部分温度是否正常。

（3）每周日按设备点检规定对 GIS 设备及就地控制箱进行点检巡视。

（4）每月按站月工作计划对 GIS 设备进行盘面清扫工作。

（5）GIS 设备的正常巡视工作按工区、站制定的设备巡视制度执行。

3. 巡查与维护记录

按要求进行巡查、维护记录（在相应的记录簿上记录巡查与维护时间、巡查与维护人员姓名及设备状况等）。

任务六　巡查与维护母线

一、母线的概述

在各级电压的变配电所中，进户线的接线端与高压开关柜之间、高压开关柜与变压器之间、变压器与低压开关柜之间都需要用一定截面积的导体将它们连接起来，这种导体称为母线。母线用于传输电能，具有汇集和分配电能的作用。它包括一次设备部分的主母线和设备连接线、“所用电”部分的交流母线、直流系统的直流母线、二次设备部分的小母线等。常用的母线材料有铜、铝、铝合金、钢等。

母线按外形和结构，可以分为软母线、硬母线和封闭式母线三类。软母线包括铝绞线、铜绞线、钢芯铝绞线、扩径空心导线等，常用多股钢芯铝绞线；硬母线包括矩形母线、管形母线、槽形母线等，其中矩形母线、槽形母线多用铝排和铜排，管形母线多用铝合金；封闭式母线包括共箱母线、分相母线等。

母线的布置方式对母线的散热条件、载流量和机械强度有很大的影响。母线的布置方式主要有平放水平排列、立放水平排列和立放垂直排列和三角形排列等。图 3-31 所示为不同形式母线的安装图。

图 3-31　不同形式母线的安装图

二、母线的基本要求

（1）母线的载流量必须满足设计和规范要求，即母线长期通过的负荷电流应小于母线允许的载流量，发生短路情况时要有足够的热稳定性。

（2）母线所用的绝缘子、金具、导线应完好无损，并能进行相关试验。

（3）母线应具有足够的机械强度。

（4）母线制作时其连接处应保持良好的接触，并应有防腐蚀、防振动和防伸缩损坏的措施。

（5）安装母线时，各相带电部分之间的距离、带电部分与地之间的距离均应大于规范要求的安全距离。

（6）母线要排列整齐、美观，便于监视和维护。

三、母线涂漆及排列的基本要求

为了便于识别、防锈蚀和增加美观，母线安装后应涂油漆。母线涂漆颜色应符合以下规定。

（1）三相交流母线：U 相为黄色，V 相为绿色，W 相为红色。

（2）单相交流母线：从三相母线分支来的应与引出相颜色相同。

（3）直流母线：正极为褐色，负极为蓝色。

（4）直流均衡汇流母线及交流中性汇流母线：不接地者为紫色，接地者为紫色带黑色横条。

母线的相序排列、各回路的相序排列应一致，要特别注意多段母线的连接、母线与变压器的连接相序应正确。当设计无规定时应符合下列规定。

（1）立放垂直排列的交流母线，由上到下排列为 U 相、V 相、W 相；直流母线正极在上，负极在下。

（2）立放水平排列的交流母线，由盘后向盘面排列为 U 相、V 相、W 相；直流母线正极在后，负极在前。

（3）引下线的交流母线，由左到右排列为 U 相、V 相、W 相；直流母线正极在左，负极在右。

阅读材料：
母线常见故障的原因及处理方法

任务操作九　母线的巡查与维护

训练目标

（1）掌握母线的巡查与维护项目。

（2）会对母线进行巡查与维护。

训练内容

1．巡查与维护前的准备

（1）工器具的选择、检查：要求能满足工作需要，质量符合要求。

（2）着装、穿戴：穿工作服、绝缘鞋，戴安全帽。

2．巡查与维护工作内容

母线正常运行是指母线在额定条件下，能够长期、连续地汇集和传输额定功率的工作状态。应对运行中的母线进行巡查与维护，应特别加强对接头处的监视。母线的巡查与维护项目如下。

（1）检查绝缘子是否清洁，有无裂纹损伤，有无电晕及严重放电现象。

（2）检查设备线卡、金具是否紧固，有无松动脱落现象。

（3）检查软母线弧垂是否符合要求，有无断股、散股，连接处有无发热，伸缩是否正常。检查硬母线是否平直，有无弯曲，各种电气距离是否满足规程要求。

（4）检查所有构架的接地是否完好、牢固，有无断裂现象。

（5）通过观察母线的涂漆有无变色现象、用红外测温仪或半导体点温度计测量接头处温度等方法检查母线接头处是否发热。若裸母线及其接头处超过 70℃，或接触面挂锡时超过 85℃，或接触面镀银时超过 95℃，则应减少负荷或停止运行。

（6）配合电气设备的检修、试验，根据具体情况检查母线接头、螺栓是否完好，若有松动或其他问题，则应及时处理。对绝缘子进行清洁；对母线、母线的金具进行清洗，除去支架的锈斑；更换生锈的螺栓及部件；涂刷防护漆等。

3. 巡查与维护记录

按要求进行巡查与维护记录（在运行记录簿上记录巡查与维护时间、巡查与维护人员姓名及设备状况等）。

任务七 巡查与维护电力电容器

一、电力电容器的用途与分类

电力电容器主要用于提高频率为 50Hz 的电力系统的功率因数，作为产生无功功率的电源。图 3-32 所示为电力电容器的外形图。

（a）高压电力电容器的外形图　　（b）低压电力电容器的外形图

图 3-32 电力电容器的外形图

电力电容器按电压等级，可分为高压电力电容器、低压电力电容器两种。低压并联电力电容器是三相的，有 0.23kV、0.4kV 和 0.25kV 三个电压等级。高压并联电力电容器是单相的，有 1.05kV、3.15kV、6.3kV、10.5kV 四个电压等级。电力电容器按外壳材料，可分为金属外壳电力电容器、瓷绝缘外壳电力电容器和胶木外壳电力电容器等；按所用介质，可分为固体介质电力电容器、液体介质电力电容器；按用途，可以分为并联电力电容器、串联电力电容器、耦合电力电容器、断路器电力电容器、电热电力电容器、脉冲电力电容器、直流和滤波电力电容器、标准电力电容器等；按安装方式，可分为户外式电力电容器和户内式电力电容器。图 3-33 所示为电力电容器的安装实物图。

（a）低压电力电容器的安装实物图

（b）高压电力电容器的安装实物图

图 3-33　电力电容器的安装实物图

电力电容器的型号和含义如下。

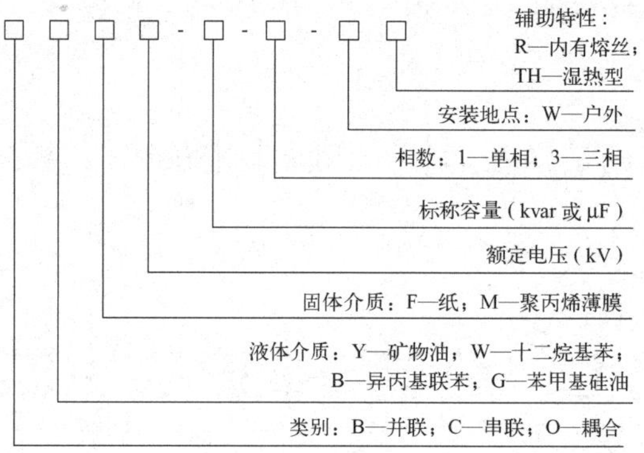

二、电力电容器的结构

电力电容器主要由外壳、电容元件、液体和固体绝缘、紧固件、引出线和出线套管等部件组成。无论是单相电力电容器还是三相电力电容器，电容元件均放在外壳（油箱）内，箱盖与外壳焊在一起，其上装有出线套管，套管的引出线通过出线连接片与电容元件的极板相连接。箱盖的一侧焊有接地片，用于保护接地。外壳的两侧焊有两个搬运的吊环。单相电力电容器的内部结构如图 3-34 所示。

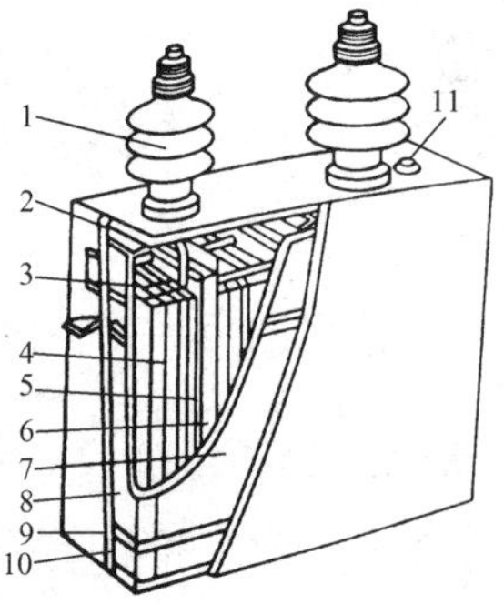

1—出线套管；2—出线连接片；3—连接片；4—电容元件；5—出线连接固定板；

6—组间绝缘；7—包封件；8—夹子板；9—紧箍；10—外壳；11—封口端

图 3-34　单相电力电容器的内部结构

三、电力电容器的连接

1．电力电容器的串联与并联

电力电容器既可以串联，也可以并联，但必须保证其端电压与电网电压相符。当单台电力电容器的额定电压低于电网电压时，可采用串联，使串联后的电力电容器的额定电压与电网电压相同。当单台电力电容器的额定电压与电网电压相同时，根据容量的需要，可采用并联。但如果条件允许，应尽量采用并联。

对于串联运行的电力电容器组，要求每台电力电容器的电容值应尽量相等。若不相等，则其差值应小于 10%；否则，由于电容值的差异，会造成每台电力电容器所承受的电压不一致，也会导致三相电压的不平衡。因此在安装时，应尽可能选择电容值相差不大的电力电容器。

对于并联运行的电力电容器组，接入电网运行时，每台电力电容器均需对地绝缘，其绝缘水平应不低于电网的额定电压。

2．电力电容器的接法

单相电力电容器组接入三相电网时，可采用三角形连接或星形连接，但必须满足电力电容器组的线电压与电网电压相同的要求。GB 50059—2011《35～110kV 变电所设计规范》规定：电力电容器装置宜采用中性点不接地的星形或双星形连接。而 GB 50053—2013《10kV 及以下变电所设计规范》规定：高压电力电容器组宜接成中性点不接地的星形，容量较小时（450kvar 及以下）宜接成三角形；低压电力电容器组应接成三角形。

对于中性点不接地系统，当电力电容器组采用星形连接时，其外壳也应对地绝缘，绝缘水平应与电网的额定电压相同。

任务操作十　电力电容器的巡查与维护

训练目标

（1）掌握电力电容器的巡查与维护项目。

（2）会对电力电容器进行巡查与维护。

训练内容

1．巡查与维护前的准备

（1）工器具的选择、检查：要求能满足工作需要，质量符合要求。

（2）着装、穿戴：穿工作服、绝缘鞋、戴安全帽。

2．巡查与维护工作内容

1）电力电容器的巡查方式

对运行中的电力电容器组应进行日常巡查、定期停电检查、特殊巡查。

（1）日常巡查由变配电所的运行值班人员完成。有人值班时，每班检查一次；无人值班时，每周至少检查一次。夏季应在室温最高时进行巡查，其他时间可在系统电压最高时进行巡查。主要观察电力电容器外壳有无鼓胀、渗油、漏油现象，有无异常声响及火花，熔断器是否正常，放电指示灯是否熄灭。将电压表、电流表、温度表的数值记录在运行记录簿上，对发现的其他缺陷也应做记录。

（2）定期停电检查应每季度进行一次，除日常巡查项目外，还应检查各螺钉接点的松紧程度及接触情况，检查放电回路的完整性，检查风道有无灰尘，并清扫电力电容器的外壳、绝缘子及支架等处的灰尘，检查电力电容器外壳的保护接地线，检查电力电容器组的继电保护装置的动作情况和熔断器的完整性，检查电容器组的断路器、馈线等。

（3）当电力电容器组发生短路跳闸、熔断器熔断等现象后，应立即进行特殊巡查。其巡查项目除上述各项外，必要时还应对电力电容器进行试验。在查出故障电力电容器或断路器分闸、熔断器熔断的原因之前，不能再次合闸送电。

2）电力电容器运行中的巡查

（1）检查电力电容器是否在额定电压和额定电流下运行，三相电流表指示是否平衡。当运行电压超过额定电压的10%或运行电流超过额定电流的30%时，应将电力电容器组退出运行，以防电力电容器烧坏。

（2）检查电力电容器本体是否有渗油、漏油现象，内部是否有异声。

（3）检查电力电容器套管及支持绝缘子是否有裂纹及放电痕迹。

（4）检查各连接头及母线是否有松动和过热变色现象，放电装置是否良好，并记录室温。

（5）检查示温蜡片是否熔化脱落。

（6）检查电力电容器室内通风是否良好，环境温度应不超过40℃。

（7）检查电力电容器外壳是否有变形及鼓胀、渗油、漏油现象。

（8）检查单台电力电容器保护用熔断器是否良好，是否有熔断现象。

（9）检查电力电容器放电电压互感器及其三相指示灯是否点亮，若信号灯熄灭，则应查明原因，必要时应向调度员汇报，停用电力电容器。

（10）检查电力电容器保护装置是否全部投入运行。

（11）检查电力电容器外壳接地是否完好。

（12）检查电力电容器的断路器、互感器和电抗器等是否有异常现象。

3. 巡查与维护记录

按要求进行巡查与维护记录（在运行记录簿上记录巡查与维护时间、巡查与维护人员姓名及设备状况等）。

任务八　巡查与维护互感器

一、电压互感器

1．电压互感器的作用

电压互感器是一种将系统的高电压变换成低电压的装置，其二次额定电压一般为100V，供测量仪表和继电保护装置使用。其主要作用如下。

（1）与测量仪表配合，测量线路的电压。

（2）与继电保护装置配合，对电力系统和设备进行过电压、单相接地等保护。

（3）使测量仪表、继电保护装置与线路的高压电网隔离，以保证操作人员和设备的安全。

2．电压互感器的分类与型号

电压互感器按工作原理，可分为电磁感应式电压互感器和电容分压式电压互感器，电容分压式电压互感器广泛用于 110～330kV 的中性点直接接地的电网中；按相数，可分为单相电压互感器和三相电压互感器，35kV 及以上不能制成三相电压互感器；按线圈数目，可分为双线圈电压互感器、三线圈电压互感器，其中三线圈电压互感器除一、二次线圈外，还有一组辅助二次线圈，接成开口三角形，用于接地保护；按安装地点，可分为户外式电压互感器和户内式电压互感器，35kV 及以下多制成户内式电压互感器，35kV 以上则制成户外式电压互感器；按绝缘形式，可分为干式电压互感器、树脂浇注式电压互感器、油浸式电压互感器和气体绝缘式电压互感器。其中，油浸式电压互感器又可分为普通式电压互感器和串级式电压互感器，油浸式电压互感器绝缘性能较好，技术成熟，价格便宜，广泛用于 10～220kV 以上变电所。干式电压互感器结构简单，无着火和爆炸危险，但绝缘强度较低，用于 3～10kV 空气干燥的户内配电装置。树脂浇注式电压互感器结构紧凑，维护方便，适用于 3～35kV 户内配电装置。气体绝缘式（六氟化硫）电压互感器技术先进，绝缘强度高，但价格高，主要用于 110kV 及以上的六氟化硫 GIS 中。

图 3-35 是应用广泛的单相三绕组、环氧树脂浇注绝缘的户内 JDZJ-10 型电压互感器的外形与结构示意图。

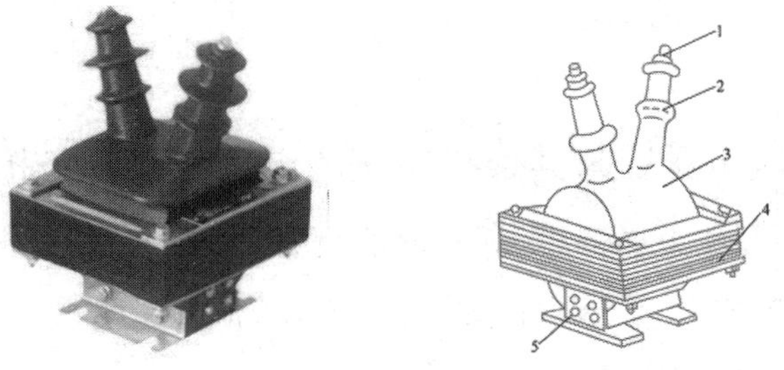

（a）实物　　（b）结构示意图

1—一次接线端子；2—高压绝缘套管；3—一、二次绕组（环氧树脂浇注型）；4—铁芯（壳式）；5—二次接线端子；

图 3-35　JDZJ-10 型电压互感器的外形与结构示意图

电压互感器的型号和含义如下。

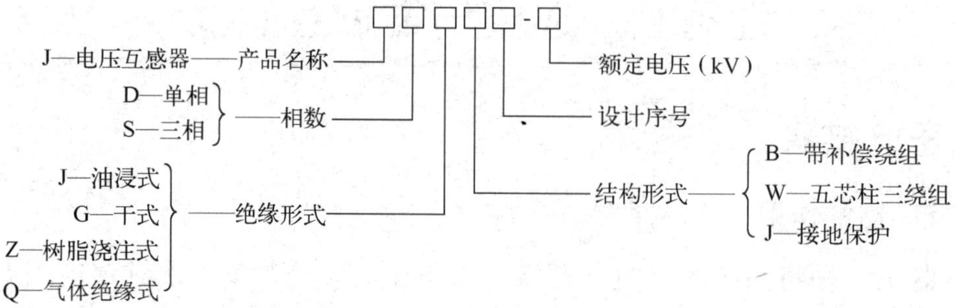

3．电压互感器的工作原理及特点

电压互感器是利用电磁感应原理制成的，其一次绕组匝数很多，而二次绕组匝数较少，相当于降压变压器。工作时，一次绕组并联在一次电路中，而二次绕组则并联于仪表、继电器的电压线圈，如图 3-36 所示。由于这些电压线圈的阻抗很大，所以电压互感器工作时其二次绕组接近于空载状态。

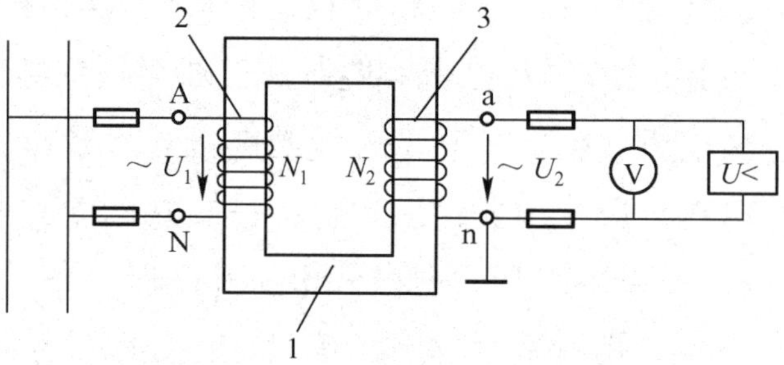

1—铁芯；2—一次绕组；3—二次绕组

图 3-36　电压互感器的原理图

电压互感器的一次电压 U_1 与其二次电压 U_2 的关系为

$$U_1 \approx \frac{N_1}{N_2} U_2 \approx K_u U_2$$

式中，N_1、N_2 分别为电压互感器一、二次绕组的匝数；K_u 为电压互感器的变压比，即其额定一、二次电压比，如 10000V/100V 等。

4．电压互感器的主要技术参数

1）额定一次电压

电压互感器的额定一次电压应与其连接系统的电压一致。三相电压互感器或用于三相系统相间及单相系统的单相电压互感器的额定一次电压应与其所接系统的额定电压一致。用于三相系统相与地之间的单相电压互感器的额定一次电压为其所接系统的相电压。

2）额定二次电压和第三绕组二次电压

接于相间的单相电压互感器的额定二次电压为100V。接于相与地间的电压互感器的额定二次电压为 $100/\sqrt{3}$ V。用于中性点直接接地系统的电压互感器的第三绕组二次电压为100V。用于小电流接地系统的电压互感器的第三绕组二次电压为 $100/\sqrt{3}$ V。

3）额定二次负荷

电压互感器的额定二次负荷是指在功率因数为0.8（滞后）时，能保证二次线圈相应准确度等级的基准负荷，以视在功率伏安数表示。二次负荷是指二次回路中所有仪器、仪表及连接线的总负荷。额定输出标准值有 10V·A*、15V·A、25V·A*、30V·A、75V·A、100V·A*、150V·A、200V·A*、250V·A、300V·A、400V·A、500V·A*。其中，有*号者为优先选用。

4）变压比

电压互感器的变压比为额定一次电压与额定二次电压之比，用 K_u 表示，即

$$K_u = \frac{U_{1N}}{U_{2N}}$$

5. 电压互感器的接线方式

电压互感器在三相系统中需要测量的电压有相电压、线电压和单相接地时出现的零序电压，因而电压互感器在三相电路中的接线方式主要有以下四种，如图3-37所示。

（1）一个单相电压互感器的接线如图3-37（a）所示。这种接线方式只能测量两相之间的线电压，供仪表、继电器接于一个线电压。

（2）两个单相电压互感器接成 V/V 形，如图 3-37（b）所示。这种接线方式又称为不完全星形接线，它广泛应用于工厂变配电所的6～10kV高压配电装置中，供仪表、继电器接于三相三线制电路的各个线电压。

（3）三个单相电压互感器接成 Y_0/Y_0 形，如图3-37（c）所示。它采用三台单相电压互感器，一次和二次绕组都接成星形，绕组中性点接地，可满足仪表和电压继电器取用线电压和相电压的要求，也可供电给接相电压的绝缘监视电压表。由于小接地电流系统在一次侧发生单相接地故障时，另外完好的不接地两相的对地电压要升高到线电压，所以绝缘监视电压表的量程不能按相电压选择，而应按线电压选择，否则在发生单相接地故障时，绝缘监视电压表可能被烧毁。

（4）三个单相三绕组或一个三相五芯柱三绕组电压互感器接成 $Y_0/Y_0/\triangle$（开口三角）形，如图3-37（d）所示。其接成 Y_0 的二次绕组，供电给需接线电压的仪表、继电器及绝缘监视电压表。接成开口三角形的辅助二次绕组，接电压继电器。当一次电压正常时，由于三个相电压对称，因此开口三角形开口的两端电压接近于零。但当一次电路有一相接地时，开口三角形开口的两端将出现近100V的零序电压，使电压继电器动作，发出故障信号。

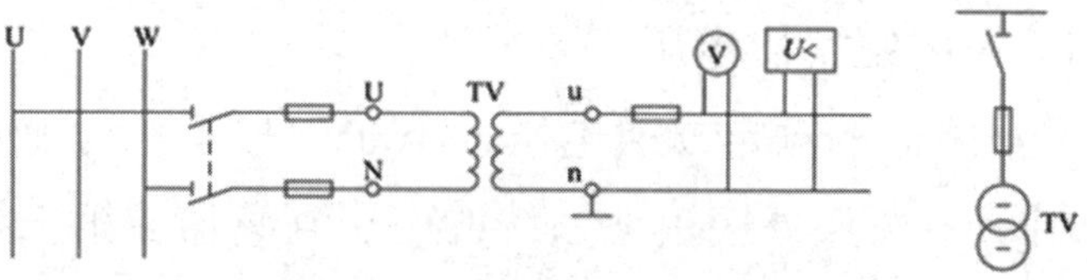

（a）一个单相电压互感器的接线

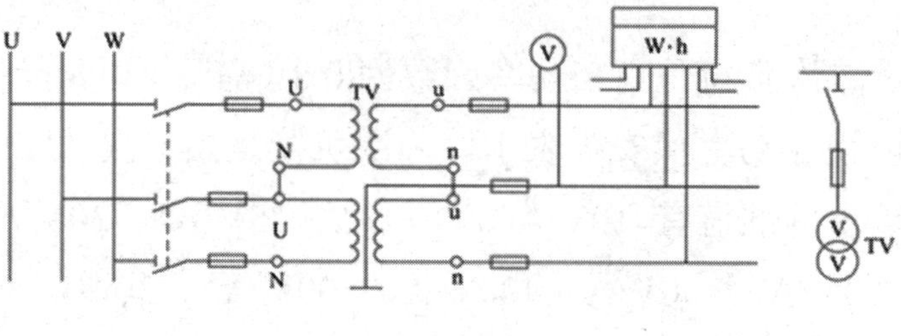

（b）两个单相电压互感器接成 V/V 形

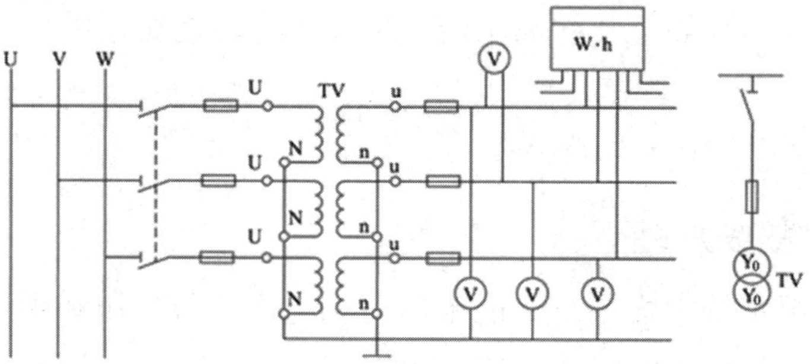

（c）三个单相电压互感器接成 Y_0/Y_0 形

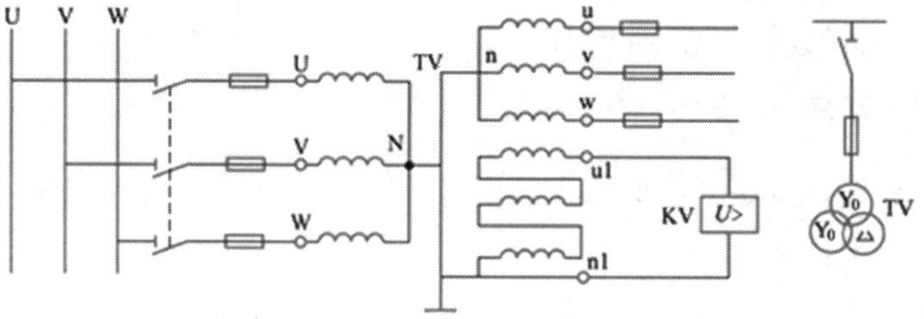

（d）三个单相三绕组或一个三相五芯柱三绕组电压互感器接成 $Y_0/Y_0/\triangle$（开口三角）形

图 3-37　电压互感器的接线方式

二、电流互感器

阅读材料：
电压互感器使用注意事项

1. 电流互感器的作用

电流互感器是一种电流变换装置，它能将大电流变换为小电流，其二次侧额定电流一般为 5A，供测量仪表和继电保护装置使用。其主要作用如下。

（1）与测量仪表配合，对线路的电流等进行测量。

（2）与继电保护装置配合，对电力系统进行过负荷、过电流等保护。

（3）使测量仪表、继电保护装置与线路的高压电网隔离，以保证人身和设备安全。

2. 电流互感器的分类与型号

电流互感器按一次绕组的匝数分，有贯穿单匝式电流互感器和贯穿复匝式电流互感器；按一次电压高低分，有高压电流互感器和低压电流互感器两大类；按安装形式分，有支持式电流互感器、支柱式电流互感器、装入式电流互感器、穿墙式电流互感器四大类；按绝缘及冷却方式分，有干式电流互感器、浇注绝缘式电流互感器、瓷绝缘式电流互感器和油浸式电流互感器四大类；按用途分，有测量用电流互感器和保护用电流互感器两大类，按准确度等级分，测量用电流互感器有 0.1、0.2、0.5、1、3、5 等级，保护用电流互感器有 5P 和 10P 两级。

高压电流互感器多制成不同准确度等级的两个铁芯和两个绕组，分别接测量仪表和继电器，以满足测量和保护的不同准确度要求。电气测量对电流互感器的准确度要求较高，且要求在短路时仪表受的冲击小，因此测量用电流互感器的铁芯在一次电路短路时应易于饱和，以限制二次电流的增长倍数。而保护用电流互感器的铁芯则要求在一次电路短路时不应饱和，使二次电流能与一次短路电流成比例地增长，以满足保护灵敏度的要求。

图 3-38 是树脂浇注绝缘的户内高压 LQJ-10 型电流互感器的外形与结构示意图。它有两个铁芯和两个二次绕组，分别为 0.5 级和 3 级，0.5 级用于测量，3 级用于保护。

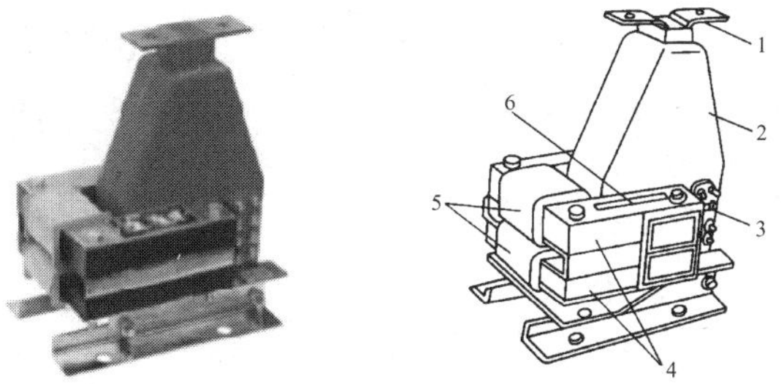

（a）外形 （b）结构示意图

1—一次接线端子；2—一次绕组（树脂浇注）；3—二次接线端子；
4—铁芯；5—二次绕组；6—警示牌（写有“二次侧不得开路”等字样）

图 3-38 树脂浇注绝缘的户内高压 LQJ-10 型电流互感器的外形与结构示意图

图 3-39 是树脂浇注绝缘的户内低压 LMZJ1-0.5 型（500～800/5A）电流互感器的外形与结构示意图。它不含一次绕组，穿过其铁芯的母线就是其一次绕组（相当于 1 匝）。它主要用于在 500V 及以下的配电装置中测量电流和电能。

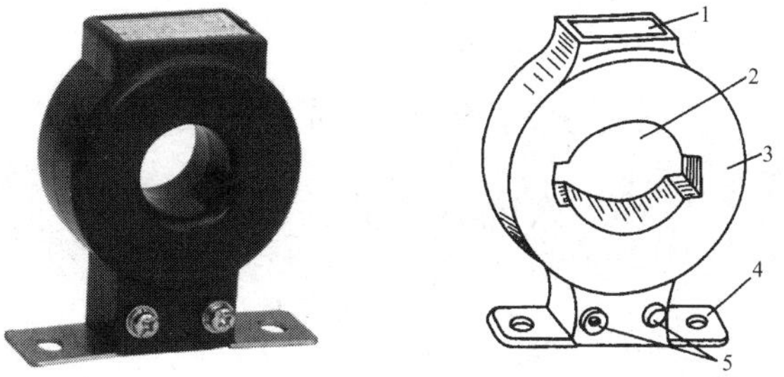

（a）外形 （b）结构示意图

1—铭牌；2—一次母线穿孔；3—铁芯（外绕二次绕组，树脂浇注）；4—安装板；5—二次接线端子

图 3-39 树脂浇注绝缘的户内低压 LMZJ1-0.5 型（500～800/5A）电流互感器的外形与结构示意图

电流互感器的型号和含义如下。

例如，LQJ-10 表示线圈式树脂浇注电流互感器，其额定电压为 10kV；LFCD-10/400 表示瓷绝缘贯穿复匝式电流互感器，用于差动保护，其额定电压为 10kV。

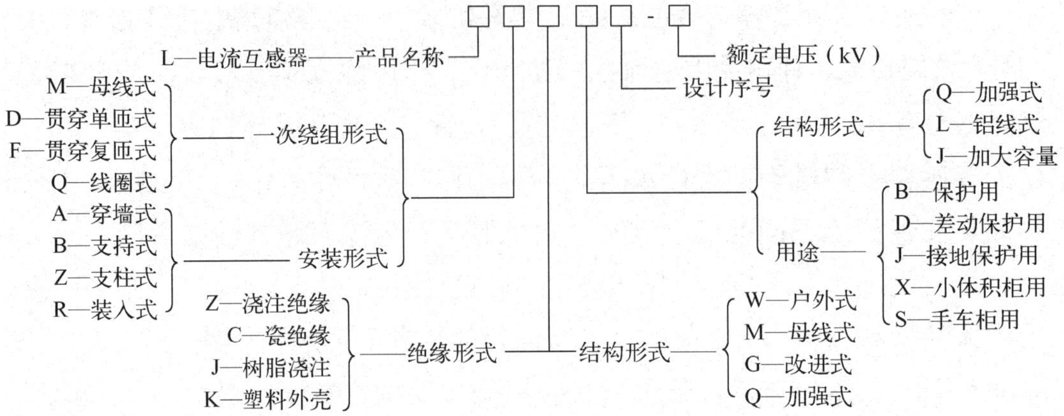

3. 电流互感器的工作原理及特点

电流互感器也是利用电磁感应原理制成的，其一次绕组的匝数很少（有的电流互感器利用穿过其铁芯的一次电路作为一次绕组，一次绕组的匝数相当于 1），且一次绕组导体相当粗，使用时串联在一次电路中；而二次绕组的匝数很多，导体较细，与仪表、继电器等的电流线圈串联，形成一个闭合回路，如图 3-40 所示。由于这些电流线圈的阻抗很小，因此电流互感器工作时二次回路接近于短路状态。

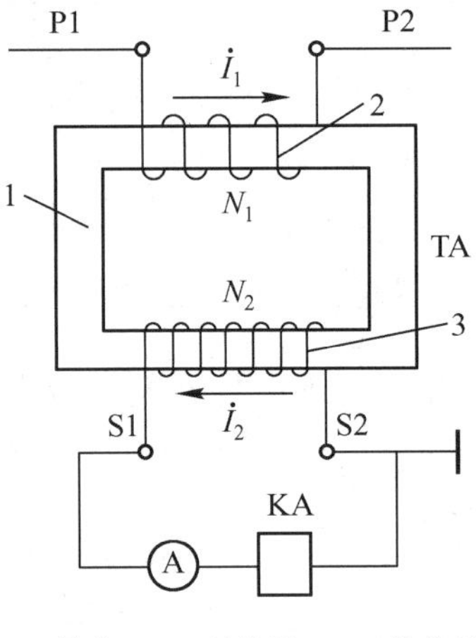

1—铁芯；2—一次绕组；3—二次绕组

图 3-40 电流互感器的原理图

电流互感器的一次电流 I_1 与其二次电流 I_2 的关系为

$$I_1 \approx \frac{N_2}{N_1} I_2 \approx K_i I_2$$

式中，N_1、N_2 分别为电流互感器一次绕组和二次绕组的匝数；K_i 为电流互感器的变流比，$K_i = I_{1N}/I_{2N}$，如 K_i=100/5A 等。

4．电流互感器的接线方式

图 3-41 所示为电流互感器的接线方式。

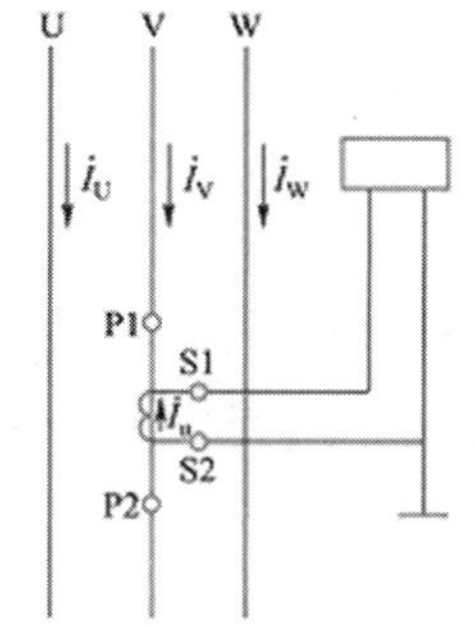

（a）一相式接线

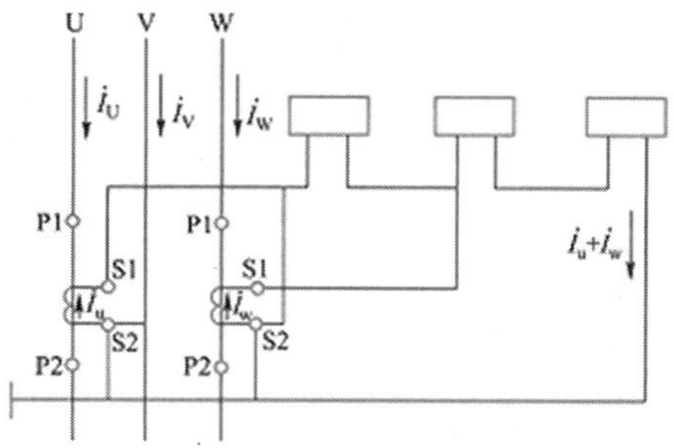

（b）两相 V 形接线

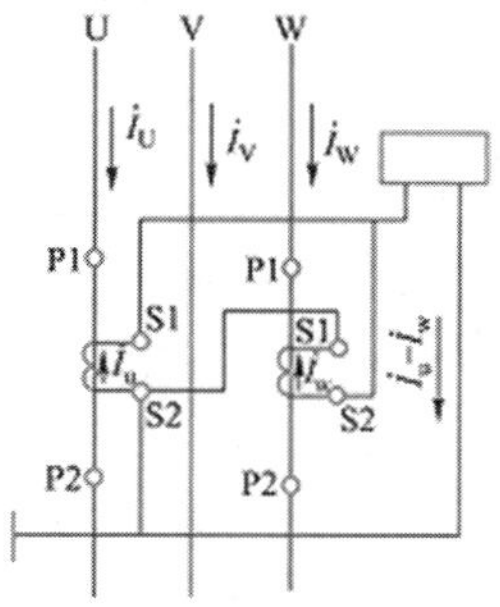

（c）两相电流差接线

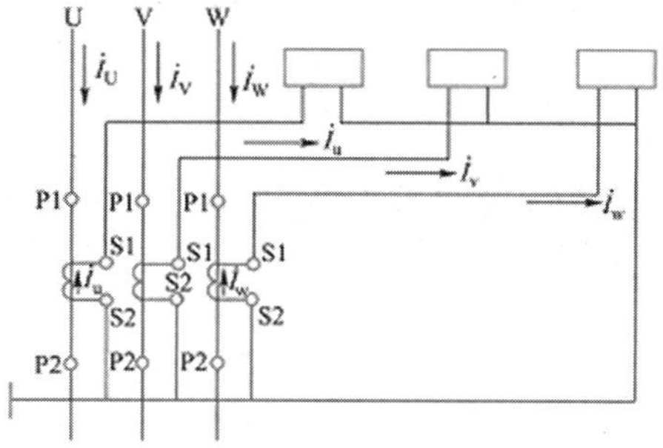

（d）三相星形接线

图 3-41　电流互感器的接线方式

（1）一相式接线如图 3-41（a）所示。电流线圈通过的电流反映一次电路对应相的电流。这种接线方式通常用于负荷平衡的三相电路，在低压动力线路中，用于测量电流或接过负荷保护装置。

（2）两相 V 形接线如图 3-41（b）所示。这种接线方式也称为两相不完全星形接线。在继电保护装置中，这种接线方式称为两相两继电器接线。它在中性点不接地的三相三线制电路（如一般的 6～10kV 电路）中，广泛用于三相电流、电能的测量和过电流继电保护。由如图 3-42 所示的相量图可知，两相 V 形接线的公共线上的电流为$\dot{I}_u+\dot{I}_w=-\dot{I}_v$，反映的是未接电流互感器的那一相（V 相）的电流。

（3）两相电流差接线如图 3-41（c）所示。由如图 3-43 所示的相量图可知，二次侧公共线上的电流为$\dot{I}_u-\dot{I}_w$，其量值为相电流的$\sqrt{3}$倍。这种接线方式也适用于中性点不接地的三相三线制电路（如一般的 6～10kV 电路）中的过电流继电保护。故这种接线方式也称为两相一继电器接线。

（4）三相星形接线如图 3-41（d）所示。这种接线方式中的三个电流线圈正好反映各相电流，广泛应用在负荷一般不平衡的三相四线制系统（如低压 TN 系统）中，也应用在负荷可能不平衡的三相三线制系统中，用于三相电流、电能的测量和过电流继电保护等。

阅读材料：
电流互感器使用注意事项

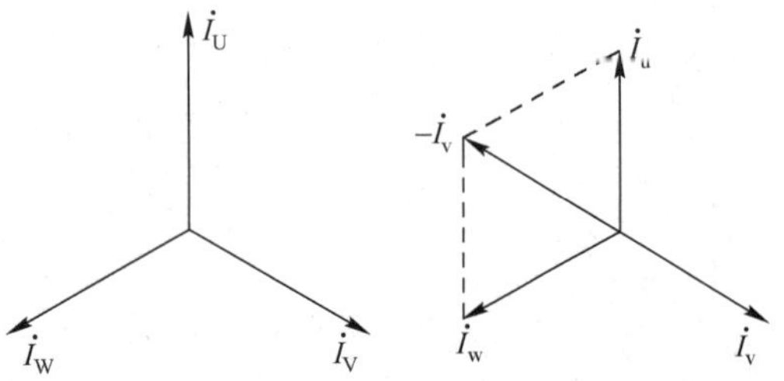

图 3-42　两相V形接线电流互感器的一、二次侧电流相量图

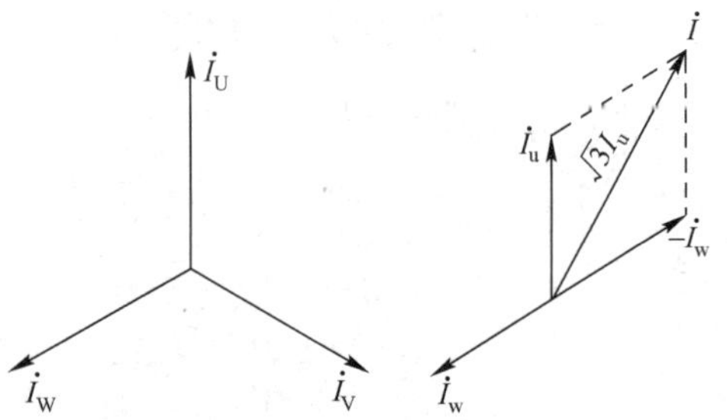

图 3-43　两相电流差接线电流互感器的一、二次侧电流相量图

任务操作十一　电压互感器的操作运行和巡查与维护

训练目标

（1）掌握电压互感器的操作运行和巡查与维护项目。

（2）会进行电压互感器的操作运行和巡查与维护。

训练内容

1. 操作运行和巡查与维护前的准备

（1）工器具的选择、检查：要求能满足工作需要，质量符合要求。

（2）着装、穿戴：穿工作服、绝缘鞋，戴安全帽。

2. 操作运行和巡查与维护工作内容

1）电压互感器的启、停用操作

（1）启用电压互感器。

电压互感器在送电前应进行下列准备工作。

① 测量绝缘电阻。低压侧绝缘电阻不得低于1MΩ，高压侧绝缘电阻不得低于1MΩ/kV。

② 定相。检查电压互感器的接线及二次回路电压关系的正确性，其中包括测量相及相间电压是否正常、测量相序是否为正相序、确定相位的正确性。

③ 外观检查。应检查瓷瓶是否清洁、完整、无损坏及裂纹，油位是否正常，油色是否透明不发黑且无渗、漏油现象，低压电路的电缆及导线是否完好且无短路现象，二次线圈接地是否牢固良好。

在准备工作结束后，值班人员可按下述程序进行送电操作：装上高低压侧熔断器，合上其出口隔离开关，使电压互感器投入运行，然后投入电压互感器所带的继电保护及自动装置。

（2）停用电压互感器。

停用电压互感器的操作程序如下。

① 先停用电压互感器所带的继电保护及自动装置，若有自动切换装置或手动切换装置，则电压互感器所带的继电保护及自动装置可不停用。

② 取下低压侧熔断器，以防止反充电，使高压侧带电。

③ 拉开电压互感器出口隔离开关，取下高压侧熔断器。

④ 进行验电，用电压等级合适且合格的验电器，在电压互感器进线各相分别验电。

⑤ 验明无电后，装设好接地线，悬挂标志牌，经过工作许可手续，便可进行检修工作。

2）电压互感器运行中的巡查与维护

电压互感器运行中的巡查与维护项目如下。

（1）检查套管、瓷瓶是否清洁，有无裂纹、破损、放电痕迹。

（2）检查电压互感器发出的“嗡嗡”声是否正常，有无放电声和其他异常声响。

（3）检查油位和油色是否正常，有无渗油、漏油现象。

（4）检查一、二次回路接线是否牢固，各接头有无松动和过热。

（5）检查一、二次侧熔断器是否完好。

（6）检查一次侧隔离开关及辅助触头接触是否良好。

（7）检查二次回路有无短路现象。

（8）检查二次侧接地是否牢固、良好。

（9）检查端子箱是否清洁，有无受潮。

检查中应注意电压互感器的二次侧一定要接地，且二次侧不能短路；对于三相五柱式电压互感器，其一次侧接地也应良好。

3. 操作运行和巡查与维护记录

按要求进行操作运行和巡查与维护记录（在运行操作记录簿上记录操作运行和巡查与维护时间、操作运行和巡查与维护人员姓名及设备状况等）。

任务操作十二 电流互感器的操作运行和巡查与维护

训练目标

（1）掌握电流互感器的操作运行和巡查与维护项目。

（2）会进行电流互感器的操作运行和巡查与维护。

训练内容

1. 操作运行和巡查与维护前的准备

（1）工器具的选择、检查：要求能满足工作需要，质量符合要求。

（2）着装、穿戴：穿工作服、绝缘鞋，戴安全帽。

2. 操作运行和巡查与维护工作内容

1）电流互感器的启、停用操作

电流互感器的启、停用操作，一般是在被测电路的断路器断开后进行的，以防止其二次线圈开路。但在被测电路中的断路器不允许断开时，只能在带电情况下进行。

在停电情况下，停用电流互感器时，应将纵向端子板取下，将标有“进”侧的端子横向短接；在启用电流互感器时，应将横向端子板取下，并用取下的端子板将电流互感器的纵向端子接通。

在运行中，停用电流互感器时，应将标有“进”侧的端子先用备用端子板横向短接，然后取下纵向端子板；在启用电流互感器时，应用备用端子板将纵向端子接通，然后取下横向端子板。

在电流互感器启、停用中，应注意观察在取下端子板时是否出现火花，若出现火花，则应立即把端子板装上并拧紧，然后查明原因。另外，工作人员应站在绝缘垫上操作，身体不能碰到接地物体。

2）电流互感器运行中的巡查与维护

电流互感器运行中的巡查与维护项目如下。

（1）检查套管、瓷瓶是否清洁，有无裂纹、破损、放电痕迹。

（2）检查电流互感器有无放电声和其他异常声响。

（3）检查户内浇注式电流互感器有无流膏现象。

（4）检查一次接线是否牢固，接头有无松动和过热。

（5）检查二次回路是否完好，有无开路放电、打火现象。

（6）检查二次侧接地是否牢固、良好。

在巡查与维护中，应注意运行中的电流互感器，其二次绕组不能开路，且接地一定要好。

3. 操作运行和巡查与维护记录

按要求进行操作运行和巡查与维护记录（在运行操作记录簿上记录操作运行和巡查与维护时间、操作运行和巡查与维护人员姓名及设备状况等）。

项目总结

1. 高压熔断器是当所在电路的电流超过规定值并经一定时间后，使其熔体熔断而分断电流、断开电路的一种保护电器，其主要功能是对电路和设备进行短路保护。高压熔断器主要有户内式高压熔断器和户外式高压熔断器两大类。

2．高压隔离开关主要起隔离高压电源的作用，当其断开时，电路中有明显的断开点，便于检修人员安全工作。应特别注意，高压隔离开关不能对负荷电流、短路电流进行分断，必须与高压断路器或高压熔断器一起对电路进行控制，主要用于检修时隔离电源、倒母线操作、分合小电流电路等。高压隔离开关按极数，可分为单极式高压隔离开关和三极式高压隔离开关；按使用条件，可分为户内式高压隔离开关和户外式高压隔离开关；按有无接地刀闸，可分为有接地刀闸式高压隔离开关和无接地刀闸式高压隔离开关；按操作机构，可分为手动式高压隔离开关、电动式高压隔离开关和气动式高压隔离开关。

3．高压负荷开关是介于高压隔离开关和高压断路器之间的一种开关电器。它具有简单的灭弧装置，但灭弧能力较小，只能用来接通和断开负荷电流和过负荷电流，不能用来断开短路电流。它常与高压熔断器配合使用，当发生短路故障时，由高压熔断器起短路保护作用。高压负荷开关断开后，与高压隔离开关一样，具有明显可见的断开间隙，也具有隔离电源、保证安全检修的功能。高压负荷开关一般安装在墙上、构架上，其结构类似于高压隔离开关，也有的安装在高压开关柜内。

4．高压断路器有很强的灭弧能力，可以用来通断负荷电流和短路电流。正常运行时可用来变换运行方式，将设备或线路投入运行或退出运行，起控制作用；当设备或线路发生故障时，通过继电保护装置的作用，将故障部分切除，保证无故障部分正常运行，起保护作用。高压断路器主要有高压油断路器、高压真空断路器和高压六氟化硫断路器等。

5．成套电气装置是将断路器、隔离开关、电流互感器、电压互感器，以及保护、控制、测量等设备按一定方式组装在全封闭或半封闭的金属柜内而形成的一套完整的电气装置，主要用于供配电系统接受和分配电能，以及对线路进行控制、测量、保护和调整，如低压成套配电电气装置和高压开关柜等。

将六氟化硫断路器和其他高压电气元件（除变压器外），按所需的电气主接线安装在充有一定压力的六氟化硫气体的金属壳内所组成的一整套变电站设备，称为气体绝缘变电站，也可称为气体绝缘开关设备或全封闭组合电器（简称 GIS）。

6．母线在各级电压的变配电所中，将进户线的接线端与高压开关柜之间、高压开关柜与变压器之间、变压器与低压开关柜之间等连接起来，起汇集和分配电能的作用。母线的材料有铜、铝、钢及铝合金等，硬母线常做成矩形、槽形、管形等形式。母线的涂漆及排列应符合规定要求。

7．电力电容器主要用于提高频率为 50Hz 的电力系统的功率因数，作为产生无功功率的电源。电力电容器主要由外壳、电容元件、液体和固体绝缘、紧固件、引出线和出线套管等部件组成。

8．互感器分为电压互感器和电流互感器两大类。目前大多采用电磁式互感器，其工作原理与电力变压器相似。

电压互感器将高电压变为低电压，其一次绕组并联于一次电路中，二次绕组向测量仪表和继电保护装置中的继电器电压线圈供电；正常工作时，其二次侧相当于开路，运行中其二次侧不能短路。

电流互感器将大电流变为小电流，向二次侧仪表供电，其一次绕组串联于电路中，二次绕组与测量仪表和继电保护装置中的继电器电流线圈串联；正常工作时，其二次侧相当于短路，运行中其二次侧不允许开路。

互感器是工厂供配电系统中重要的电气设备，必须采取措施保证互感器安全可靠地运行。

思考与练习题

1．说明高压熔断器的主要功能和型号含义。

2．如何操作高压跌开式熔断器？

3．高压跌开式熔断器的巡查与维护项目有哪些?

4．说明高压隔离开关的主要功能和型号含义。

5．高压隔离开关为什么不能带负荷操作？它为什么能作为隔离电器来保证安全检修？

6．高压隔离开关的巡查与维护各有哪些项目？

7．说明高压负荷开关的主要功能和型号含义。

8．高压负荷开关为什么必须与高压熔断器配合使用？

9．高压负荷开关的巡查与维护项目有哪些？

10．说明高压断路器的主要功能和型号含义。

11. 说明高压油断路器、高压真空断路器和高压六氟化硫断路器各自的灭弧介质是什么？这三种高压断路器各适用于哪些场合？

12．高压断路器的巡查与维护项目有哪些？

13．在采用高压隔离开关－断路器的电路中，送电时应先合什么开关，后合什么开关？停电时应先关断什么开关，后关断什么开关？

14．高压成套电气装置的特点有哪些？高压开关柜的“五防”功能指的是什么？

15．什么是全封闭组合电器（GIS）？它主要包括哪些元件？

16．GIS 设备有哪些操作规定?

17．GIS 设备日常巡查与维护项目有哪些?

18．母线有哪些作用？常用的母线材料有哪几种？常用的硬母线的形式有哪几种？

19．母线涂漆的作用是什么？按规定，母线应如何涂漆？应如何排列？

20．在电力系统中，电力电容器的作用是什么？

21．说明电力电容器的巡查方式和巡查项目。

22．电压互感器和电流互感器各有哪些作用？运行中的电压互感器二次侧为什么不允许短路？运行中的电流互感器二次侧为什么不允许开路？

23．电压互感器的操作和巡查与维护项目有哪些?

24．电流互感器的操作和巡查与维护项目有哪些?

项目四

实施工厂供配电线路运行与维护

项目介绍

本项目主要介绍工厂变配电所的布置和结构、工厂变配电所电气主接线、电气安全用具的使用、触电急救和电气火灾处理、电气作业的安全措施、工厂变配电所的倒闸操作、工厂电力线路运行与维护，重点介绍工厂变配电所电气主接线、工厂变配电所的倒闸操作、工厂电力线路运行与维护。本项目是本课程的重点之一，也是从事工厂供配电系统运行与维护的基础。

知识目标

✧ 了解工厂变配电所的布置和结构。
✧ 掌握工厂变配电所电气主接线的基本要求。
✧ 掌握工厂变配电所电气主接线的形式及运行方式。
✧ 掌握电气安全用具的使用基本方法。
✧ 掌握触电急救和电气火灾的处理方法。
✧ 掌握电气作业的安全技术措施和安全组织措施。
✧ 掌握工厂变配电所倒闸的操作方法、步骤、原则和注意事项。
✧ 掌握工厂高压配电线路、低压配电线路的接线方式，掌握工厂电力线路的结构和敷设方法。

技能目标

✧ 能分析工厂变配电所主接线图。
✧ 会正确使用电气安全用具。
✧ 会正确实施触电急救和电气火灾的处理。
✧ 会组织实施电气作业的安全技术措施和安全组织措施。
✧ 会填写倒闸操作票和实施倒闸操作。
✧ 会测量电缆线路的绝缘电阻。
✧ 能进行工厂架空线路、电缆线路和车间配电线路的巡查与维护。
✧ 能进行工厂电力线路的巡查与维护。

任务一　认识工厂变配电所的布置和结构

在中小型企业中，为保证企业的电能质量，降低线路损耗，节约电能，一般都设置工厂变配电所。它从电力系统受电，采用一级或二级降压方式，把电能分配到车间及各类电气设备。因此，工厂变配电所是工厂供配电系统的枢纽，在工厂中占有特殊重要的地位。

一、工厂变配电所的布置

1. 工厂变配电所的类型

工厂变配电所是变电所和配电所的统称。变电所的作用是接受电能、变换电压（通常降为 0.4kV）和分配电能，而配电所的作用是接受和分配电能。两者的主要区别在于变电所中有变换电压的电力变压器，而配电所中没有电力变压器。

工厂变配电所依据企业负荷分布、负荷大小，可分为总降压变电所（站）、配电所和车间变电所。一般大型企业设总降压变电所，中小型企业不设总降压变电所，设高压配电室和车间变电所或只设车间变电所。有的小型企业甚至采用公共低压电网供电，即用 0.4kV 低压线路进线，在企业中只设低压配电室。总降压变电所应根据公共电力系统通过电力线路引入企业总降压变电所（配电所）的电源情况、企业总体布置及变电所所址选择的原则综合考虑确定，一般一个企业只设一个总降压变电所。总降压变电所的进线电压通常采用 35～110kV。

工厂变配电所的位置、数量、类型的选择，必须在满足供电可靠性和技术要求的前提下，从节约投资、降低有色金属消耗量出发，根据工厂的负荷类型、负荷大小和分布情况，以及厂区环境条件和生产工艺等方面的要求综合考虑。工厂变配电所主要有室内式工厂变配电所、室外式工厂变配电所及组合式工厂变配电所等。目前，中小型企业 6～10kV 变配电所大多采用室内式结构，主要由高压配电室、变压器室和低压配电室三个部分组成。此外，有的还有高压电容器室及值班室。图 4-1 所示为某工厂高低压配电室。

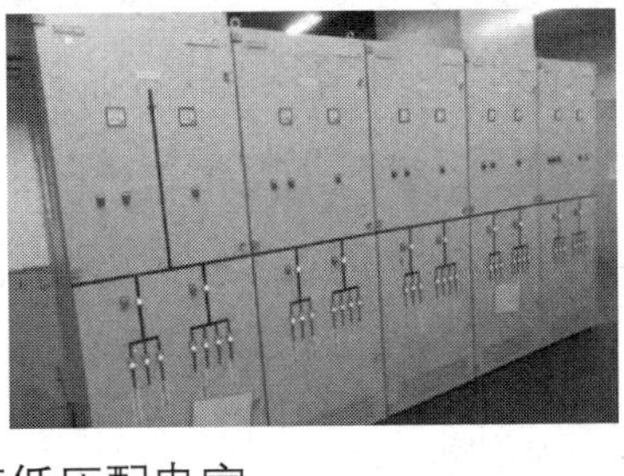

图 4-1　某工厂高低压配电室

车间变电所按其主变压器的安装位置分，主要有车间内附设变电所、车间外附设变电所、车间内变电所、露天或半露天变电所、独立变电所、杆上变电台、地下变电所、楼上变电所等，如图 4-2 所示。

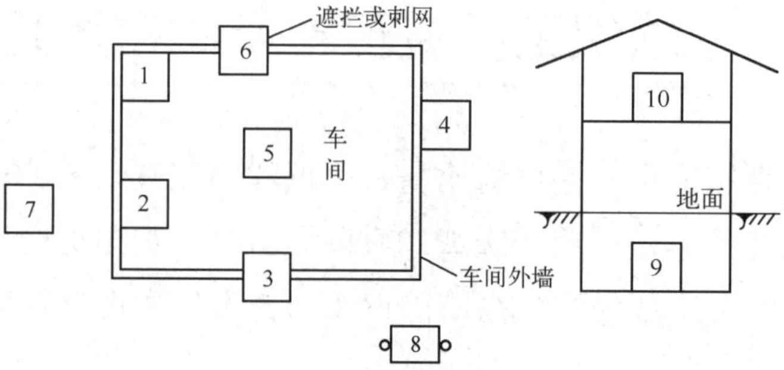

1、2—车间内附设变电所；3、4—车间外附设变电所；5—车间内变电所；

6—露天或半露天变电所；7—独立变电所；8—杆上变电台；9—地下变电所；10—楼上变电所

图4-2　车间变电所的类型

2．工厂变配电所所址选择的一般原则

（1）尽量靠近负荷中心，以降低配电系统的电能损耗、电压损耗和有色金属消耗量。

（2）进出线方便，特别是便于架空线路进出线。

（3）接近电源侧，特别是工厂的总降压变电所和高压配电室。

（4）设备运输方便，特别要考虑电力变压器和高低压成套电气装置的运输。

（5）不应设在剧烈振动或高温场所，无法避开时，应有防振和隔热的措施。

（6）不宜设在多灰尘或有腐蚀性气体的场所，无法避开时，不应设在污染源的下风侧。

（7）不应设在厕所、浴室和其他经常积水场所的正下方，且不宜与上述场所相贴邻。

（8）不应设在有爆炸危险环境的正下方或正上方，且不宜设在有火灾危险环境的正上方或正下方。当与有爆炸或火灾危险环境的建筑物毗连时，应符合现行国家标准 GB 50058—2014《爆炸和火灾危险环境电力装置设计规范》的规定。

（9）不应设在地势低洼和可能积水的场所。

3．工厂变配电所的总体布置方案示例

工厂变配电所的总体布置应满足的条件有：便于运行维护和检修，能保证运行安全，便于进出线，节约土地和建筑费用，适应企业发展要求。

1）35/10kV 总降压变电所的布置方案示例

35/10kV 总降压变电所的布置方案示例如图4-3所示。该降压变电所由两路35kV架空线路供电，有35kV配电室和10kV配电室，另外还设有控制室、值班室、休息室、备件库、维修间等。

2）6～10/0.4kV 车间变电所的布置方案示例

装有一台或两台配电变压器的独立变电所的布置方案示例如图4-4（a）和图4-4（b）所示。装有两台配电变压器的附设变电所的布置方案示例如图4-4（c）所示。只装有一台配电变压器的附设变电所的布置方案示例如图4-4（d）所示。露天或半露天变电所的布置方案示例如图4-4（e）和图4-4（f）所示。

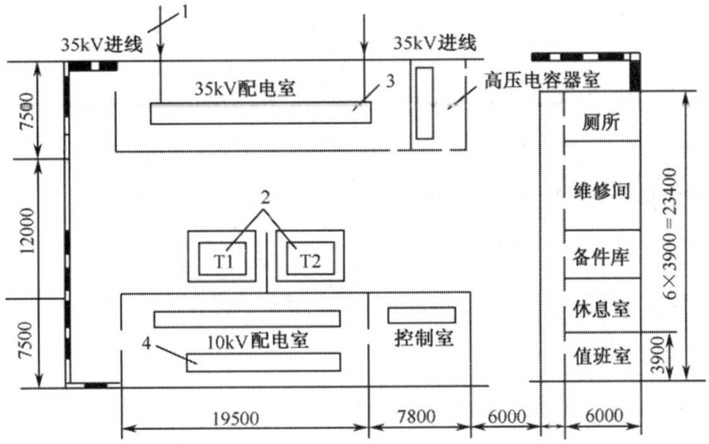

1—35kV 架空进线；2—主变压器（4000kV·A）；3—35kV 高压开关柜；4—10kV 高压开关柜

图 4-3　35/10kV 总降压变电所的布置方案示例（单位：mm）

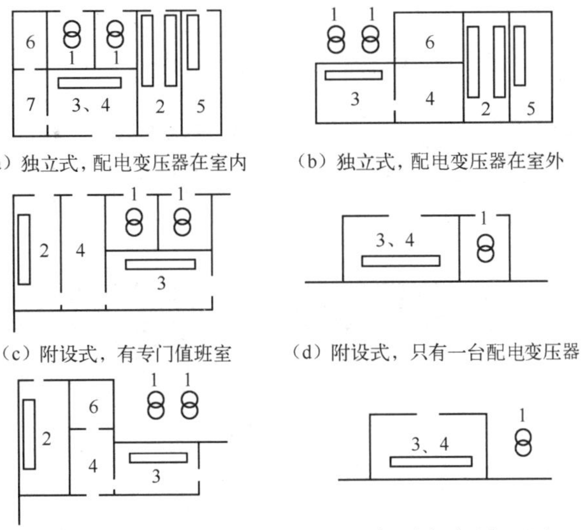

（a）独立式，配电变压器在室内　（b）独立式，配电变压器在室外

（c）附设式，有专门值班室　（d）附设式，只有一台配电变压器

（e）露天或半露天式，有高低压配电室和值班室　（f）露天或半露天式，只有低压配电室兼值班室

1—变压器室，或露天、半露天变压器装置；2—高压配电室；3—低压配电室；

4—值班室；5—高压电容器室；6—维修间或工具间；7—休息室或生活间

图 4-4　6～10/0.4kV 车间变电所的布置方案示例

3）10kV 高压配电所及附设车间变电所的布置方案示例

图 4-5 所示为 10kV 高压配电所及附设车间变电所的布置方案示例。该变电所设置了变压器室、电容器室、低压配电室、10kV 配电室、值班室及休息室等，各室比较齐全。

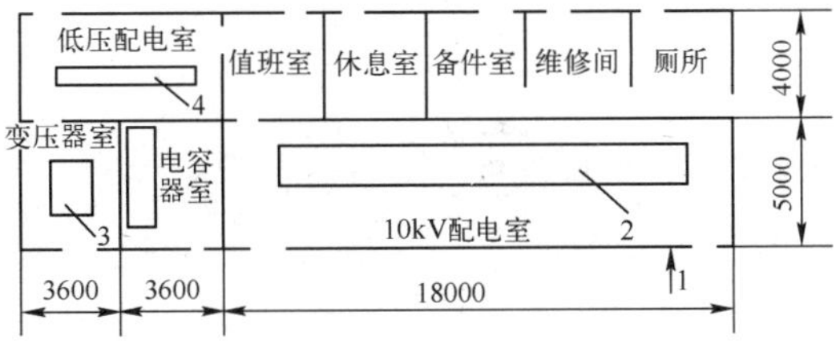

1—10kV 电缆进线；2—10kV 高压开关柜；3—10/0.4kV 配电变压器；4—380V 低压配电屏

图 4-5　10kV 高压配电所及附设车间变电所的布置方案示例（单位：mm）

4）某工厂高压配电所及附设 2 号车间变电所的平面图和剖面图

图 4-6 所示为某工厂高压配电所及附设 2 号车间变电所的平面图和剖面图。

该高压配电所中高压配电室的开关柜为双列布置，按 GB 50060—2017《3～110kV 高压配电装置设计规范》规定，操作通道的最小宽度为 2m。该所取 2.5m，从而使运行维护更为安全方便。该所的变压器室的尺寸是按所装设变压器容量增大一级来考虑的，以适应变电所负荷增大时改换大一级容量变压器的要求。高低压配电室也都留有一定的余地，以供将来添设高低压开关柜（屏）用。

从该平面布置方案可以分析出：值班室紧靠高低压配电室，而且有门直通，因此运行维护较方便；高低压配电室和变压器室的进出线都较方便；所有大门都按要求方向开启，保证了运行的安全；高压电容器室与高压配电室相邻，既安全又配线方便；各室都留有一定的余地，以适应今后发展的需要。

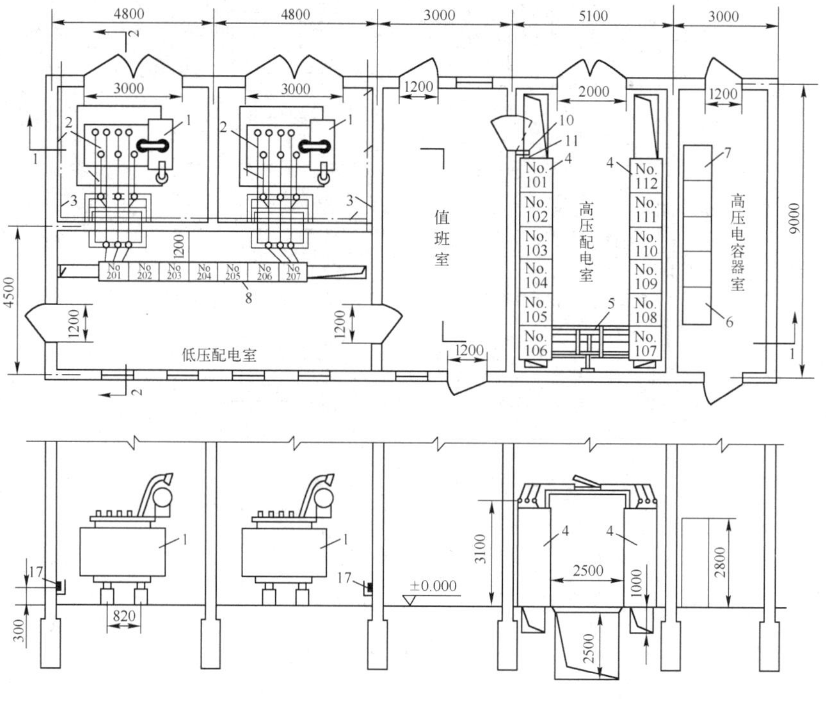

（a）1—1 剖面图

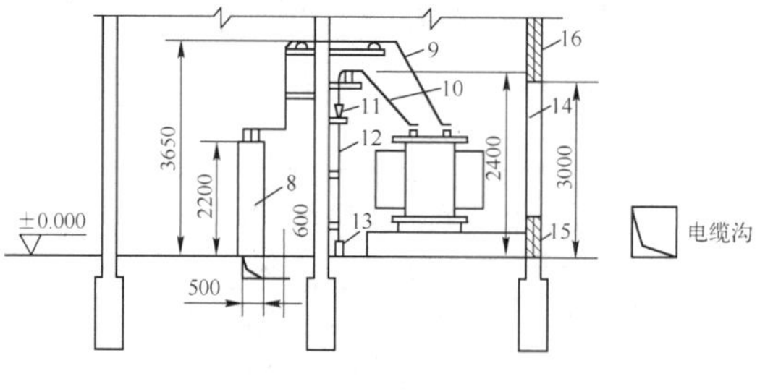

（b）2—2 剖面图

1—S9-800/10 型电力变压器；2—PEN 线；3—接地线；4—GG-1A（F）型高压开关柜；5—GN6 型高压隔离开关；6—GR-1 型高压电容器柜；7—GR-1 型电容器放电柜；8—PGL2 型低压配电柜；9—低压母线及其支架；10—高压母线及其支架；11—电缆头；12—电缆；13—电缆保护管；14—大门；15—进风口（百叶窗）；16—出风口（百叶窗）；17—接地线及其固定钩

图 4-6　某工厂高压配电所及附设 2 号车间变电所的平面图和剖面图（单位：mm）

二、工厂变配电所的结构

1．变压器室和室外变压器台的结构

1）变压器室的结构

变压器室的结构形式取决于变压器的型式、容量、放置方式、主接线方案，以及进出线的方式和方向等诸多因素，并应考虑运行维护的安全、通风、防火等问题。考虑到发展，变压器室宜有更换大一级容量变压器的可能性。图 4-7 所示为某变电所变压器室。

图 4-7　某变电所变压器室

对采用可燃油油浸式变压器的变压器室，变压器外廓与变压器室墙壁和门的最小净距如表 4-1 所示，以确保变压器的安全运行和便于运行维护。

表 4-1　可燃油油浸式变压器外廓与变压器室墙壁和门的最小净距

（根据 GB 50053—2013 和 DL/T 5352—2018）

变压器容量/（kV・A）	100～1000	1250 及以上
变压器外廓与后壁、侧壁的最小净距/mm	600	800
变压器外廓与门的最小净距/mm	800	1000

采用可燃油油浸式变压器的变压器室的耐火等级应为一级，采用非燃或难燃介质电力变压器的变压器室的耐火等级不应低于二级。可燃油油浸式变压器如果位于容易沉积可燃粉尘、可燃纤维场所，或者变压器室附近有粮、棉及其他易燃物品大量集中的露天场所，或者变压器下面有地下室时，变压器室应设置容量为 100%变压器油量的挡油池，并设置能将多余的油排到安全处所的措施。

变压器室的门要向外开，室内只设通风窗，不设采光窗。进风窗设在变压器室前门的下方，出风窗设在变压器室的上方，并应有防止雨、雪，以及蛇、鼠类小动物从门、窗及电缆沟等进入室内的设施。变压器室一般采用自然通风，夏季的排风温度不宜高于 45℃，进风和排风的温度差不宜大于 15℃，图 4-8 所示为某变压器室门实物图。

图 4-8　某变压器室门实物图

变压器室的布置方式按变压器推进方向，可分为宽面推进和窄面推进两种。变压器室的地坪按通风要求，可分为地坪抬高和不抬高两种。图 4-9 是某油浸式电力变压器室的结构布置示例，其高压侧为 6～10kV 负荷开关-熔断器或隔离开关-熔断器。变压器室为窄面推进式，地坪不抬高，高压电缆由左侧下面进线，低压母线由右侧上方出线。

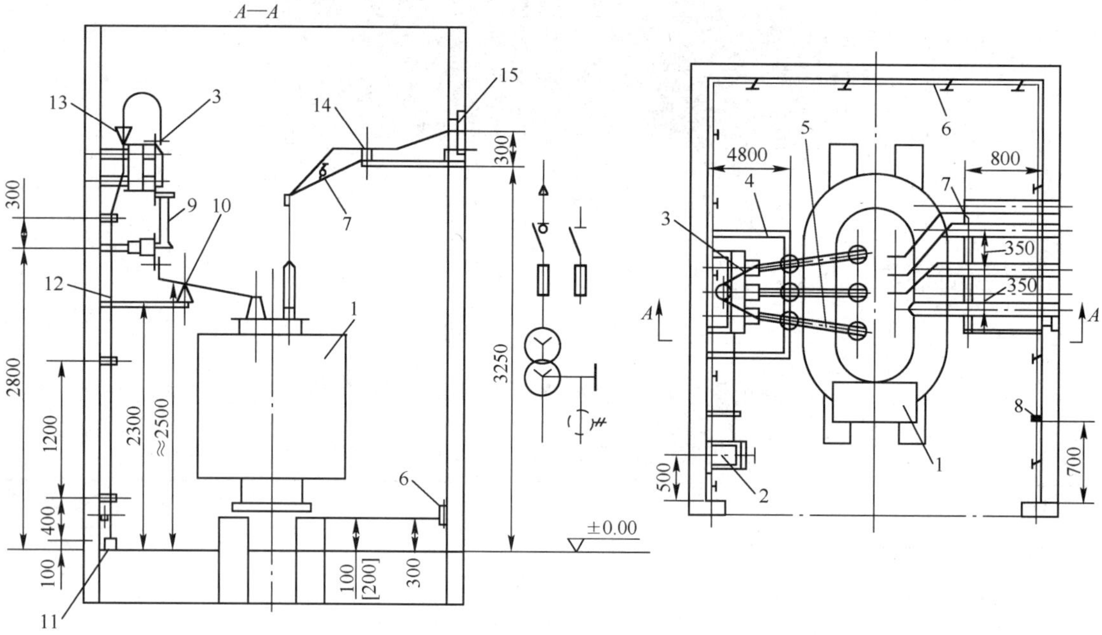

1—主变压器（6～10/0.4kV）；2—负荷开关或隔离开关操作机构；3—负荷开关或隔离开关；4—高压母线支架；5—高压母线；6—接地线；7—中性母线；8—临时接地端子；9—熔断器；10—高压绝缘子；11—电缆保护管；12—高压电缆；13—电缆头；14—低压母线；15—穿墙隔板

图 4-9　某油浸式电力变压器室的结构布置示例（单位：mm）

2）室外变压器台的结构

露天或半露天变电所的变压器四周应设不低于 1.7m 高的固定围栏（墙）。变压器外廓与围栏（墙）的净距不应小于 0.8m，变压器底部距地面不应小于 0.3m，相邻变压器外廓之间的净距不应小于 1.5m。当露天或半露天变压器供给一级负荷用电时，相邻的可燃油油浸式变压器的防火净距不应小于 5m，若小于 5m，则应设防火墙，防火墙应高出变压器油枕顶部，且墙两端应大于挡油设施两侧各 0.5m。

图 4-10 所示为某露天变电所变压器台的结构布置示例。该变电所有一路架空进线，高压侧装有可带负荷操作的 RW10-10F 型跌开式熔断器和避雷器，避雷器与变压器低压侧中性点

及变压器外壳共同接地，并将变压器的 PEN 线引入低压配电室内。

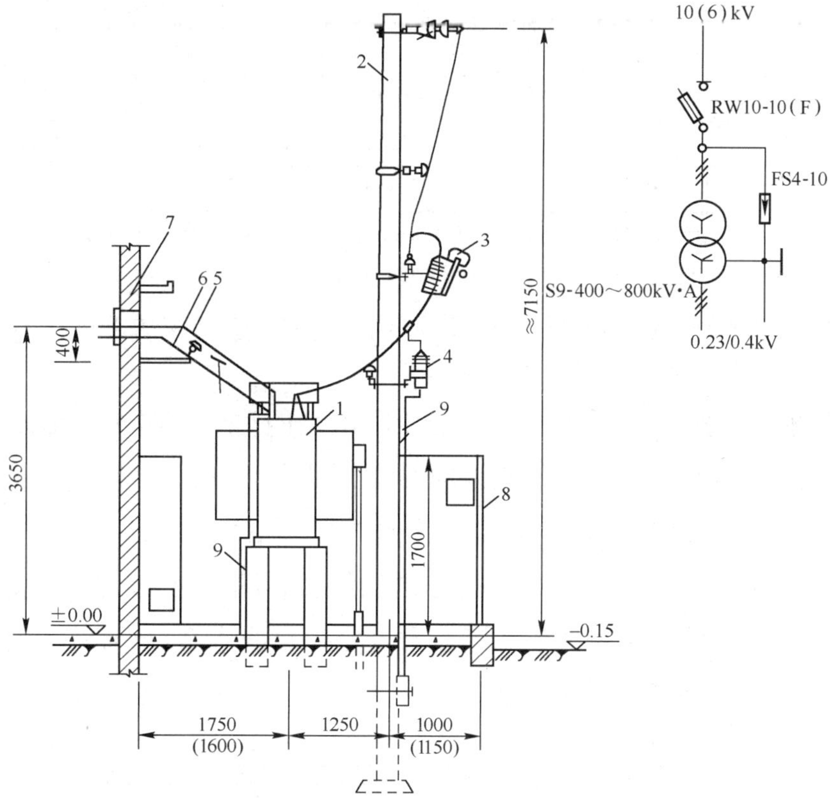

1—变压器（6～10/0.4kV）；2—电杆；3—RW10-10F 型跌开式熔断器；4—避雷器；5—低压母线；6—中性母线；7—穿墙套管；8—围墙或栅栏；9—接地线（注：括号内尺寸适合容量为 630kV·A 及以下的变压器）

图 4-10 某露天变电所变压器台的结构布置示例（单位：mm）

当变压器容量在 315kV·A 及以下、环境正常且符合用户供电可靠性要求时，可考虑采用杆上变压器台的形式。杆上变压器台的安装方式如图 4-11 所示。

图 4-11 杆上变压器台的安装方式

2．配电室、电容器室和值班室的结构

1）高低压配电室的结构

高低压配电室的结构形式主要取决于高低压开关柜（屏）的形式、尺寸和数量，同时要考虑运行维护的方便和安全，留有足够的操作维护通道，并且留有适当数量的备用开关柜（屏）的位置，以便今后发展需要。高压配电室内各种通道的最小宽度如表 4-2 所示。

图 4-12 所示为装有 GG-1A（F）型高压开关柜、采用电缆进出线的高压配电室的两种布置方案剖面图。

表 4-2　高压配电室内各种通道的最小宽度（根据 GB 50053—2013）

高压开关柜布置方式	柜后维护通道/mm	柜前操作通道/mm	
		固定式高压开关柜	手车式高压开关柜
单列布置	80	1500	单车长度＋1200
双列面对面布置	800	2000	双车长度＋900
双列背对背布置	1000	1500	单车长度＋1200

注：(1) 固定式高压开关柜为靠墙布置时，柜后与墙的净距应大于 50mm，侧面与墙的净距应大于 200mm。

(2) 当建筑物的墙面有柱类局部凸出时，凸出部位的通道宽度可减小 200mm。

(3) 当电源从柜后进线且需要在柜正背后墙上另设有隔离开关及手动操作机构时，柜后通道净宽不应小于 1500mm；当柜背面的防护等级为 IP2X 时，柜后通道净宽可减小为 1300mm。

高压配电室的耐火等级不应低于二级；低压配电室的耐火等级不应低于三级。高压配电室宜设不能开启的自然采光窗，窗台距室外地面不宜低于 1.8m。

由图 4-12 可知，装有 GG-1A（F）型高压开关柜（柜高 3.1m）的高压配电室的高度为 4m，这是采用电缆进出线的情况。当采用架空进出线时，高压配电室的高度应在 4.2m 以上。当采用电缆进出线而高压开关柜为手车式高压开关柜（一般高 2.2m 左右）时，高压配电室的高度可降至 3.5m。为了布线和检修的需要，高压开关柜下面应设电缆沟。

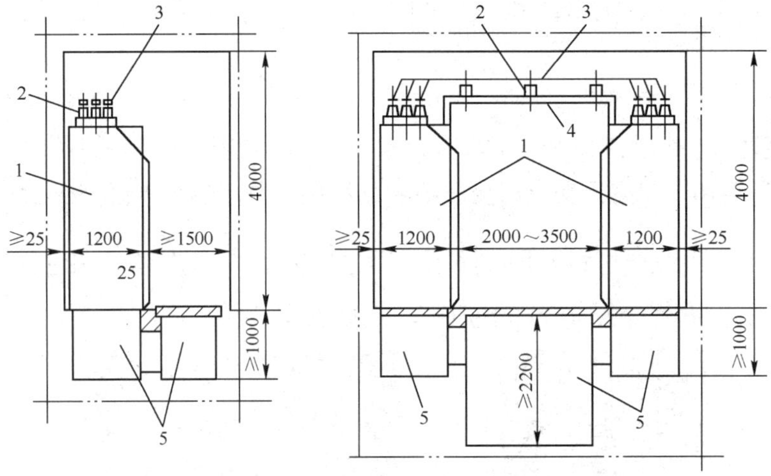

（a）单列布置　　（b）双列面对面布置

1—高压开关柜；2—高压支柱绝缘子；3—高压母线；4—母线桥；5—电缆沟

图 4-12　装有 GG-1A（F）型高压开关柜、采用电缆进出线的高压配电室的两种布置方案剖面图（单位：mm）

低压配电室内成列布置的低压配电屏前后通道的最小宽度如表 4-3 所示。

表 4-3　低压配电室内成列布置的低压配电屏前后通道的最小宽度（根据 GB 50053—2013）

低压配电屏形式	低压配电屏布置方式	屏前通道/mm	屏后通道/mm
固定式	单列布置	1500	1000
	双列面对面布置	2000	1000
	双列背对背布置	1500	1500

续表

低压配电屏形式	低压配电屏布置方式	屏前通道/mm	屏后通道/mm
抽屉式	单列布置	1800	1000
	双列面对面布置	2300	1000
	双列背对背布置	1800	1000

注：（1）当建筑物的墙面有局部凸出时，凸出部位的通道宽度可减小 200mm。

（2）当低压配电屏的正背后墙上另设有隔离开关和手动操作机构时，屏后通道净宽不应小于 1500mm；当屏背面的防护等级为 IP2X 时，屏后通道净宽可减小为 1300mm。

低压配电室的高度应与变压器室综合考虑，以便变压器低压出线。当低压配电室与抬高地坪的变压器室相邻时，低压配电室的高度不应低于 4m；当低压配电室与不抬高地坪的变压器室相邻时，低压配电室的高度不应低于 3.5m。为了布线需要，低压配电屏下面也应设电缆沟。低压配电室的门应向外开；相邻低压配电室之间有门时，其门应能双向开启。

配电室也应设置防止雨、雪，以及蛇、鼠类小动物从采光窗、通风窗、门、电缆沟等进入室内的设施。当配电室长度大于 7m 时，应设两个出口，并宜布置在配电室的两端。当配电室长度大于 60m 时，宜再增设一个出口。

2）高低压电容器室的结构

高低压电容器室采用的电容器柜通常都是成套的，如图 4-13 所示。按 GB 50053—2013《20kV 及以下变电所设计》规定，成套电容器柜单列布置时，柜正面与墙面的距离不应小于 1.5m；成套电容器柜双列布置时，柜面之间的距离不应小于 2.0m。高压电容器室的耐火等级不应低于二级；低压电容器室的耐火等级不应低于三级。

图 4-13　电容器柜

电容器室应有良好的自然通风，通风量应根据电容器允许温度，按夏季排风温度不超过电容器所允许的最高环境温度计算。当自然通风不能满足排热要求时，可增设机械排风。电容器室应设温度指示装置。电容器室的门也应向外开。电容器室同样应设置防止雨、雪，以及蛇、鼠类小动物从采光窗、通风窗、门、电缆沟等进入室内的设施。

3）值班室的结构

有人值班的变配电所，一般应设值班室。值班室应尽可能靠近高低压配电室，且有门直通。值班室的结构形式要结合变配电所的总体布置和值班制度通盘考虑，以利于运行维护。值班室要有良好的自然采光，采光窗宜朝南。在采暖地区，值班室应采暖，采暖计算温度为

18℃，采暖装置宜采用排管焊接。在蚊虫较多的地区，值班室应装纱窗、纱门。值班室通往外边的门（除通往高低压配电室等的门外）应朝外开。

3. 组合式成套变电所的结构

组合式成套变电所又称箱式或预装式变电所，其各个单元都由生产厂家成套供应，现场组合安装即成。成套变电所不必建造变压器室和高低压配电室，从而减少土建投资，且便于深入负荷中心，简化供配电系统。它一般采用无油电器，因此运行更加安全，且维护工作量小。这种组合式成套变电所已在各类建筑，特别是在高层建筑中广泛应用。图4-14所示为不同形式的组合式成套变电所实物图。

图4-14 不同形式的组合式成套变电所实物图

组合式成套变电所分户内组合式成套变电所和户外组合式成套变电所两大类。户内组合式成套变电所主要用于高层建筑和民用建筑群的供电，而户外组合式成套变电所则主要用于工矿企业、公共建筑和住宅小区的供电。

组合式成套变电所的电气设备一般分为以下三个部分。

（1）高压开关柜。例如，采用GFC-10A型手车式高压开关柜，其手车上装有ZN4-10C型真空断路器。

（2）变压器柜。例如，主要装配SC或SCL型树脂浇注绝缘干式变压器，为防护式可拆装结构。变压器底部装有滚轮，便于取出检修。

（3）低压配电柜。例如，采用BFC-10A型抽屉式低压配电柜，开关主要为ME型低压断路器等。

XZN-1型户内组合式成套变电所的平面布置图如图4-15所示。该变电装置高度为2.2m，其对应的高低压接线简图如图4-16所示。

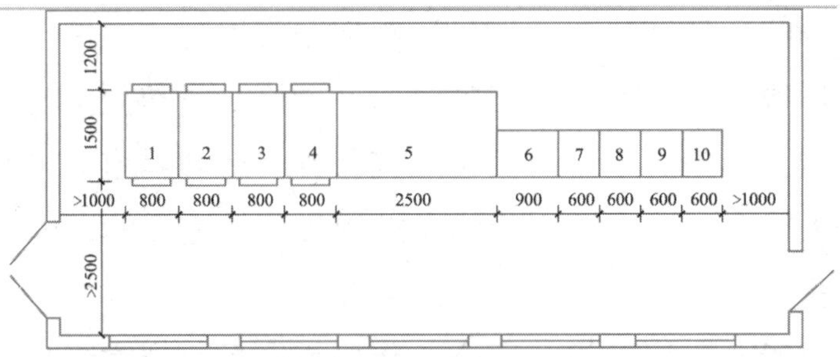

1～4—GFC-10A型手车式高压开关柜；5—SC或SCL型树脂浇注绝缘干式变压器；

6—低压总进线柜；7～10—BFC-10A型抽屉式低压配电柜

图4-15 XZN-1型户内组合式成套变电所的平面布置图（单位：mm）

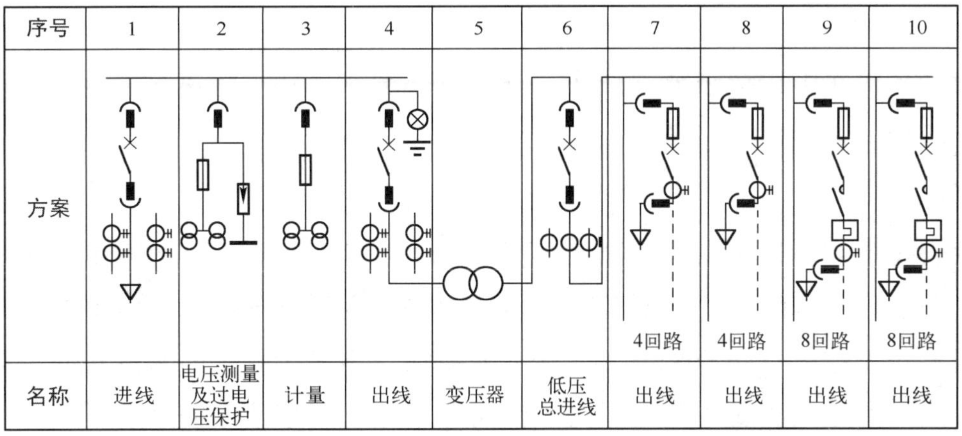

图 4-16　图 4-15 所示的 XZN-1 型户内组合式成套变电所的高低压接线简图

阅读材料：
数字孪生变电站

任务二　认识工厂变配电所电气主接线

一、工厂变配电所电气主接线的基本要求

工厂变配电所的电路图按功能，可分为工厂变配电所电气主接线（主电路）图和二次接线图。主接线图是企业接受电能后进行电能分配、输送的总电路图。它是由变压器、断路器、隔离开关、互感器、母线、电力电缆等电气设备，按一定顺序连接，用于表示生产、汇集和分配电能的电路图。它是按国家规定的图形符号和文字符号绘制的，一般用单线表示三相线路。

工厂变配电所电气主接线应满足下列基本要求。

（1）安全性。应符合国家标准和有关技术规范的要求，能充分保证人身和设备的安全。例如，在高压断路器、低压断路器的电源侧及可能反馈电能的负荷侧，必须装设高压隔离开关、低压隔离开关（刀开关）。

（2）可靠性。应满足各级电力负荷对供电可靠性的要求。例如，对于一、二级重要负荷，其主接线方案应考虑两台主变压器，且一般应为双电源供电。

（3）灵活性。应能适应供配电系统所需的各种运行方式，便于操作维护，并能适应负荷的发展，有扩充改建的可能性。

（4）经济性。在满足上述要求的前提下，应尽量使主接线简单，投资少，运行费用低，并节约电能和有色金属，应尽可能选用技术先进又经济实用的节能产品。

二、工厂变配电所电气主接线的形式

常用的工厂变配电所电气主接线可分为有母线和无母线两种形式。当同一电压等级的配电装置中进出线数目较多时，需要设置母线，以便实现电能的汇集和分配。有母线的电气主接线主要有单母线接线和双母线接线两种。无母线的电气主接线主要有单元接线、扩大单元接线、桥式接线和多角形接线等。

1. 单母线接线

单母线接线是中、低压配电系统中最常见的一种主接线形式，其接线形式中只有一条母线。它可分为以下三种形式。

1）单母线不分段接线

单母线不分段接线如图4-17所示。整个配电装置中只有一组母线DW，所有电源进线和出线回路均经过各自的断路器和隔离开关连接在该母线上并列运行。电源进线将电能送到母线上，引出线从母线上获得电能，并分配出去。其中的断路器用来投切该回路及切除短路故障。隔离开关包括母线隔离开关和线路隔离开关，在切除电路时用来建立明显的断开点，使停运的设备可靠地隔离，保证检修的安全。

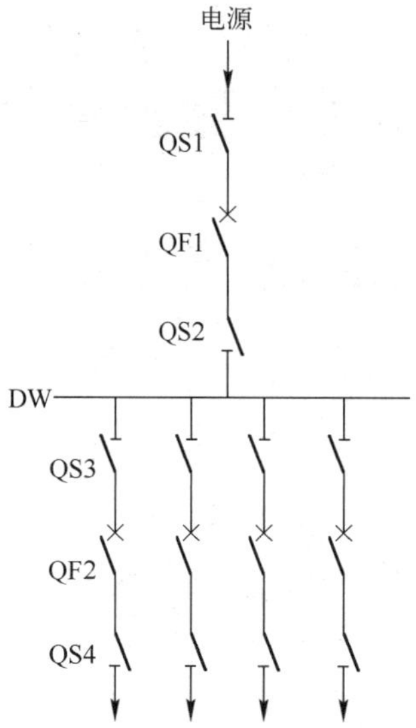

图4-17　单母线不分段接线

单母线不分段接线的优点是接线简单清晰，操作方便，所用电气设备少，配电装置建设费用低。单母线不分段接线的缺点：一是当母线和母线隔离开关检修时，每个回路都必须停止工作；二是当母线和母线隔离开关短路及断路器母线侧绝缘套管损坏时，所有电源回路的断路器都会因此由继电保护而自动断开，结果使整个变配电所在修复的时间内停止工作；三是引出线回路的断路器检修时，该回路要停止供电；四是只能提供一种单母线的运行方式，对运行状况变化的适应能力差。

因此，单母线不分段接线的工作可靠性和灵活性较差，主要用于小容量特别是只有一个供电电源的变配电所中。

2）单母线分段接线

为提高单母线不分段接线的供电可靠性和灵活性，可采用单母线分段接线，它包括用隔离开关分段的单母线接线和用断路器分段的单母线接线两种，如图4-18所示。母线分段的数目取决于电源的数目和功率，但应尽量使各分段上的功率平衡。

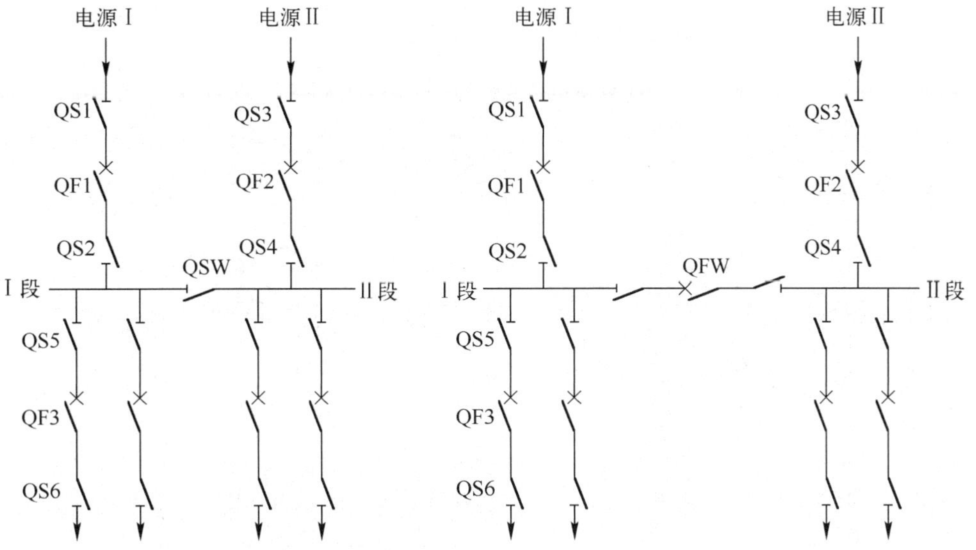

（a）用隔离开关分段的单母线接线　　（b）用断路器分段的单母线接线

图 4-18　单母线分段接线

用隔离开关分段的单母线接线如图 4-18（a）所示，它适用于双回路电源供电、可靠性要求不高且允许短时停电的二级负荷用户。相对于用断路器分段的单母线接线而言，它可以节省一个断路器和一个隔离开关，但在母线分段发生故障或检修时全部装置仍会短时停电。

用断路器分段的单母线接线如图 4-18（b）所示。分段断路器 QFW 除具有分段隔离开关 QSW 的作用外，还具有相应的继电保护作用。当某段母线发生故障时，分段断路器 QFW 与电源进线断路器（QF1 或 QF2）在保护作用下将同时自动跳开，保证非故障段母线能持续、正常地供电。当需要对某段母线进行检修时，可操作分段断路器 QFW 和相应的电源进线断路器、隔离开关按程序切断，而不影响其余各段母线的正常运行，减小母线故障的影响范围。所以，用断路器分段的单母线接线比用隔离开关分段的单母线接线的供电可靠性明显提高，但投资费用也相应地增加。

单母线分段接线的优缺点：在母线发生短路故障的情况下，仅故障段母线停止工作，非故障段母线仍可继续工作；对重要用户，可采用从不同母线分段引出的双回线供电，以保证向重要负荷可靠地供电；但当母线的一个分段发生故障或检修时，必须断开该分段上的电源和全部引出线，使部分用户供电受限制和中断；在任一回路检修时，该回路必须停电。

3）带旁路母线的单母线分段接线

为避免单母线分段接线中，当母线发生故障或检修时，使接在该母线段上的用户停电，或者在检修引出线断路器时，使该引出线上的用户停电，可采用带旁路母线的单母线分段接线，如图 4-19 所示。

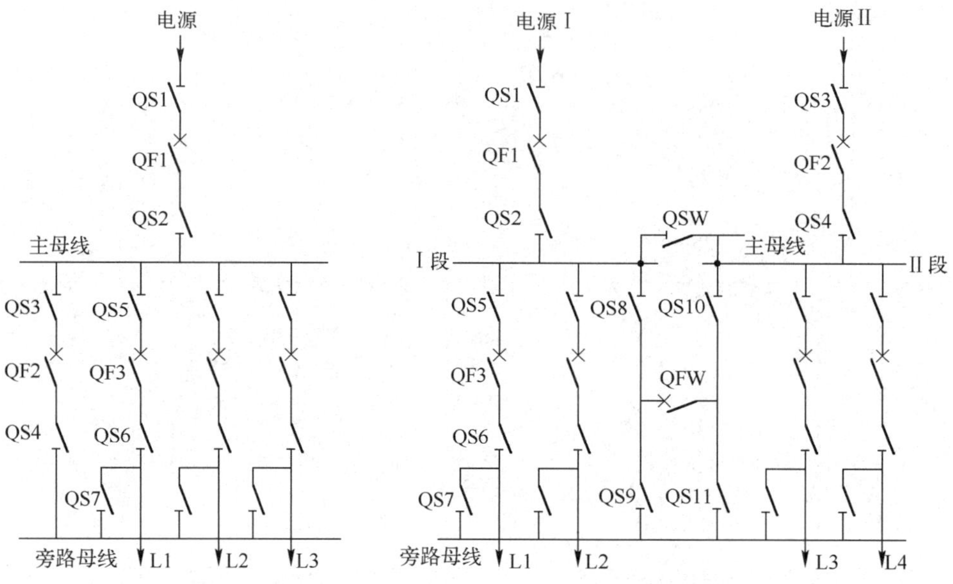

（a）主母线不分段接线

（b）主母线分段接线

图 4-19　带旁路母线的单母线分段接线

主母线不分段接线如图 4-19（a）所示。它与单母线不分段接线的区别是增设了一条旁路母线和一个旁路断路器 QF2，旁路母线通过旁路隔离开关（如 QS7）与每一条引出线连接，提高了供电可靠性和连续性。正常运行时，旁路断路器 QF2 和旁路隔离开关断开。主母线不分段接线主要用于不能短时停电检修断路器的重要场合，在工业企业及民用建筑中应用较少。

主母线分段接线如图 4-19（b）所示。它与主母线不分段接线的区别是增设了三个隔离开关，主母线通过一个隔离开关 QSW 分段，旁路断路器 QFW 同时还兼作分段断路器，在提高供电可靠性和连续性的前提下，节省了投资。正常运行时，旁路母线不带电，断路器 QFW 和隔离开关 QS8、QS10 处于闭合状态，隔离开关 QS9、QS11、QSW 均断开，此时断路器 QFW 起分段作用，以单母线分段方式运行。当检修某一引出线的断路器（如 QF3）时，断路器 QFW 作为旁路断路器运行，断路器 QFW 和隔离开关 QS7、QS9、QS10 闭合（QS8、QS11 均断开），旁路母线接至Ⅱ段主母线，由电源Ⅱ继续向馈线 L1 供电。同理，旁路母线也可以接在Ⅰ段主母线上。当隔离开关 QSW 闭合时，两组母线并列运行，此时母线为单母线运行方式。主母线分段接线主要用于进出回路数不多的场合。

2．双母线接线

当用电负荷大、重要负荷多、对供电可靠性要求高或馈电回路多而采用单母线分段接线存在困难时，应采用双母线接线。所谓双母线接线，是指任一供电回路或引出线都经一个断路器和两个隔离开关接在双母线 W1、W2 上，其中 W1 为工作母线，W2 为备用母线，如图 4-20 和图 4-21 所示。双母线接线可分为双母线不分段接线和双母线分段接线两种。

1）双母线不分段接线

双母线不分段接线如图 4-20 所示。双母线不分段接线可以采用两组母线分别为运行与备用状态和两组母线并列运行状态两种接线方式。

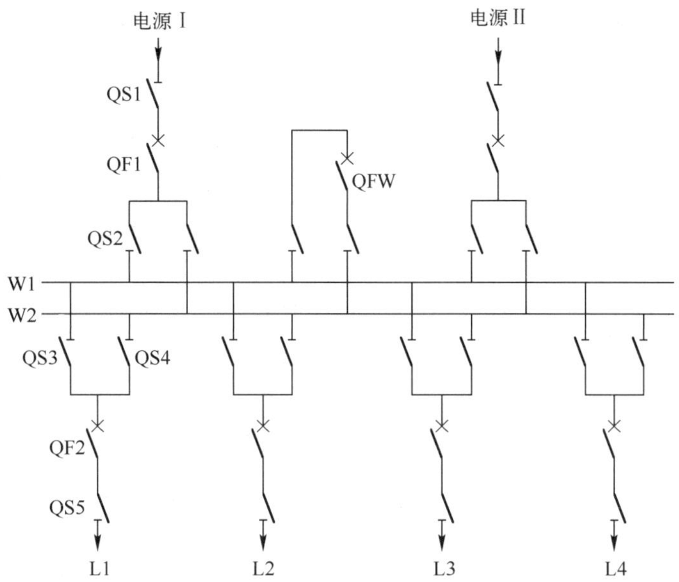

图 4-20　双母线不分段接线

当两组母线分别为运行与备用状态时，其中一组母线运行，一组母线备用，即两组母线互为运行与备用状态。通常情况下，W1 工作，W2 备用，连接在 W1 上的所有母线隔离开关都闭合，连接在 W2 上的所有母线隔离开关都断开。两组母线之间装设的母线联络断路器 QFW 在正常运行时处于断开状态，其两侧串接的隔离开关处于闭合状态。当工作母线 W1 发生故障或检修时，经倒闸操作即可由备用母线 W2 继续供电。

当两组母线并列运行时，两组母线互为备用。按可靠性和电力负荷平衡的原则要求，将电源进线与引出线同两组母线连接，并将所有母线隔离开关闭合，母线联络断路器 QFW 在正常运行时也处于闭合状态。当某一组母线发生故障或检修时，可以经过倒闸操作将全部电源和引出线接到另一组母线上，继续为用户供电。

由此可见，由于两组母线互为备用，大大提高了供电可靠性，也提高了主接线工作的灵活性。在轮流检修母线时，倒闸操作不会引起供电的中断；当任一组工作母线发生故障时，可以通过另一组备用母线迅速恢复供电；检修引出馈电线路上的任何一组母线隔离开关，只会造成该引出馈电线路上的用户停电，其他引出馈电线路不受其影响，仍然可以向用户供电。例如，在图 4-20 中，当需要检修引出线上的母线隔离开关 QS3 时，先要将备用母线 W2 投入运行，工作母线 W1 转入备用，然后切断断路器 QF2，再先后断开隔离开关 QS4、QS2，此时可以对隔离开关 QS3 进行检修。

2）双母线分段接线

双母线不分段接线具有单母线分段接线所不具备的优点，比没有备用电源用户供电时更有优越性。但是，由于倒闸操作程序较复杂，而且母线隔离开关被用作操作电器，在负荷情况下进行各种切换操作时，误操作会产生强烈电弧而使母线短路，造成极为严重的人身伤亡和设备损坏事故。为了解决这一问题，保证一级负荷用电的可靠性要求，可以采用如图 4-21 所示的双母线分段接线。

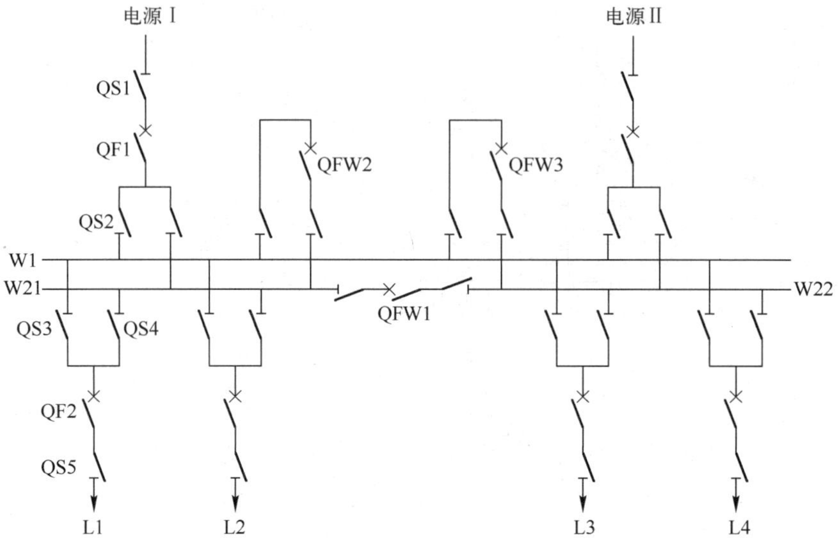

图 4-21　双母线分段接线

双母线分段接线将工作母线分段，在正常运行时只有分段母线组 W21 和 W22 投入工作，而母线 W1 为固定备用。这样，当某段工作母线发生故障或检修时，可使倒闸操作程序简化，减少误操作，使其供电可靠性得到明显提高。

总之，双母线接线相对于单母线接线，其供电可靠性和灵活性提高了，但同时系统更加复杂，用电设备增多了，投资加大了，还容易发生误操作。因此，双母线接线只适用于对供电可靠性要求很高的大型工业企业总降压变电所的 35～110kV 母线系统和有重要高压负荷的 6～10kV 母线系统中。由于工厂或高层建筑变电所内馈电线路并不多，对于一级负荷采用三回进线单母线分段接线也可以满足供电可靠性要求，所以一般 6～10kV 变电所内不推荐使用双母线接线。

3．桥式接线

当只有两台变压器和两条进线时，可以采用桥式接线。桥式接线按连接桥的位置，可分为内桥接线和外桥接线，如图 4-22 所示。

1）内桥接线

如图 4-22（a）所示，桥臂靠近变压器侧，即桥上断路器 QF3 接在线路断路器 QF1 和 QF2 的内侧，故称为内桥。变压器一次回路仅装隔离开关，不装断路器，这种接线方式可提高供电线路 L1 和 L2 的运行方式的灵活性，但对投切变压器不够灵活。例如，当供电线路 L1 发生故障或检修时，断开断路器 QF1，而变压器 T1 可由供电线路 L2 经过桥臂继续供电，而不至于造成用户停电。同理，当检修断路器 QF1 或 QF2 时，借助连接桥的作用，可继续给两台变压器供电，保证用户持续用电。但当变压器（如 T1）发生故障或检修时，需要先断开断路器 QF1、QF3、QF4，然后断开隔离开关 QS5，再合上断路器 QF1 和 QF3，才能恢复正常供电。

因此，内桥接线适合于供电线路较长、变压器不需要经常切换、没有穿越功率的终端型变电站，可向一、二级负荷供电。

2）外桥接线

如图 4-22（b）所示，桥臂靠近线路侧，即桥上断路器 QF3 接在线路断路器 QF1 和 QF2 的外侧，故称为外桥。电源进线回路仅装隔离开关，不装断路器，因此，外桥接线对变压器回路的操作是方便的，而对电源进线回路操作不方便，可以通过穿越功率，电源不通过断路器 QF1、QF2。例如，当供电线路 L1 发生故障或检修时，需要先断开断路器 QF1 和 QF3，然后断开隔离开关 QS1，再合上断路器 QF1 和 QF3，才能恢复正常供电，而当变压器 T1 发生故障或检修时，断开断路器 QF1、QF4 即可，而不需要断开断路器 QF3。

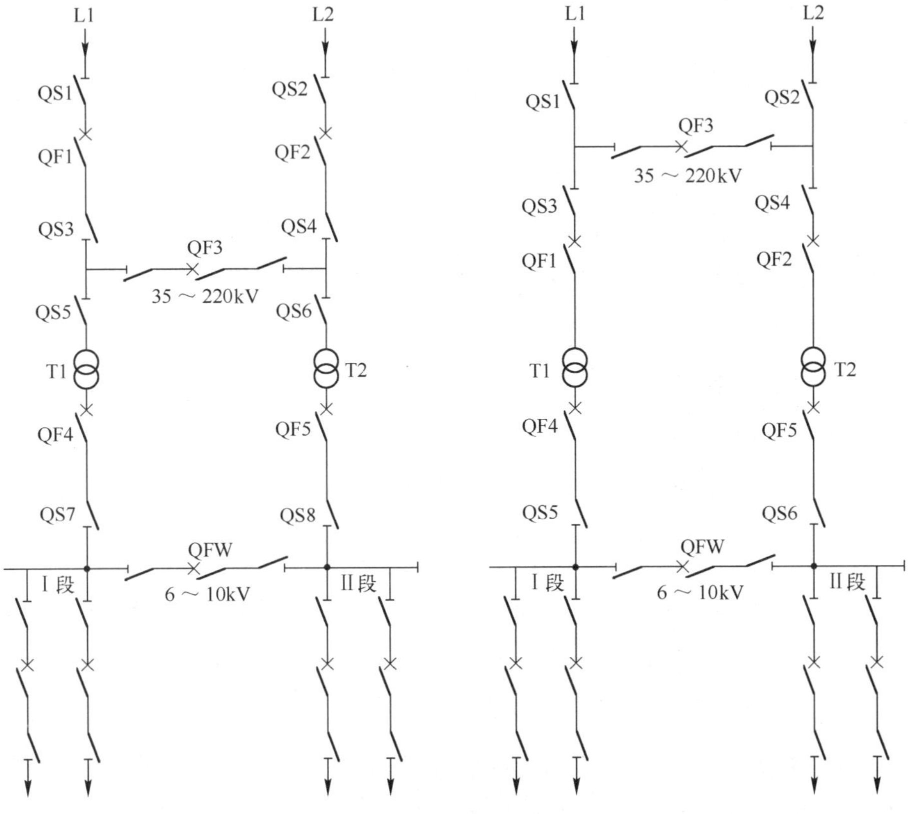

（a）内桥接线　　（b）外桥接线

图 4-22　桥式接线

阅读材料：
内、外桥式接线方式
的使用特点比较

任务操作十三　识读变配电所电气主接线图

训练目标

（1）认识变配电所的主接线方式。

（2）会识读变配电所电气主接线图。

训练内容

1．工厂高压配电所电气主接线图

工厂高压配电所担负着从电力系统受电并向各车间变电所及某些高压用电设备配电的任务。图4-23是某中型工厂供电系统中高压配电所及附设2号车间变电所的主接线图。

1）高压配电所的电源进线

该高压配电所有两路10kV电源进线，一路是架空线路WL1，另一路是电缆线路WL2。其中一路电源来自电力系统变电站，作为正常工作电源；而另一路电源则来自邻近单位的高压联络线，作为备用电源。

在这两路电源进线的主开关柜之前，各装有一台高压计量柜（图4-23中No.101和No.112，也可安装在电源进线的主开关柜之后），其中的电流互感器和电压互感器专门用来连接计费电能表。

考虑到进线断路器在检修时有可能两端来电，因此为保证断路器检修人员的安全，断路器两端均装有高压隔离开关。

2）高压配电所的母线

由于该高压配电所通常采用一路电源工作、另一路电源备用的运行方式，因此母线分段开关通常是闭合的，高压并联电容器组对整个配电所的无功功率都进行补偿。当工作电源进线发生故障或进行检修时，在该进线切除后，投入备用电源即可使整个配电所恢复供电。若采用备用电源自动投入装置，则供电可靠性可进一步提高。

为了满足测量、监视、保护和控制主电路设备的需要，每段母线上都接有电压互感器，进线和出线上均串接有高压电流互感器。高压电流互感器均有两个二次绕组，其中一个接测量仪表，另一个接继电保护装置。为了防止雷电过电压侵入配电所时击毁其中的电气设备，各段母线上都装设了避雷器。避雷器与电压互感器同装在一个高压柜内，且共用一组高压隔离开关。

3）高压配电所的高压配电出线

该高压配电所共有6路高压出线。其中，有两路分别由两段母线经隔离开关-断路器配电给2号车间变电所。一路由左段母线WB1经隔离开关-断路器供1号车间变电所，另一路由右段母线WB2经隔离开关-断路器供3号车间变电所。此外，有一路由左段母线WB1经隔离开关-断路器供无功补偿用的高压并联电容器组，还有一路由右段母线WB2经隔离开关-断路器供一组高压电动机用电。所有出线断路器的母线侧均加装了隔离开关，以保证断路器和出线的安全检修。

4）系统式主接线图与装置式主接线图

图4-23所示的变配电所主接线图是按照电能输送的顺序来安排各设备的相互连接关系的。采用这种绘制方式的主接线图，称为系统式主接线图。这种简图多在运行中使用。变配

电所运行值班用的模拟电路盘上绘制的一般就是这种系统式主接线图。这种主接线图全面、系统，但并不反映其中成套配电装置之间的相互排列位置。

在供电工程设计和安装施工中，往往采用另一种绘制方式的主接线图，它是按照高压或低压成套配电装置之间的相互连接和排列位置关系而绘制的一种主接线图，称为装置式主接线图。例如，图 4-23 所示的高压配电所主接线图按装置式绘制就如图 4-24 所示。在装置式主接线图中，各成套配电装置的内部设备和接线，以及各装置之间的相互连接和排列位置一目了然，因此这种简图最适合安装施工使用。

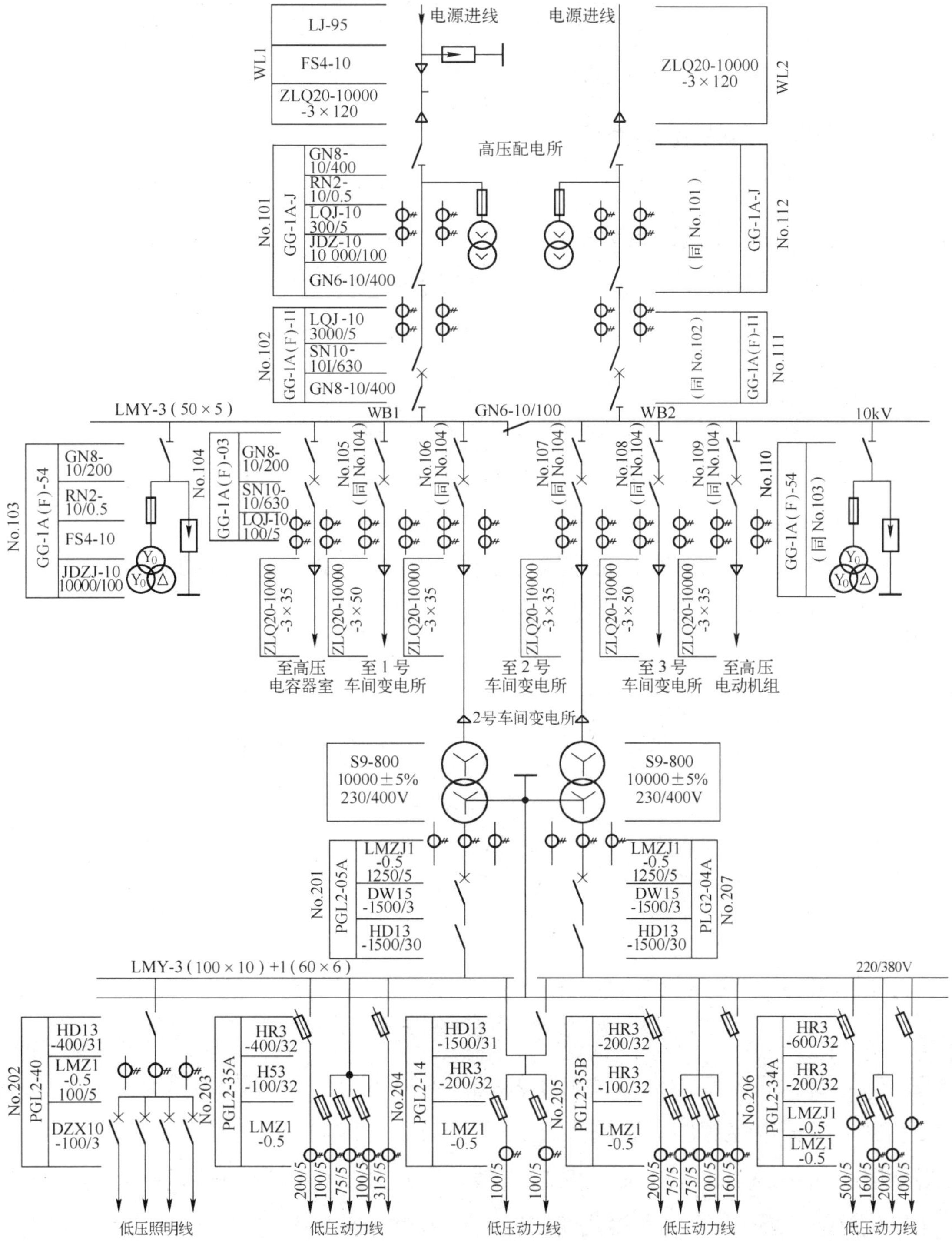

图 4-23　某中型工厂供电系统中高压配电所及附设 2 号车间变电所的主接线图

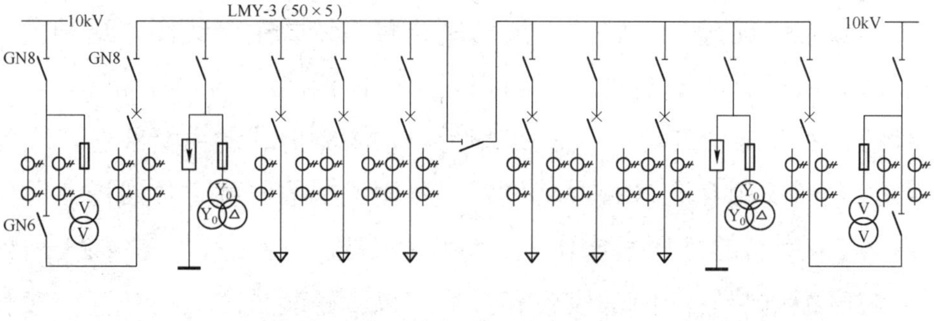

No.101	No.102	No.103	No.104	No.105	No.106		No.107	No.108	No.109	No.110	No.111	No.112
电能计量柜	1号进线开关柜	避雷器及电压互感器	出线柜	出线柜	出线柜	GN6-10/400	出线柜	出线柜	出线柜	避雷器及电压互感器	2号进线开关柜	电能计量柜
GG-1A-J	GG-1A（F）-11	GG-1A（F）-54	GG-1A（F）-03	GG-1A（F）-03	GG-1A（F）-03		GG-1A（F）-03	GG-1A（F）-03	GG-1A（F）-03	GG-1A（F）-54	GG-1A（F）-11	GG-1A-J

图 4-24　图 4-23 所示的高压配电所的装置式主接线图

2．识读车间变电所电气主接线图

车间变电所和一些小型工厂变电所是将 6～10kV 电压降为一般用电设备所需低压 220/380V 的终端变电所。它们的主接线比较简单。

车间变电所高压侧主接线方案示例如图 4-25 所示，其高压侧的开关电器、保护装置和测量仪表等一般都安装在高压配电线路的首端，即安装在总变配电所的高压配电室内，而车间变电所只设变压器室（室外为变压器台）和低压配电室；其高压侧大多不装开关，或者只装简单的隔离开关、熔断器（室外则装跌开式熔断器）、避雷器等。

由图 4-25 可以看出，凡是高压架空进线，无论变电所是户内式还是户外式的，均应装设避雷器以防雷电波沿架空线侵入变电所；而采用高压电缆进线时，避雷器则装设在电缆首端（图 4-25 中未示出），而且避雷器的接地端要同电缆的金属外皮一起接地。若变压器高压侧采用架空线加一段引入电缆的进线方式，则变压器高压侧仍应装设避雷器。

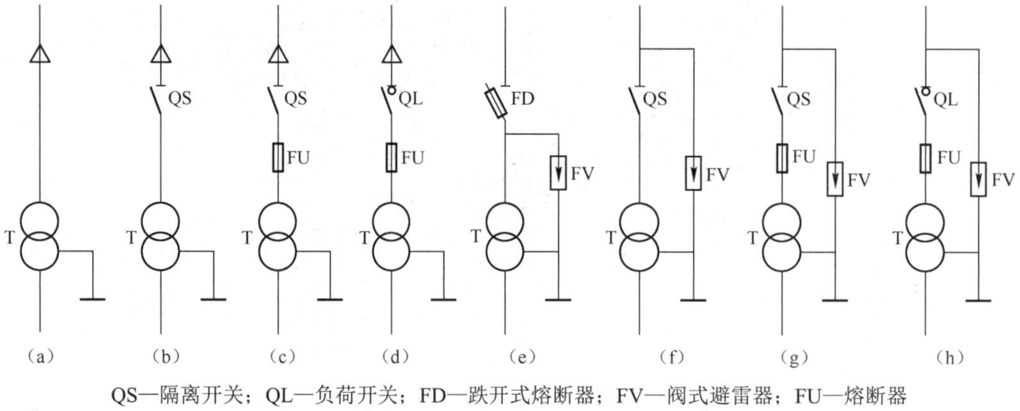

QS—隔离开关；QL—负荷开关；FD—跌开式熔断器；FV—阀式避雷器；FU—熔断器

图 4-25　车间变电所高压侧主接线方案示例

图 4-25（a）表示高压电缆进线，无开关；图 4-25（b）表示高压电缆进线，装隔离开关；图 4-25（c）表示高压电缆进线，装隔离开关-熔断器；图 4-25（d）表示高压电缆进线，装负荷开关-熔断器；图 4-25（e）表示高压架空进线，装跌开式熔断器和阀式避雷器；图 4-25（f）表示高压架空进线，装隔离开关和阀式避雷器；图 4-25（g）表示高压架空进线，装隔离开关-熔断器和阀式避雷器；图 4-25（h）表示高压架空进线，装负荷开关-熔断器和阀式避雷器。

任务三 使用电气安全用具

电气安全用具是保证操作者安全地进行电气作业，防止发生触电、电弧烧伤、高空坠落等事故必不可少的工具。它包括绝缘安全用具、一般防护安全用具及登高作业安全用具、电力安全标志牌等。

一、绝缘安全用具

绝缘安全用具按用途，可分为基本绝缘安全用具和辅助安全用具。

1. 基本绝缘安全用具

绝缘强度足以长时间承受电气设备的工作电压，能直接用来操作带电设备或接触带电体的工器具，称为基本绝缘安全用具。它主要有高压绝缘棒、绝缘夹钳、验电器等。

1）高压绝缘棒

高压绝缘棒又称为绝缘操作棒、绝缘杆、操作杆，俗称令克棒。高压绝缘棒主要用来闭合或断开高压隔离开关、跌开式熔断器、柱上油断路器，以及安装和拆除临时接地线等，也可用于放电操作、处理带电体上的异物及进行高压测量、试验等。高压绝缘棒应具有良好的绝缘性能和足够的机械强度。高压绝缘棒的电压等级可分为10kV、35kV、110kV、220kV、500kV。

图4-26所示为高压绝缘棒的外形与结构示意图。它主要由工作部分、绝缘部分、护环和握柄等组成。工作部分一般用金属制成，用来直接接触带电设备；为携带方便，绝缘部分通常制成分段式，段与段之间用螺纹连接或做成套筒式，使用时接上或拉出即可；护环可用于防止操作者手握超过握柄而发生触电危险；握柄是操作时的手握部分，用与绝缘部分相同的材料制成。

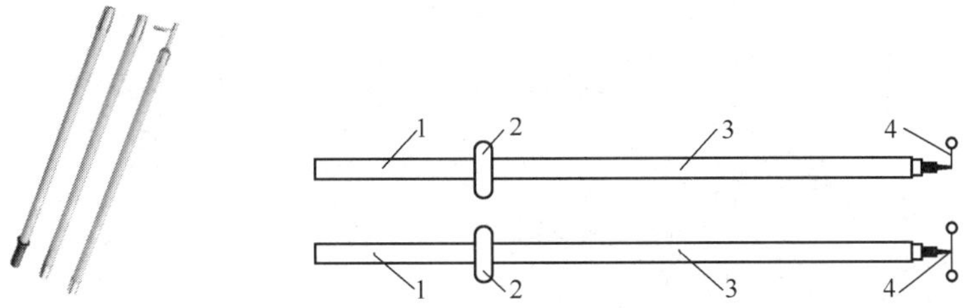

（a）外形　　（b）结构示意图

1—握柄（操作手柄）；2—护环；3—绝缘部分；4—工作部分（金属钩）

图4-26 高压绝缘棒的外形与结构示意图

2）绝缘夹钳

绝缘夹钳主要用于电压为35kV及以下的电力系统中，是安装和拆卸高压熔断器或执行其他类似工作的工具。绝缘夹钳由工作钳口、绝缘部分（钳身）和手握部分（钳把）组成，手握部分和绝缘部分用浸过绝缘漆的木材、硬塑料、胶木或玻璃钢制成，其间由护环分开，如图 4-27 所示。

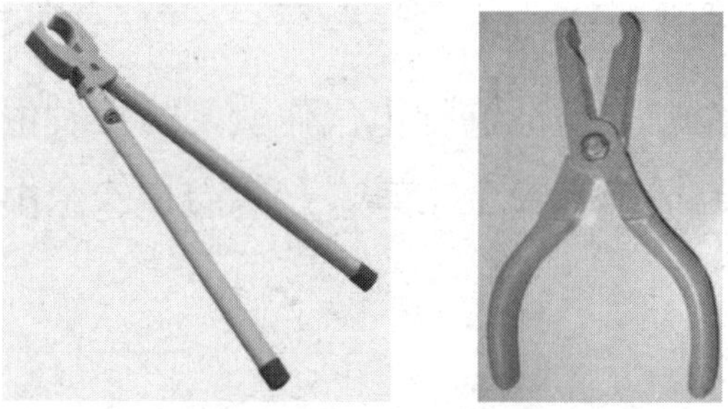

图 4-27　绝缘夹钳

3）验电器

验电器是检验电气线路和电气设备上是否有电的一种专用安全用具。根据验电器的电压等级不同，可分为高压验电器和低压验电器。验电器的外形与结构示意图如图 4-28 所示。

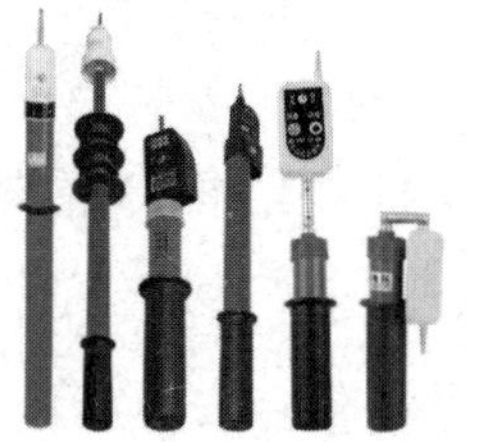

（a）高压验电器的外形

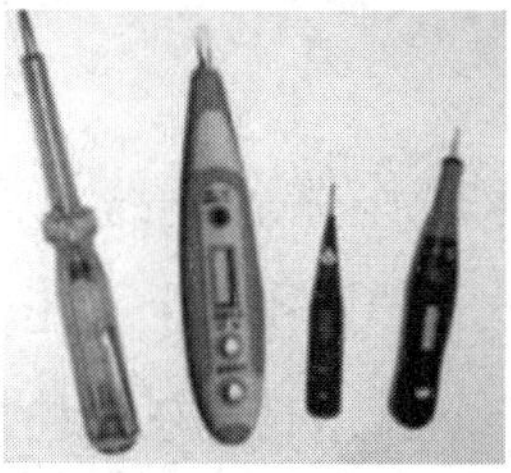

（b）低压验电器的外形

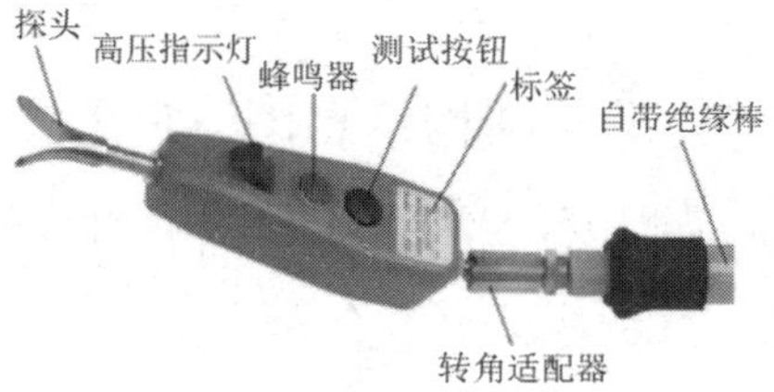

（c）声光信号型高压验电器的结构

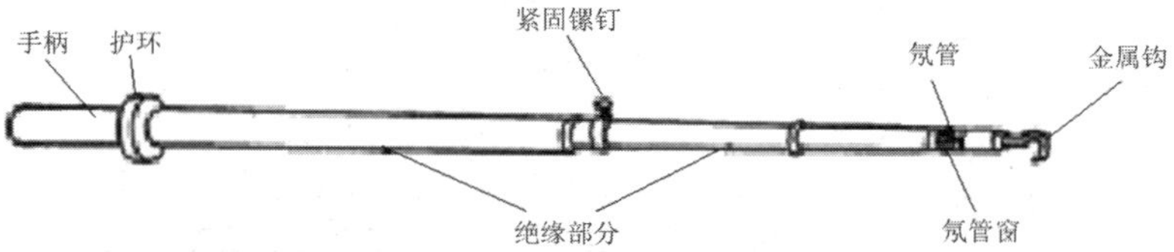

（d）回转型高压验电器的结构

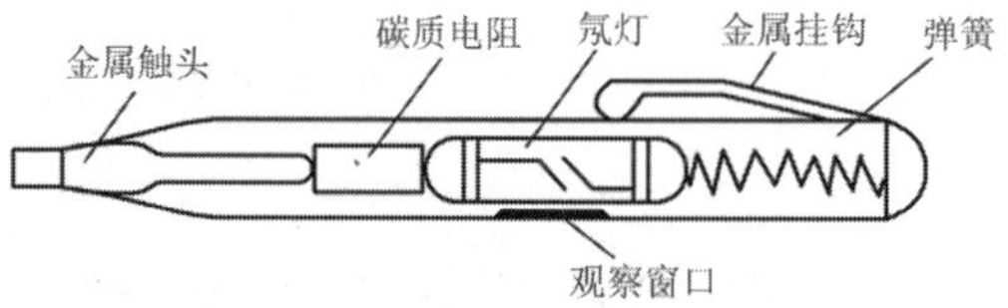

（e）笔式、螺钉旋具式低压验电器的结构

图 4-28　验电器的外形与结构示意图

低压验电器又称为验电笔，是用于测试 60～500V 交、直流电路是否有电和检查电气用具或电力导线是否漏电等故障的专用安全用具，其种类有笔式、螺钉旋具式和组合式，其中笔式、螺钉旋具式低压验电器由氖管、碳质电阻、弹簧、金属触头等组成，如图 4-28（e）所示。

高压验电器在高压交流系统中作为验电工具使用，常用的有声光信号型高压验电器和回转型高压验电器，它们的结构分别如图 4-28（c）、图 4-28（d）所示。

图 4-29 所示为电工使用高压验电器进行现场验电。

图 4-29　电工使用高压验电器进行现场验电

阅读材料：
基本绝缘安全用具的使用注意事项

2. 辅助安全用具

辅助安全用具是指绝缘强度不足以承受电气设备或线路的工作电压，不能用来直接接触高压电气设备的带电部分，只能用来加强基本绝缘安全用具的保安作用，主要用来防止接触电压、跨步电压、电弧烧伤等对操作人员造成伤害的用具。辅助安全用具主要有绝缘手套、绝缘鞋（靴）、绝缘垫、绝缘台、绝缘隔板、绝缘罩等。

阅读材料：
辅助安全用具的使用方法与保管注意事项

二、一般防护安全用具

一般防护安全用具是指本身没有绝缘性能，但可以起到在作业中防止工作人员受到伤害的安全用具。它分为人体防护用具和安全技术防护用具。

1. 人体防护用具

人体防护用具的主要作用是保护人身安全。当工作人员穿戴必要的防护用具时，可以防止外来伤害。常用的人体防护用具有安全帽、护目镜、防护面罩、防护工作服等，如图 4-30 所示。

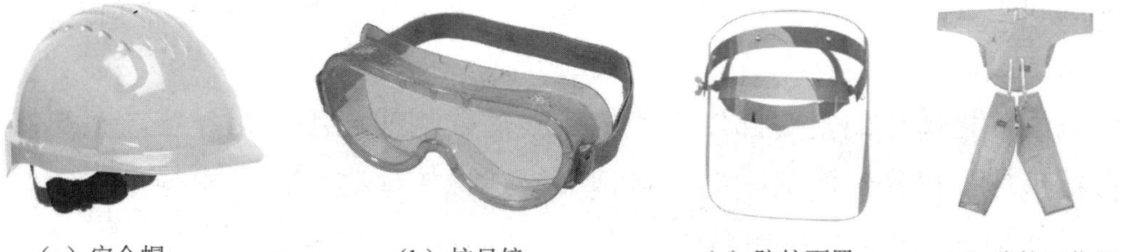

（a）安全帽　（b）护目镜　（c）防护面罩　（d）防护工作服

图 4-30　常用的人体防护用具

2. 安全技术防护用具

安全技术防护用具主要有携带型接地线和临时遮栏、栅栏等屏护装置。

1）携带型接地线

携带型接地线又称三相短路接地线，其作用是当电气设备和电力线路停电检修时，为防止突然送电，将电源侧的三相架空线或母线用接地线临时接地，以确保作业人员安全；为防止相邻高压线路或设备对停电线路或设备产生感应电压对人体造成危害，或停电检修设备或线路可能产生感应电压对人体造成危害，将停电检修线路或设备的有关部位用接地线临时接地；在停电后的设备上作业时，应用接地线将设备上的剩余电荷用临时接地线放掉，俗称“放电”。在全部停电或部分停电的电气设备中，应向可能来电的各侧装设接地线，悬挂标志牌并加装遮栏。携带型接地线按照使用环境可分为室内母排型接地线和室外线路型接地线；按照电压等级，可分为10kV高压接地线、35kV高压接地线、110kV高压接地线、220kV高压接地线和500kV高压接地线。携带型接地线主要由接地端线夹、接地操作棒、多股软铜线和接地端等部件组成，如图4-31所示。

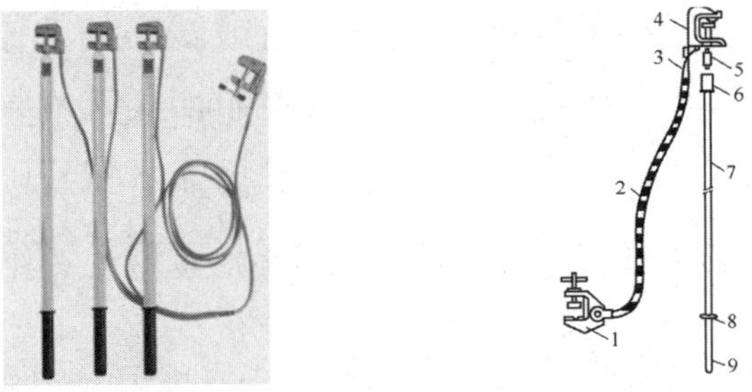

（a）外形　　　　（b）结构示意图

1—接地端线夹；2—接地线（有外护层的软铜线）；3—软铜线上的线鼻子；4—导线端线夹；5—导线端线夹上的紧固件；6—接地操作棒上的紧固头；7—接地操作棒的绝缘部分；8—接地操作棒的护环；9—接地操作棒的手柄

图4-31　携带型接地线的外形和结构示意图

接地端线夹用于将接地线与导线连接，主要类型有平口螺旋式、双簧挂钩式、单簧挂钩式、手握式、圆口螺旋压紧式（猴头式）等，采用优质铝合金压铸，与其配套的紧固件金属均经镀镍处理。

接地操作棒采用绝缘性能与机械强度俱佳的环氧树脂、玻璃纤维精制成彩色管，同时对手柄加装硅橡胶护套，具有绝缘性能好、强度高、质量轻、色彩鲜明、外表光滑的特点。根据电压的不同，接地操作棒有单节、多节式之分。

多股软铜线是接地线的主要部件，其中三根短软铜线连接三相导线，接在线夹上，另一端共同连接接地线，接地线的另一端（接地端）连接接地装置，要求导电性能好，其外包有透明的绝缘塑料护套，以预防外伤断股。接地线截面面积有25mm^2、35mm^2、50mm^2、70mm^2、95mm^{2}等。

通过验电且确认无电后的电气设备、电气线路才允许挂接地线，如图4-32所示。

图 4-32　挂接地线

2）屏护装置

阅读材料：
接地线使用注意事项

屏护指采用屏障、遮栏、栅栏、围栏、护罩、箱盖等屏护装置把带电体同外界隔绝开来，限制工作人员作业中的活动范围，防止其超过安全距离或在危险地点接近带电部分，误入带电间隔，误登带电设备发生触电事故。在邻近带电设备和工作地点周围安装遮栏、栅栏是保证安全的技术措施之一，同时能防止非工作人员的进入。常用的屏护装置如图 4-33 所示。

（a）遮栏　　（b）栅栏　　（c）围栏

图 4-33　常用的屏护装置

为保证屏护装置的有效性，屏护装置在使用时必须满足以下条件。

（1）凡用金属材料制成的屏护装置，为了防止其意外带电，必须接地或接零。

（2）屏护装置本身应有足够的尺寸，其与带电体之间应保持必要的距离。

（3）被屏护的带电部分应有明显的标志，使用通用的符号或涂上规定的具有代表意义的专门颜色。

（4）在遮栏、栅栏等屏护装置上，应根据被屏护对象挂上“止步，高压危险”或“当心有电”等警告牌。

（5）采用信号装置和联锁装置，即用光电指示“此处有电”，或当人越过屏护装置时，被屏护的带电体自动断电。

三、登高作业安全用具

登高作业安全用具是在登高作业及上下过程中使用的专用工具或高处作业时防止高处坠落而制作的防护用具，如安全带、木梯、软梯、踩板、脚扣、安全绳、安全网等，如图 4-34 所示。

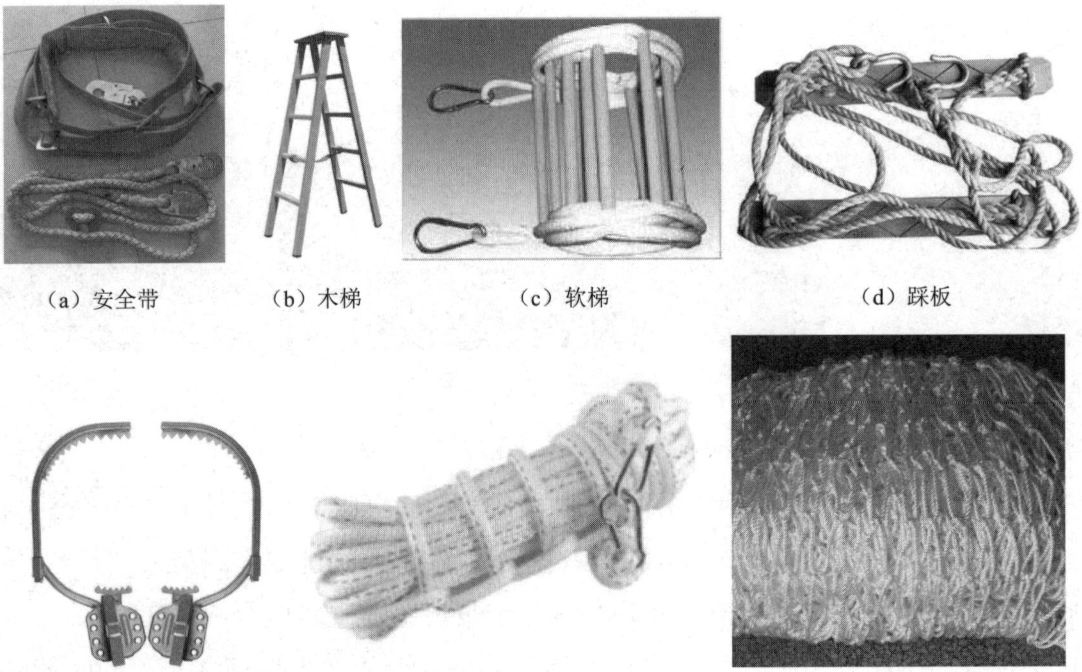

（a）安全带　（b）木梯　（c）软梯　（d）踩板

（e）脚扣　（f）安全绳　（g）安全网

图 4-34　常用登高作业安全用具

四、电力安全标志牌

阅读材料：常用电力安全标志牌式样与使用方法

阅读材料：电气安全用具的管理要求

根据 GB 2894—2016《安全标志及其使用导则》，安全标志是用于表达特定安全信息的标志，由图形符号、安全色、几何形状（边框）或文字构成，是保证电气工作人员人身安全的重要技术措施。安全标志可分为禁止标志、警告标志、指令标志和提示标志四大类。

电力安全标志牌悬挂后应有专人复核，并根据作业票或指令一一核对，特别是对“禁止合闸，有人工作”的电力安全标志牌必须保证准确无误，万无一失。电力安全标志牌的字迹必须工整清晰，否则应更换电力安全标志牌，并有充足的备件。

任务操作十四　验电与挂、拆接地线

训练目标

（1）会检查常用的电气安全用具。

（2）会正确使用高压验电器对电气设备（电力线路）进行验电。

（3）会对电气设备（电力线路）挂、拆接地线。

训练内容

1．工作前的准备

（1）工器具的选择、检查：要求能做好高压验电器、接地线、绝缘棒、安全帽、绝缘鞋、绝缘手套等工器具的选择与检查，能够满足工作需要，质量符合要求。

（2）着装、穿戴：穿工作服、绝缘鞋，戴安全帽，系安全带。

（3）作业人员的安排：验电与挂、拆接地线作业组成员必须由工作负责人（甲）、验电与挂、拆接地线监护人（乙），验电与挂、拆接地线操作人（丙）3 人组成。工作负责人（甲）负责整个作业过程，监护人（乙）负责验电与挂、拆接地线监护，操作人（丙）负责验电与挂、拆接地线操作。

2. 挂接地线的工作内容

1）准备工作

（1）作业组成员穿戴符合作业现场要求，并经工作负责人检查合格后才能进入作业现场。

（2）作业组成员按工作票中的规定，领取规定编号的验电器、接地线。

（3）作业组成员检查绝缘棒、绝缘手套、验电器、接地线是否符合作业现场要求。

（4）作业组成员先在确认有电的设备上验电，确认验电器有效后方可使用。

（5）各项准备工作就绪后，作业组成员共同进入作业现场，并等待调度命令和工作负责人指令。

2）接受调度停电命令

（1）工作负责人（甲）与作业组成员共同等待调度命令。

（2）只有得到调度员下达的停电命令，才能通知作业组成员进行验电、挂接地线操作。

3）验电操作

对指定电气设备（电力线路）规定位置进行验电操作的步骤如下。

（1）工作负责人（甲）向验电监护人（乙）传达调度停电命令及验电命令。传达的调度命令的内容包括：停电区域、验电位置、命令编号、发令时间、要求完成时间等。

（2）验电监护人（乙）接到工作负责人（甲）传达的调度停电命令及验电命令后，向工作负责人（甲）复述命令。复述的命令的内容包括：停电区域、验电位置、命令编号、发令时间、要求完成时间等，并向工作负责人（甲）回答：乙，明白。

（3）验电监护人（乙）向验电操作人（丙）传达命令：验电操作人（丙），现接工作负责人（甲）命令对××位置进行验电。

（4）验电操作人（丙）回答：对××位置验电，丙明白！

（5）验电操作人（丙）对××位置进行逐相验电。验电监护人（乙）进行现场监护，主要监视操作人是否握在验电器绝缘棒护环以下的手握部分、验电位置是否正确等注意事项。若有不对，则应及时纠正。

当验电器的金属接触电极逐渐靠近被测电气设备（电力线路）时，一旦验电器发出声光信号，即说明该电气设备（电力线路）有电。此时应立即将金属接触电极离开被测电气设备（电力线路），以保证验电器的使用寿命。

（6）验电操作人（丙）验电完毕后，向验电监护人（乙）报告：对××位置验电完毕。

4）挂接地线

对需要验电的电气设备（电力线路）××位置验电且确认无电后的电气设备（电力线路）挂接地线的步骤如下。

（1）工作负责人（甲）向挂接地线监护人（乙）传达调度挂接地线命令。传达的调度命令的内容包括：停电区域、接地位置、命令编号、发令时间、要求完成时间等。

（2）挂接地线监护人（乙）接到工作负责人（甲）传达的挂接地线命令后，向工作负责人（甲）复述命令。复述的命令的内容包括：停电区域、接地位置、命令编号、发令时间、要求完成时间等，并向工作负责人（甲）回答：乙，明白。

（3）挂接地线监护人（乙）向挂接地线操作人（丙）传达命令：挂接地线操作人（丙），现接工作负责人（甲）命令对××位置进行接地。

（4）挂接地线操作人（丙）回答：对××位置挂接地线，丙明白。

（5）挂接地线操作人（丙）对××位置挂接地线。挂接地线监护人（乙）进行现场监护，主要监视操作人挂接地线位置是否正确、挂设方法是否有误，若不对，则应及时纠正。

电气设备（电力线路）挂接地线的操作过程如下。

① 先接接地端，接触必须牢固。

② 在电气设备（电力线路）所规定的位置接地。

③ 接地时，应先接靠近人体的相，然后接其他两相，接地线不能触及人身。

④ 所挂接地线应与带电设备保持安全距离。

图4-35所示为杆上电力线路挂接地线操作示意图。

（a）先接接地端

（b）后接导电端

图4-35　杆上电力线路挂接地线操作示意图

（6）挂接地线操作人（丙）挂接地线完毕后，向挂接地线监护人（乙）报告：对××位置挂接地线完毕。

5）工器具清场

（1）挂接地线监护人（乙）接到挂接地线操作人（丙）报告后，到现场检查所挂接地线是否牢固。

（2）挂接地线监护人（乙）、挂接地线操作人（丙）携带工器具撤出作业现场。

（3）挂接地线监护人（乙）向工作负责人（甲）报告：××位置验电接地完毕，人员及工器具已出清。

（4）工作负责人（甲）复述：××位置验电接地完毕，人员及工器具已出清，甲明白。

6）电气设备（电力线路）挂接地线注意事项

（1）在停电设备上验电时，必须在设备进出线两侧（如断路器的两侧、变压器的高低压侧等），以及需要短路接地的部位，逐相分别验电，以防可能出现一侧或其中一相带电而未被发现。

（2）在电力线路上验电时，应逐相进行。在同杆塔架设的多层电力线路上验电时，应先验低压，后验高压，先验下层，后验上层。

（3）电力线路经过验明确实无电后，应立即在工作地段两端挂接地线，凡有可能送电到停电线路的分支线也应挂接地线，若有感应电压反映在停电线路上，则应加挂接地线。

（4）在同杆塔架设的多层电力线路上挂接地线时，应先挂低压，后挂高压，先挂下层，后挂上层。

3．拆接地线的工作内容

对给定的电气设备（电力线路）进行拆接地线的操作流程与装接地线的流程刚好相反。

1）清点作业工器具

检修作业完成后，拆接地线的准备工作如下。

（1）作业组成员清点作业工器具，并撤离作业现场。

（2）作业工器具清点完毕，所有作业人员全部撤离作业现场后，作业组负责人向工作负责人报告：作业工器具、作业人员已清场。

2）接受工作负责人命令

（1）工作负责人（甲）接到作业组负责人报告后，向拆接地线监护人（乙）下达命令：拆除××位置接地线。

（2）拆接地线监护人（乙）向工作负责人（甲）复述命令：拆除××位置接地线，乙明白。

3）拆接地线

（1）拆接地线监护人（乙）向拆接地线操作人（丙）传达命令：丙，拆除××位置接地线。

（2）拆接地线操作人（丙）回答：拆除××位置接地线，丙明白。

（3）拆接地线操作人（丙）拆除××位置接地线。拆接地线监护人（乙）进行现场监护，主要监视操作人拆接地线程序是否正确。若有不对，则应及时纠正。

拆接地线时，应先拆导线端，后拆接地端。

（4）拆接地线操作人（丙）拆除接地线完毕后，向拆接地线监护人（乙）报告：对××位置拆除接地线完毕。

（5）拆接地线监护人（乙）接到报告后复述：对××位置拆除接地线完毕，乙明白。

（6）拆接地线监护人（乙）向工作负责人（甲）报告：对××位置拆除接地线完毕。工作负责人（甲）复述，并回复：甲，明白。

4）清点接地线

检查接地线编号是否正确，清点作业现场接地线数量是否符合工作票要求。

5）工器具清场

工作负责人（甲）检查作业工器具已全部清场，接地线编号和数量符合要求后，向调度员报告：拆接地线完毕。

任务四　实施触电急救和电气火灾处理

一、触电急救方法

1. 人体触电的基本知识

触电对人体的伤害有电击和电伤两种形式。人体接触或接近带电体时，电流流过人体，发生不同程度的肌肉抽搐，严重时发展到呼吸困难、心脏骤停，以致人死亡，该现象称为触电，又称电击。电伤是由电流的热效应、化学效应或机械效应造成的对人体的局部伤害，它分为电弧烧伤、电烙伤、皮肤金属化、电气机械性伤害、电光眼等不同形式的伤害。

人体触电方式主要有单相触电和两相触电两种。单相触电是常见的触电方式，是指在人体的一部分接触带电体的同时，另一部分又与大地或中性线（零线）相接，电流从带电体流经人体到大地（或中性线）形成回路的触电方式。两相触电是指当人体同时接触三相供电系统中的任意两根相线时，人体承受电网的线电压，且触电电流通过人体的要害部位的触电方式，这种触电方式危险性很大。此外，还有跨步电压触电、接触电压触电、静电触电、电容放电触电、雷击触电等。

2. 触电的急救处理程序和方式

一旦发生触电事故，要分秒必争地对触电者进行现场急救。进行触电急救时要镇静、迅速、得法，即要保持沉着、冷静，迅速使触电者脱离电源，然后采用正确的方法进行抢救。

1）使触电者脱离电源

触电急救，首先要使触电者迅速脱离电源，越快越好，因为触电时间越长，伤害越大。

（1）若触电者触及低压带电设备，则救护人员应设法迅速切断电源，如拉开电源开关或拔下电源插头，或者使用绝缘工具、干燥木棒等不导电物体解脱触电者，也可抓住触电者干燥而不贴身的衣服将其拖开，还可戴绝缘手套或将手用干燥衣物等包起绝缘后解脱触电者。救护人员也可站在绝缘垫或干木板上进行救护。

（2）若触电者触及高压带电设备，则救护人员应立即通知有关供电单位或用户停电，或者迅速用相应电压等级的绝缘工具按规定要求拉开电源开关或熔断器，也可抛掷先接好地的裸金属线使高压线路短路接地，迫使线路保护装置动作，断开电源。抛掷短接线时一定要保证安全，抛出短接线后，要迅速到短接线接地点 8m 以外，或双脚并拢，以防跨步电压伤人。

（3）若触电者处于高处，断开电源后触电者可能从高处掉下，则要采取相应的安全措施，以防触电者摔伤或致死。

（4）若触电事故发生在夜间，则在切断电源救护触电者时，应考虑到救护所必需的应急照明，但也不能因此而延误切断电源、进行抢救的时间。

（5）救护人员既要救人，又要注意保护自己，防止触电。触电者未脱离电源前，救护人员不得用手触及触电者。

2）采用正确的方法进行现场急救

当触电者脱离电源后，应立即根据具体情况对症救治，同时通知医生前来抢救，直到救护人员到达。对触电者进行现场诊断的方法如图 4-36 所示。

（a）一看　　（b）二听　　（c）三摸

图 4-36　对触电者进行现场诊断的方法

（1）若触电者神志尚清醒，则应使其就地躺平，或抬至空气新鲜、通风良好的地方让其躺下，密切观察，暂时不要让其站立或走动。

（2）若触电者已神志不清，则应使其就地仰面躺平，且确保空气通畅，并用 5s 左右时间间隔呼叫触电者，或轻拍其肩部，以判定其是否意识丧失。禁止摇动触电者头部呼叫。

（3）若触电者已失去知觉，停止呼吸，但心脏微有跳动，则应在通畅气道后，立即施行口对口（鼻）吹气的人工呼吸。

（4）若触电者伤害相当严重，心跳和呼吸均已停止，完全失去知觉，则在通畅气道后，立即同时进行口对口（鼻）吹气的人工呼吸和胸外按压心脏的人工循环。当现场仅有一人抢救时，可交替进行人工呼吸和人工循环。

二、电气火灾事故的正确处理

1．电气火灾的原因与特点

电气火灾一般是指由于电气设备、电气线路、器具及供配电设备出现故障（如过载、短路、接触不良、电弧火花、漏电、雷电或静电等）时释放的热能，在具备燃烧条件下引燃本体或其他可燃物而引起的火灾。从电气防火角度看，电气设备质量不高、安装使用不当、保养不良、雷击和静电是造成电气火灾的几个重要原因。

电气火灾的特点是失火的电气线路或设备可能带电，因此灭火时要防止触电，最好是尽快切断电源；失火的电气设备内可能充有大量的可燃油，因此要防止充油设备爆炸，导致火势蔓延；电气失火时会产生大量浓烟和有毒气体，不仅对人体有害，而且会对电气设备产生二次污染，影响电气设备今后的安全运行，因此在扑灭电气火灾后，必须仔细清除这种二次污染。

2. 电气火灾的灭火方法

带电灭火时，应使用二氧化碳（CO_2）灭火器、干粉灭火器或1211（二氟一氯一溴甲烷）灭火器。这些灭火器的灭火剂不导电，可直接用来扑灭带电设备的失火。但使用二氧化碳灭火器时，要防止冻伤和窒息，因为二氧化碳是液态的，灭火时它喷射出来后，强烈扩散，大量吸热，形成温度很低（可低至-78℃）的雪花状干冰，降温灭火，并隔绝氧气。因此，使用二氧化碳灭火器时，要打开门窗，并要离开火区2～3m，防止干冰沾着皮肤，造成冻伤。

不能使用一般泡沫灭火器，因为其灭火剂（水溶液）具有一定的导电性，而且对电气设备的绝缘有一定的腐蚀性。一般也不能用水来灭电气失火，因为水中多少含有导电杂质，用水进行带电灭火，容易发生触电事故。

对于小面积的电气火灾，可使用干砂来覆盖进行带电灭火。

必须注意，带电灭火时，应采取防触电的可靠措施。

任务操作十五　演练触电急救

训练目标

（1）掌握触电急救方法。

（2）会进行触电急救。

训练内容

1. 演练前的准备

准备触电急救模拟人等器具，要求能满足工作需要，质量符合要求。

2. 演练内容

1）使“触电者”脱离电源

根据指导教师设置的低压触电、高压触电、高处触电等模拟“触电”场景，要求采用正确的方法使“触电者”迅速脱离电源。

2）诊断“触电者”情况

（1）将脱离电源的“触电者”迅速移到通风、干燥处，使其仰卧，并松开上衣和裤带。

（2）观察“触电者”的瞳孔是否放大。当人体处于假死状态时，大脑细胞严重缺氧，处于死亡边缘，瞳孔自行放大。

（3）观察“触电者”有无呼吸存在，摸一摸颈部的颈动脉有无搏动。

3）演练人工呼吸法

当“触电者”有心跳但呼吸停止时，应采用人工呼吸法进行急救。这里仅进行现在公认简便易行且效果较好的口对口（鼻）吹气的人工呼吸法演练。

（1）使“触电者”仰卧，不垫枕头，头先侧向一边，清除其口腔内的血块、假牙及其他异物。若舌根下陷，则应将舌根拉出，使气道畅通。若“触电者”牙关紧闭，则救护人员应以双手托住其下颌骨的后角处，大拇指放在下颌角边缘，用手将下颌骨慢慢向前推移，使下牙移到上牙之前；也可用开口钳、小木片、金属片等，小心地从口角伸入牙缝撬开牙齿，清除口腔内异物。然后将其头扳正，使其尽量后仰，鼻孔朝天，使气道畅通。

（2）救护人员位于“触电者”一侧，用一只手捏紧鼻孔，不使漏气，用另一只手将下颌拉向前下方，使嘴巴张开。可在“触电者”嘴上盖一层纱布，准备吹气。

（3）救护人员深呼吸后，紧贴“触电者”嘴巴，向他大口吹气，如图 4-37（a）所示。如果掰不开嘴巴，也可捏紧嘴巴，紧贴鼻孔吹气。吹气时，要使其胸部膨胀。

（4）救护人员吹完气换气时，应立即离开“触电者”的嘴巴（或鼻孔）并放松紧捏的鼻孔（或嘴巴），让其自由排气，如图 4-37（b）所示。

（a）贴紧吹气　　（b）放松换气

图 4-37　口对口吹气的人工呼吸法

按照上述操作要求对“触电者”反复地吹气、换气，每分钟约 12 次。对幼小儿童施行此法时，鼻子不捏紧，任其自由漏气，而且吹气也不能过猛，以免其肺泡胀破。

4）演练胸外心脏按压法

当“触电者”有呼吸而无心跳时，应采用胸外心脏按压法进行急救。胸外心脏按压法有胸外按压和开胸直接挤压两种。后者是在胸外按压心脏效果不大的情况下，由胸外科医生进行的一种手术。这里仅演练胸外按压心脏的人工循环法。

（1）将“触电者”仰卧在硬板上或地上，颈部枕垫软物使头部稍后仰，解开“触电者”的衣服、裤带、胸罩、围巾等，并清除口腔内异物，使气道畅通。

（2）救护人员位于“触电者”一侧，最好是跨腰跪在“触电者”腰部，两手相叠（对儿童可只用一只手），手掌根部放在心窝稍高一点的地方，如图 4-38 所示。

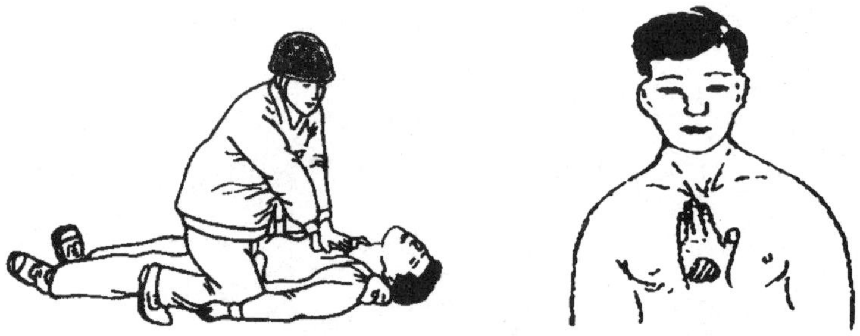

（a）救护人员位置　　（b）按压点

图 4-38　胸外按压心脏的人工循环法的按压位置

（3）救护人员找到“触电者”的正确按压点后，自上而下、垂直均衡地用力向下按压，压出心脏里面的血液，如图 4-39（a）所示。对儿童，用力应适当小一些。

（4）按压后，掌根迅速放松（但手掌不要离开胸部），使“触电者”胸部自动复原，心脏扩张，血液又回流到心脏，如图 4-39（b）所示。

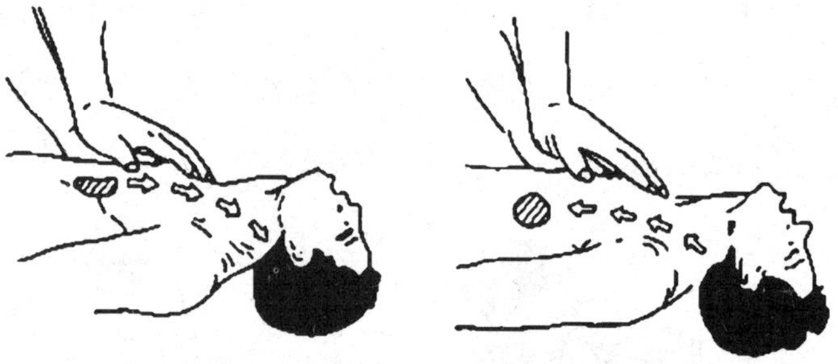

（a）向下按压　　（b）放松回流

图 4-39　胸外按压心脏的人工循环法的按压方法

按照上述操作要求对“触电者”的心脏反复地进行按压和放松，每分钟约 60 次。按压时，定位要准确，用力要适当。

当“触电者”呼吸和心跳都已停止时，应同时采用口对口吹气的人工呼吸法和胸外按压心脏的人工循环法进行急救。在施行口对口吹气的人工呼吸法和胸外按压心脏的人工循环法时，救护人员应密切观察“触电者”的反应。只要发现“触电者”有苏醒征象，如眼皮闪动或嘴唇微动，就应中止操作几秒，以让“触电者”自行呼吸和心跳。

任务操作十六　演练扑灭电气火灾

训练目标

（1）掌握电气火灾扑灭方法。

（2）会扑灭电气火灾。

训练内容

1. 演练前的准备

（1）准备工厂变配电所电气火灾应急预案、灭火器材等，要求满足演练要求。

（2）演练人员安排：电网调度员、变电所所长、输变电分公司负责人、调度中心调度员、生产副经理、消防应急组等人员。

2．演练内容

1）熟悉工厂变配电所电气火灾应急预案

工厂变配电所均有电气火灾应急预案，主要包括应急小组与职责、应急处理方法等内容。

2）熟悉工厂变配电所消防重点部位和消防设施配备情况

（1）熟悉工厂变配电所消防重点部位的基本情况、火灾危险性、扑救方法及措施。

工厂变配电所消防重点部位是主控室、继保室、通信室、电容器室、电缆层、主变压器、高压电抗器、低压配电室、站用变电室、蓄电池室等。

（2）熟悉工厂变配电所消防重点部位和场所的消防设施配备数量、放置位置、疏散通道等。

3）演练工厂变配电所常用灭火器的使用方法

（1）熟悉推车式干粉灭火器的使用方法。

根据推车式干粉灭火器的使用说明书，熟悉其结构特点、操作方法和适用场合。

（2）熟悉手提式干粉灭火器的使用方法。

根据手提式干粉灭火器的使用说明书，熟悉其结构特点、操作方法和适用场合。

（3）熟悉手提式二氧化碳灭火器的使用方法。

根据手提式二氧化碳灭火器的使用说明书，熟悉其结构特点、操作方法和适用场合。

4）演练××35kV变电所高压室火灾灭火。

当变配电所发生电气火灾时，应立即组织自救，同时通知消控中心和领导。

（1）报警：当值电网调度员接到××35kV变电所所长打来的电话，××35kV变电所高压室发生冒浓烟事故。

（2）处置。

① 当值电网调度员用调度电话通知输变电分公司负责人、调度中心调度员，通知“××35kV变电所高压室发生冒浓烟事故”。

② 当值电网调度员用调度电话通知消防应急组赶往××35kV变电所，并拨打“119”报警电话。

③ 调度中心调度员对当值电网调度员传达命令：断开××35kV变电所所有10kV出线，以及所用1号主变。

④ 输变电分公司负责人通过视频监控发现高压室浓烟较大，判断火情较为严重，立即电话向生产副经理汇报。

⑤ 生产副经理在观察火情后，确定立即启动变电所电气火灾消防应急预案，各小组迅速集结，按照职责分工，进入相应的位置开展灭火救援行动。

⑥ 集控中心操作员×××在操作××35kV变电所10kV××线时发现，该线路不能在远方操作，

10kV××线开关无法断开。当值电网调度员立即电话通知维操队（消防应急组），告之 10kV××线开关无法断开，要求维操队人员到达现场后先观察火情，在条件允许情况下，进入高压室就地断开 10kV××线。

当值电网调度员当即下令：断开变电所 2 号主变 902 开关、302 开关。

⑦ 各小组到达指定位置，按照预案要求职责分工进入相应位置。维操队进入火灾现场，展开第一时间的灭火救援行动，维操队队长向调度员汇报此时现场情况，要求断开高压室内设备交直流控制电源，断开 10kV 所有开关直流电源输出总开关、所有 10kV 出线侧刀闸，验明无电后，将所有 10kV 出线转为冷备用状态。

⑧ 通过环境动力监控系统启动××35kV 变电所高压室两台排风扇，排出高压室内浓烟。维操队佩戴防毒面具进入高压室，发现高压室浓烟很大但未发现明显着火点，判断火灾尚未完全燃烧，可以进入高压室进行扑救。

任务五　认识电气作业的安全措施

一、电气作业的安全技术措施

在全部停电或部分停电的电气设备上工作时，必须完成停电、验电、接地、悬挂标志牌和装设遮栏等安全技术措施。以上安全技术措施由运行人员或有权执行操作的人员执行。

1．停电

在电气设备上工作时，停电是一个很重要的环节。在工作地点，应停电的设备如下。

（1）检修的设备。

（2）与工作人员工作中正常活动范围的距离小于表 4-4 规定的设备。

表 4-4　工作人员工作中正常活动范围与带电设备的安全距离

电压等级/kV	10 及以下（13.8）	20～35	44	60～110	220	330	500
安全距离/m	0.35	0.60	0.90	1.50	3.00	4.00	5.00

注：表中未列电压按高一档电压等级的安全距离。

（3）在 35kV 及以下的设备处工作，安全距离虽大于表 4-4 规定，但小于表 4-5 规定，同时又无绝缘隔板、安全遮栏等措施的设备。

表 4-5　设备不停电时的安全距离

电压等级/kV	10 及以下（13.8）	20～35	63～110	220	330	500
安全距离/m	0.70	1.00	1.50	3.00	4.00	5.00

（4）带电部分在工作人员后面、两侧、上下，又无可靠安全措施的设备。

（5）其他需要停电的设备。

在检修过程中，对检修设备进行停电，必须把各方面的电源完全断开（任何运行中的星形接线设备的中性点，必须视为带电设备），即必须断开或拉开检修设备两侧的断路器、隔离开关（包括断开操作电源）。禁止在只经断路器断开电源的设备上工作，必须断开隔离开关，使各方面至少有一个明显的断开点。与停电设备有关的变压器和电压互感器，必须从高低压两侧断开，防止向停电检修设备反送电。

2. 验电

验电时，必须使用电压等级合适且合格的验电器；应先在有电的设备上进行测试，以确认验电器良好；验电时，在检修设备进出线两侧各相分别验电；高压验电必须戴绝缘手套；如果在木杆、木梯或木构架上验电，不接地线不能指示者，可在验电器上接地线，但必须经值班负责人许可。

必须注意：表示设备断开和允许进入间隔的信号、电压表的指示值为零等，不得作为设备无电的依据；但如果指示有电，应禁止在该设备上工作。

3. 接地

在检修的电气设备或电力线路上，接地的作用是保护工作人员在工作地点防止突然来电、消除邻近高压线路上的感应电压、放净线路或设备上可能残存的电荷、防止雷电电压的威胁。

阅读材料：
接地操作注意事项

4. 悬挂标志牌和装设遮栏

标志牌的悬挂应牢固，位置要准确，正面应朝向工作人员。标志牌的悬挂与拆除，应按工作票的要求进行。

阅读材料：
悬挂标志牌和装设遮栏具体要求

二、电气作业的安全组织措施

电气作业的安全组织措施有工作票制度、工作许可制度、工作监护制度，以及工作间断、转移和终结制度。在正常情况下，电气作业应先办理相应的工作票，工作票由签发人（技术人员）签写，值班负责人（许可人）审查无异议后，值班操作人按工作票所列事项正确填写操作票，值班负责人和操作人共同签字后进行操作。值班负责人再把已操作项填入工作票，填好许可时间并在许可人处签字。工作负责人对上述内容进行审查（是否确认已停电且无突然来电的可能，接地线装设是否正确，安全措施是否完善），若无异议，则在工作负责人处签字，然后才可以检修作业。

1. 工作票制度

在一切运行中的电气设备上工作，均应按《电业安全工作规程》的规定使用工作票或接口头、电话命令执行，除事故抢修外，严禁不使用工作票在运行中的电气设备上工作。

工作票是指将需要检修或试验的设备、工作内容、工作人员、安全措施等填写在具有固定格式的专用工作票上，作为工作的书面联系单（书面依据）。它作为准许在电气设备或线路上作业的书面命令，也是明确安全职责，向工作人员进行安全交底，履行工作许可手续和工作间断、转移、终结的手续。

在电气设备上进行任何电气作业，都必须填写工作票，并依据工作票布置安全措施和办理开工、终结手续，这种制度称为工作票制度。工作票的形式有第一种工作票、第二种工作票、口头或电话命令。

1）工作票的形式

（1）第一种工作票。

第一种工作票的工作范围：在高压设备（线路）上需要全部停电或部分停电的工作；在高压室内的二次接线和照明等回路上需要将高压设备停电或采取安全措施的工作。发电厂（变配电所）第一种工作票的格式如表4-6所示。

表4-6 发电厂（变配电所）第一种工作票的格式

第________号
1．工作负责人（监护人）：________________ 班组：________
工作班人员：________________________，共____人
2．工作任务（工作内容和工作地点）：________________________
3．计划工作时间：自____年___月___日___时___分至____年___月___日___时___分
4．停电范围与安全措施
（1）停电范围：
（2）安全措施：
下列由工作票签发人填写
应拉断路器（开关）和隔离开关（刀闸）（注明编号）：________________
____
应装接地线位置（注明确实地点）：________________________
____
应设遮栏、应挂标志牌地点：________________________
____
工作票签发人（签名）：__________
收到工作票时间：____年___月___日___时___分
值班负责人（签名）：__________
下列由工作许可人填写
已拉断路器（开关）和隔离开关（刀闸）（注明编号）：________________
____
已装接地线（注明接地线编号和装设地点）：________________
____
已设遮栏、已挂标志牌（注明地点）：________________________
____
工作许可人（签名）：__________
值班负责人（签名）：__________

续表

5．许可工作开始时间：_____年___月___日___时___分
工作许可人（签名）：____________
工作负责人（签名）：____________
6．工作负责人变动
原工作负责人____________离去，变更____________为工作负责人
变动时间：_____年___月___日___时___分
工作票签发人（签名）：____________
7．工作票延期，有效期延长到：_____年___月___日___时___分
工作负责人（签名）：____________值班负责人（签名）：____________
8．工作终结
（1）工作班人员已全部撤离，现场已清理完毕
（2）接地线共_____组已拆除
（3）全部工作于_____年___月___日___时___分结束
工作负责人（签名）：____________工作许可人（签名）：____________
9．备注：________________________
____

（2）第二种工作票。

第二种工作票的工作范围：在带电作业和在带电设备外壳（线路）上的工作；在控制盘、低压配电盘、配电箱、电源干线（包括运行中的配电变压器台或配电变压器室）上的工作；在二次接线回路上不需要将高压设备停电的工作；在转动中的发电机、同期调相机的励磁回路或高压电动机转子电阻回路上的工作；非当班值班人员用绝缘棒、电压互感器定相或用钳形电流表测量高压回路的工作电流。发电厂（变配电所）第二种工作票的格式如表 4-7 所示。

表 4-7 发电厂（变配电所）第二种工作票的格式

第_____号
1．工作负责人（监护人）：____________班组：______
工作班人员：________________________，共____人
2．工作任务（工作内容和工作地点）：________________________
3．计划工作时间：自_____年___月___日___时___分至_____年___月___日___时___分
4．工作范围（停电或不停电）：________________________
____
5．安全措施：________________________
____
6．许可工作开始时间：_____年___月___日___时___分
工作许可人（签名）：____________ ___
工作负责人（签名）：____________

续表

7. 工作终结时间：______年____月____日____时____分
工作负责人（签名）：____________________
工作许可人（签名）：____________________
8. 备注：____
____

（3）口头或电话命令。

口头或电话命令必须清楚正确，值班人员应将发令人、负责人及工作任务详细记入操作记录簿中，并向发令人复诵核对一遍。

2）工作票的填写与签发

（1）工作票的正确填写。

工作票由签发人填写，也可以由工作负责人填写。工作票要使用钢笔或圆珠笔填写，一式两联。填写应正确清楚，不得任意涂改，如果有个别错、漏字需要修改时，允许在错、漏字处将两份工作票做同样修改，字迹应清楚，否则，会使工作票内容混乱模糊，失去严肃性并可能引起不应有的事故。

填写工作票时，应查阅电气一次系统图了解系统的运行方式，对照系统图填写工作地点、工作内容、安全措施等。一张工作票只能填写一个工作任务，但下列情况可以只填写一张工作票。

① 工作票上所列的工作地点，以一个电气连接部分为限的可填写一张工作票。所谓一个电气连接部分，是指配电装置中的一个电气单元，它通过隔离开关与其他电气部分截然分开。该部分无论引申到变电站的其他什么地方，均为一个电气连接部分。一个电气连接部分由连接在同一电气回路中的多个电气元件组成，是连接在同一电气回路中所有设备的总称。

② 若一个电气连接部分或一个配电装置全部停电，则所有不同地点的工作，可以填写一张工作票，但要详细填明主要工作内容。几个班同时工作时，在工作负责人栏内填写总负责人的名字，在工作班人员栏内只填写各班的负责人，不必填名单。

③ 若检修设备属于同一电压、位于同一楼层、同时停送电，且工作人员不会触及带电导体时，则允许几个电气连接部分共用一张工作票。开工前应将工作票一次做完。

④ 如果一台主变压器停电检修，其各侧断路器也一起检修，能同时停送电，虽然其不属于同一电压，为简化安全措施，也可共用一张工作票。开工前应将工作票内的全部安全措施一次做完。

⑤ 在几个电气连接部分上依次进行不停电的同一类型工作（如对各设备依次进行仪表校验），可填写一张第二种工作票。

⑥ 对于电力线路上的工作，一条线路或同杆架设且同时停送电的几条线路可写一张第一种工作票；对同一电压等级、同类型的工作，可在数条线路上共用一张第二种工作票。

当设备在运行中发生故障或严重缺陷需要进行紧急事故抢修时，可不使用工作票，但应同样认真履行许可手续和做好安全措施；若设备转入正常事故检修，则仍应按要求填写工作票。

（2）工作票的签发。

工作票应由工作票签发人签发。工作票签发人应由车间、工区（变电站）中熟悉设备情况、熟悉《电业安全工作规程》的生产领导人或技术人员或经主管生产领导批准的人员担任。工作票签发人名单应书面公布。工作负责人和工作许可人（值班人员）应由车间或工区主管生产的领导书面批准。

工作票签发的规定有：工作票签发人不得兼任所签发工作票的工作负责人；工作许可人不得签发工作票；整台机组检修的工作票必须由车间主任、检修副主任或专责工程师（技术员）签发；外单位在本单位生产设备系统上工作的工作票由管理该设备的生产部门签发。

3）工作票使用的规定

（1）工作票的收存。经工作票签发人签发的一式两联的工作票，一份必须保存在工作地点，由工作负责人收执，作为工作的依据；另一份由运行值班人员收执，按班移交。在无人值班变电站的设备上工作时，第二份工作票由工作许可人收执。

第一种工作票应在工作的前一天交给值班人员。如果变电站距工区较远或因故更换新工作票，不能在工作的前一天将工作票送到，工作票签发人可根据自己填写好的工作票用电话全文传达给变电站值班人员，传达必须清楚，值班人员应根据传达做好记录，并复诵核对。如果电话联系有困难，也可在工作的当天预先将工作票交给值班人员；临时工作可在工作开始前直接交给值班人员。第二种工作票应在工作的当天预先交给值班人员。

（2）两种工作票的有效时间。两种工作票的有效时间以批准的检修期为限。若第一种工作票到预定时间，工作尚未完成，则应由工作负责人办理延期手续（延期一次）。延期手续应由工作负责人向值班负责人申请办理，主要设备检修延期要通过值长办理。第二种工作票不办理延期手续，若到期尚未完成工作，则应重新办理工作票。若工作票有破损不能继续使用，则应按原票补填签发新的工作票。

（3）工作班中成员变更。需要变更工作班中的成员时，应经工作负责人同意。需要变更工作负责人时，应由工作票签发人将变动情况记录在工作票上，若扩大工作任务，则必须由工作负责人通过工作许可人，并在工作票上增添工作项目。若需要变更或增设安全措施，则必须填用新的工作票，并重新履行工作许可手续。

工作班的工作负责人在同一时间内只能接受一个工作任务、领一张工作票，避免造成接受多个工作任务使工作负责人将工作任务、地点、时间弄混乱而引起事故。

几个工作班同时工作，且共用一张工作票时，工作票由总负责人收执。

2. 工作许可制度

工作许可制度是许可人（值班人员）协同工作负责人检查实施的安全措施，是工作中互相监督配合、保证安全完成任务的一项重要组织措施。凡是在电气设备上进行停电或不停电的工作，事先都必须得到工作许可人的许可，并履行许可手续后方可工作。未经工作许可人许可，一律不准擅自工作。

（1）审查工作票。工作许可人应负责审查工作票中所列的安全措施是否正确、完备，是否符合现场条件，并完成施工现场的安全措施。

（2）布置安全措施。工作许可人审查工作票并确认合格，然后根据票面所列的安全措施到现场逐一布置，确认安全措施布置无误。

（3）检查安全措施。安全措施布置完毕后，工作许可人应同工作负责人到工作现场检查在停电范围内所采取的安全措施是否完备、可靠，并指明邻近带电部位和注意事项。

（4）签发许可工作。工作许可人同工作负责人检查工作现场安全措施，确认无问题后，双方分别在工作票上签名。至此，工作班方可开始工作。

应该指出的是，工作许可手续是逐级许可的，即工作负责人从工作许可人那里得到工作许可后，工作班人员只有得到工作负责人许可工作的命令后方可开始工作；在变配电所出线电缆的另一端（或线路上的电缆头）的停电工作，应得到送电端的值班人员或调度员的许可后，方可开始工作；工作负责人及工作许可人，任何一方不得擅自变更安全措施及工作项目；工作许可人不得改变检修设备的运行接线方式，当需要改变时，应事先得到工作负责人的同意；在工作过程中，当工作许可人发现有违反安全工作规程规定时，或要拆除某些安全设施时，应立即命令工作人员停止工作，并进行更正。

3. 工作监护制度

作为一种保证人身安全和操作正确性的主要组织措施，工作监护制度是指工作人员在工作过程中，工作负责人（监护人）必须始终在工作现场，对工作人员的安全认真监护，及时纠正违反安全的行为和动作的制度。

（1）监护人的条件：监护人应有一定的安全技术经验，能掌握工作现场的安全、技术、工艺质量、进度等要求，有处理应急问题的能力。一般，监护人的安全技术等级应高于操作人。

（2）操作人的条件：操作人应熟练掌握操作技术，熟悉设备的运行方式及运行情况，能在规定的时间内完成工作任务，并应听从监护人的指挥。

（3）监护人的工作职责：在部分停电工作时，监护人应始终不间断地监护工作人员的最大活动范围，使其保持在规定的安全距离内工作；在带电工作时，监护人应监护所有工作人员的活动范围，工作人员与带电部分的距离不应小于安全距离；查看工作位置是否安全，工器具的使用及操作方法是否正确等，若发现某些工作人员有不正确动作时，则应及时纠正，必要时命令其停止工作；监护人在执行监护工作中，应集中注意力，不得兼任其他工作，若需要离开工作现场，则应另行指派监护人，并通知被监护的工作人员。

4．工作间断、转移和终结制度

作为一项保证人身安全、设备安全、检修质量，以及防止误操作的组织措施，工作间断、转移和终结制度是指工作间断、工作转移和工作全部完成后应遵守的制度。发电厂、变电站及电力线路上的电气工作，根据工作任务、工作时间、工作地点，在工作过程中，一般都要经历工作间断、工作转移和办理工作终结等环节。因此，所有的电气工作都必须严格遵守工作间断、转移和终结制度的有关规定。

（1）工作间断制度。

工作间断是指因休息、下班等或遇雷雨等威胁工作人员安全时，应使全体工作人员撤离工作现场而导致的工作间断。

变电站和发电厂的电气工作在当日内工作间断时，工作班人员应从工作现场撤出，所有安全措施保持不动，工作票仍由工作负责人执存；间断后继续工作，无须通过工作许可人许可。隔日工作间断时，当日收工，应清扫工作现场，开放已封闭的通路，并将工作票交回值班人员；次日复工时，应得到值班人员许可，取回工作票，工作负责人必须事前重新认真检查安全措施，合乎要求后，方可工作。若无工作负责人或监护人带领，则工作人员不得进入工作地点。

电力线路上的电气工作当日内工作间断时，工作地点的全部接地线仍保留不动；若工作班需要暂时离开工作地点，则必须采取安全措施和派人看守，不让人、畜接近挖好的基坑或接近未竖立稳固的杆塔，以及负荷的起重机和牵引机械装置等。恢复工作前，应检查接地线等各项安全措施的完整性。在工作中若遇雷、雨、大风或其他任何情况威胁到各种人员的安全时，则工作负责人或监护人可根据情况临时停止工作。填用数日内有效的第一种工作票，每日收工时如果要将工作地点所装的接地线拆除，次日重新验电装设接地线恢复工作，均需得到工作许可人许可后方可进行；如果经调度员允许的连续停电、夜间不送电的线路，工作地点的接地线可以不拆除，但次日恢复工作前应派人检查。

在工作间断期间，遇有紧急情况需要送电时，值班人员应得到工作负责人的许可，并通知全体工作人员撤离现场。送电前应完成下列措施：拆除临时遮栏、接地线和标志牌，恢复常设的遮栏和原标志牌；对于较复杂或工作面较大的工作，必须在所有通道派专人看守，告诉工作班人员设备已经合闸送电，不能继续工作。看守人在工作票未收回前，不应离开守候地点。

（2）工作转移制度。

对于连续性工作，在同一电气连接部分用同一工作票依次在几个工作地点转移工作时，全部安全措施由值班人员在开始工作前一次完成，转移工作时，不需要再办理转移手续，但在转移到下一个工作地点时，工作负责人应向工作人员交代停电范围、安全措施和注意事项，尤其应该提醒新的工作条件的特殊注意事项。

（3）工作终结制度。

发电厂、变电站的电气作业全部结束后，工作班应清扫、整理现场，消除工作中各种遗留物件。工作负责人先进行周密检查，待全体工作人员撤离工作现场后，再向值班人员讲清检修项目、发现的问题、试验结果和存在的问题等，并在值班检修记录簿上记录检修情况和结果，然后与值班人员共同检查检修设备状况，有无遗留物件，是否清洁等，必要时做无电压下的操作试验，最后在工作票（一式两联）上填明工作终结时间，经双方签名后，即认为工作终结。工作终结并不是工作票终结，只有工作地点的全部接地线由值班人员全部拆除并经值班负责人在工作票上签字后，工作票方告终结。

电力线路工作完工后，工作负责人（包括小组负责人）必须检查线路检修地段的状况，以及在杆塔、导线、绝缘子上有无遗留的工具、材料等，通知并查明全部工作人员确由杆塔上撤下后，再命令拆除接地线（线路上工作地点的接地线由工作班组装拆）。接地线拆除后，即认为电力线路带电，不准任何人员登杆进行任何工作。

由于停电线路随时都有突然来电的可能，所以接地线一经拆除，即认为线路已带电，此时，对工作人员来说已无任何安全保障，任何人不得再登杆作业。

若接地线已经拆除，而尚未向工作许可人进行工作终结报告前，又发现新的缺陷或有遗留问题，必须登杆处理时，可以重新验电装设接地线，做好安全措施，由工作负责人指定人员处理，其他人员均不能再登杆，工作完毕后，要立即拆除接地线。

当工作全部结束，工作负责人已向工作许可人报告了工作终结，工作许可人在工作票上记录了终结报告的时间，则认为该工作负责人办理了工作终结手续，之后若需再在杆处理缺陷，则应向工作许可人重新办理许可手续。

检修后的线路必须履行下述手续才能恢复送电。

① 线路工作结束后，工作负责人应向工作许可人报告，报告的方式为当面亲自报告或用电话报告且经复诵无误。

② 报告的内容：工作负责人姓名。某线路上某处（说明起止杆号、分支线名称等）工作已经完工；设备改动情况；工作地点所装设的接地线已全部拆除；线路上已无本班组工作人员，可以送电。

③ 工作许可人在接到工作负责人（包括用户）的完工报告后，确认工作已经完毕，所有工作人员已由线路上撤离，接地线已经拆除，并与记录簿核对无误后，拆除发电厂、变电站线路侧的安全措施。

经上述手续后，方可向线路恢复送电。

任务操作十七　实施电气作业的安全技术措施和安全组织措施

训练目标

（1）会正确实施电气设备检修前的安全技术措施。

（2）会正确实施电气作业的安全组织措施

训练内容

1．实施电气作业的安全技术措施

1）实施停电操作

（1）断开电气设备两侧的断路器。

（2）拉开待检修设备两侧的隔离开关。

（3）对与工作人员工作时正常活动范围小于规定安全距离的设备实施停电。

（4）对带电部分在工作人员后面或两侧而无可靠安全措施的设备实施停电。

（5）断开断路器和隔离开关的操作电源。

2）实施验电操作

（1）先在有电设备上对高压验电器进行测试，以确认高压验电器是否良好。

（2）对待检修设备进出线两侧各相分别验电。

3）装设接地线

（1）操作人和监护人同时在规定地点装设接地线。

（2）做好装设接地线的记录，并在交接班时交代清楚。

4）悬挂标志牌和装设遮栏

按工作票中的要求，在规定的地方悬挂标志牌和装设遮栏。

2．实施电气作业的安全组织措施

1）执行第一种工作票

以某变配电所××断路器检修工作为例。

（1）人员准备。设工作负责人（监护人）1 名，工作票签发人 1 名，工作许可人 1 名，值班负责人 1 名，工作班人员（运行值班人员、操作人）2 名。

（2）填写工作票。由工作票签发人对照与现场实际设备的名称和编号相符的接线图或模拟图板及现场设备（××断路器）的具体位置，使用蓝、黑钢笔或圆珠笔（签发等也相同）填写第一种工作票中第 1、2、3 项内容和第 4 项中部分内容。

（3）审核签发工作票。由工作负责人、工作票签发人共同审核工作票中上述填写内容无误后，在一式两联工作票上签名，并记入工作票签发登记簿。工作票签发人和工作负责人各持一联工作票，工作票签发人按照所填内容逐项向工作负责人进行详细交代。工作负责人认真核对，确认无问题后，在工作票签发登记表上签名。

（4）送交工作票。工作票应在检修前一天送到值班现场。若值班现场距工作现场较远，交通不便或有临时性工作，不能在开工前一天将工作票送到值班现场，则可以根据填好的工作票，提前一天通过计算机网络、传真机或用电话全文传达给运行值班人员，但不能作为开工的凭证。

（5）值班负责人接收工作票。变电所（站）值班负责人收到工作票后，应对工作票的全部内容进行仔细审查，特别是安全措施是否符合工作现场实际情况，确认无问题后，汇报调度当值值班人员后，在一式两联工作票上填写收到工作票的时间，并在值班负责人签名栏签名。

值班负责人如果对工作票签发人填写的工作票有疑问，必须在收到工作票时询问清楚，如果工作票有错误或填写内容与现场措施不符，值班负责人应告知错误原因，并通知工作票签发人重新签发。当值班负责人在工作票上填写收到工作票的时间并签名后，表明该工作票已经被受理，送票人方可离去。运行值班人员接受工作票后，在运行记录进行登记，并将工作票放在专用夹内。

2）执行第一种工作票

执行第一种工作票过程中，必须严格执行工作许可制度、工作监护制度、工作间断、转移和终结制度。

（1）执行停电操作与布置安全措施。

① 执行停电操作。

由工作许可人下达命令，操作人（运行值班人员）在监护人的监护下，拉开断路器和隔离开关，检查无误后在规定地点装设接地线，检查无误后在规定地点装设遮栏、挂标志牌。

上述停电操作完成后，工作许可人和值班负责人共同检查无误后，由工作许可人在工作票第 4 项中填写应填的内容，并由工作许可人和值班负责人共同在工作票第 4 项中签名。

② 布置安全措施。

操作人（运行值班人员）倒闸操作完成后，根据工作票上的要求，布置安全措施后，还必须完成下列工作。

a．将接地线（或绝缘隔板）的编号对应地填写在工作票“已装接地线”栏内空格处。

b．若工作地点保留带电部分和有补充安全措施时，应在第 9 项“备注”栏中注明。靠近工作地点的带电部位及运行值班人员已完成的补充安全措施，是指工作许可人认为有必要补充的其他安全措施和要求，填写时必须注明检修设备间隔上、下、左、右、前、后保留带电部位的具体位置和具体设备的名称编号；该栏是运行值班人员向检修、试验工作人员交代补充工作地点保留带电部分和安全措施的书面依据，此栏不应当空白，工作地点的电气设备如果没有保留带电部分和安全措施，可以写“无”。

c．当工作票填写为合接地刀闸，但现场接地刀闸不能操作或因其他原因改为装设接地线时，工作许可人应在第 9 项“备注”栏中填写清楚相应的接地位置和已装设的接地线编号，并做说明。

d．运行值班人员布置安全措施，确有困难时，可以请检修人员协助进行配合完成，运行值班人员负责监护。但应使用倒闸操作票，运行值班人员对此操作正确性负责。

（2）执行工作许可和工作监护。

① 执行工作许可。

工作开始前，工作班组应按工作票规定的时间之前到达工作现场外等候。但工作班人员在未履行工作许可手续之前，禁止进入检修施工现场，更不允许开始工作。

在工作许可人确认运行值班人员所做的安全措施与工作票（现场工作）要求一致，工作地点相邻的带电或运行设备及提醒工作负责人工作期间有关安全注意事项等已经填写清楚，对具体的设备指明带电设备的位置和工作过程中的注意事项。由工作许可人持上联工作票，工作负责人持下联工作票共同到工作现场，检查安全措施。工作许可人每指一项，双方共同检查一项，检查无误后，分别在该项右侧已执行栏内逐项打“√”。工作许可人应明确指明邻近的带电部位，并交代“补充工作地点保留带电部分和安全措施”中填写的内容。

工作负责人认为现场安全措施满足工作要求时，双方确认本工作票1～5项后，由工作许可人填上许可工作开始时间，双方在一式两联工作票上签名。

② 许可工作（开始工作）。

工作负责人接到工作许可命令后，将下联工作票随身携带作为许可开工的依据，并集合全体工作班人员，列队进入工作现场，由工作负责人向全体工作班人员逐项交代安全措施布置情况、带电部位、危险点控制措施及安全注意事项，并布置工作任务，明确专责监护人的监护对象、监护任务和范围。由工作负责人监督，由专人负责执行和检查“危险因素控制措施”栏的内容和要求，并在“危险因素控制措施”栏内逐项打“√”，在措施检查人处签名。工作负责人还应向全体工作班人员询问是否有疑问，如果工作班人员有疑问或没有听清楚，工作负责人有义务向其重申，直到清楚为止。

a. 单班组工作时，全体工作班人员在确认无疑问后，在“确认安全措施保证书”上签名，并标注时间。如果有专责监护人，应由工作负责人填写“被监护对象、监护任务和范围”，专责监护人明确任务后在“专责监护人”栏内签名，然后由工作负责人下达开工命令。

b. 多班组工作时，总工作负责人向班组负责人交代安全措施，班组负责人确认无问题后，在“确认安全措施保证书”上签名，并标注时间。总工作负责人、班组负责人分别在一式两联“多班组工作开、竣工票”上签名，签注开工、竣工时间，履行完开工手续后，上联“多班组工作开、竣工票”交给工作负责人。班组负责人持下联“多班组工作开、竣工票”，向本班组工作人员逐项交代安全措施布置情况、带电部位、危险点控制措施及安全注意事项。本班组工作人员确认无问题后，在本班组“多班组工作开、竣工票”上签名，并标注时间。措施检查人在“多班组危险因素控制措施”栏内填写措施执行情况并签名，班组负责人下达开工命令。如果有专责监护人时，专责监护人可在“多班组工作开、竣工票”的备注栏内履行签名手续。

c. 工作班人员必须是本人亲自签名，在签名时字迹要工整且一律写全名，不允许代签，未签名的人员不得进入工作现场。

③ 执行工作监护。

在工作过程中，由工作监护人负责监护作业人员的工作过程。

④ 执行工作负责人变动。

在工作过程中，若工作负责人因工作需要发生变动时，应征得工作票签发人的同意，将工作负责人变动情况填写在第6项中，并由工作票签发人签名后才允许实施工作负责人的变动。

a．工作票签发人在作业现场时，工作票签发人通知工作许可人，并收回上、下联工作票，向工作负责人说明原因，工作票签发人将工作票交给新的工作负责人，并详细交代工作内容及安全措施。新、旧工作负责人正式办理交接手续，双方确认无问题后，在工作票上分别签名，工作票签发人填写变动时间并签名。

b．工作票签发人不在作业现场时，工作票签发人将变动情况分别通知原工作负责人、新工作负责人和工作许可人，同时停止工作，人员撤离工作现场，新、旧工作负责人认真进行交接，双方确认无问题后，在工作票上分别签名。工作许可人代替工作票签发人填写变动时间及签名，并将变更情况在备注栏内注明，经许可后开始工作。

c．新工作负责人不在作业现场且工作内容和安全措施不变时，新工作负责人持工作票签发人通知单，去现场按照上述规定办理变动手续。

⑤ 执行工作延期。

在工作过程中，若由于客观原因，工作负责人对所担任的工作任务确认不能按批准期限完成时，当日工作应在批准期限前2h由工作负责人向值班负责人申明理由办理延期手续，多日工作应在批准期限前一日办理延期手续。

延期手续必须经过批准工作任务的部门批准后才能生效，不经批准延期或不办理延期手续，强行工作，视为无票作业。

批准后，工作许可人填上许可延期的期限，经工作负责人和值班负责人双方签名，下联工作票交给工作负责人。

延期手续只能办理一次。如果需要再次办理延期时，应将原票结束，重新填写工作票。

（3）执行工作间断、转移。

当需要工作间断或工作转移时，按规定执行工作间断、转移。

（4）执行工作终结。

① 清理工作现场。当全部工作完成后，工作负责人根据下联工作票背面“确认安全措施保证书”的“收工后”的项目要求，安排工作班人员清扫、整理现场，并周密检查。工作负责人进行全面自检，无问题后，带领工作班人员撤离工作地点，提出验收申请。工作许可人同工作负责人到工作现场检查验收。如果发现问题，就进行处理。无问题后，工作班人员在“确认安全措施保证书”的“收工栏”内分别签名，并标注时间。

② 执行工作终结。工作许可人在一式两联工作票上填写工作终结时间，双方签名。工作许可人在工作负责人所持下联工作票右上角加盖“已执行”章，并交给工作负责人收存。

（5）执行工作结束。

① 上联工作票的结束。工作结束后，工作许可人向调度值班人员汇报工作已结束，等候拆除（拉开）接地线（接地刀闸）命令。按照调度命令执行后，填写工作票中已拆除（拉开）的接地线（接地刀闸）的编号、组数、标志牌、遮栏。工作许可人签字后，在上联工作票上加盖“已执行”章，工作票方告结束，按规定进行登记并收存工作票，同时汇报调度等候操作命令。

② 下联工作票的结束：由工作负责人持下联工作票向工作票签发人汇报检修工作完成情况，并交回工作票。工作票签发人确认无问题后，在“工作票签发登记表”上进行登记，并按规定收存工作票。

任务六　实施工厂变配电所的倒闸操作

一、倒闸操作的基本概念

在工厂变配电所中运行的电气设备，常会遇到检修、试验、消除设备缺陷等工作，这就需要改变电气设备的运行状态或主接线系统的运行方式。当电气设备由一种状态转换到另一种状态或改变主接线系统的运行方式时，需要进行一系列的操作才能完成，这种操作统称为电气设备的倒闸操作。所以，倒闸操作的主要内容是拉、合某些断路器和隔离开关，拉、合某些断路器的操作熔断器和合闸熔断器（或储能电源熔断器），投、切某些继电保护装置和自动装置或改变其整定值，拆、装临时接地线等。倒闸操作可以通过就地操作、遥控操作、程序操作来完成。

电气设备的倒闸操作是一项重要又复杂的工作。若发生误操作事故，则可能导致电气设备损坏、危及人身安全及造成大面积停电。所以倒闸操作一定要严格做到“五防”，即防止带负荷拉合刀闸，防止带接地线（接地刀）合闸、防止带电挂接地线（合接地刀）、防止误拉合开关、防止误入带电间隔，以保证操作安全准确。

电气设备的倒闸操作应按规定做好安全防护，由两人执行，一人操作，一人监护，严格执行唱票、复诵制度。图 4-40 所示为某变配电所实施电气设备倒闸操作。

图 4-40　某变配电所实施电气设备倒闸操作

1. 电气设备的状态

变配电所电气设备的状态可分为运行状态、热备用状态、冷备用状态和检修状态。运行状态指电气设备的隔离开关及断路器都在合闸位置带电运行，相应保护投入运行；热备用状态指电气设备的隔离开关在合闸位置，只有断路器在断开位置，其特点是断路器一经操作即可接通电源；冷备用状态指电气设备的隔离开关及断路器都在断开位置，但回路中的互感器、避雷器等均接通，如果需其断开，应指导将它们也改为冷备用，其特点是该设备与其他带电部分之间有明显的断开点；检修状态指电气设备的所有隔离开关及断路器均在断开位置，并布置好了与检修有关的安全措施（如合上接地开关或装设接地线、悬挂标志牌、装设临时遮栏等）。

变配电所电气设备四种状态相互转换是可逆的，转换顺序的规律如图4-41所示。

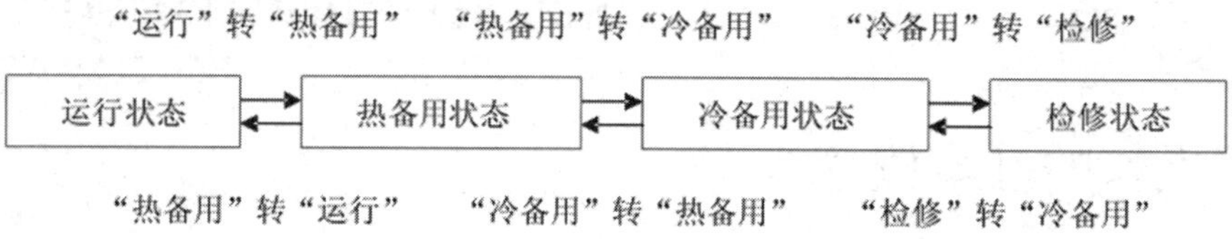

图4-41　变配电所电气设备的状态转换顺序的规律

例如，电气设备由检修状态转运行状态时，应由检修状态转冷备用状态、由冷备用状态转热备用状态、热备用状态转运行状态三个转换顺序叠加而成。

变配电所电气设备四种状态相互转换的典型操作步骤如表4-8所示。

表4-8　变配电所电气设备四种状态相互转换的典型操作步骤

设备状态	转换后状态			
	运行状态	热备用状态	冷备用状态	检修状态
运行状态		（1）拉开必须断开的开关； （2）检查所拉开的开关确在断开位置	（1）拉开必须断开的开关； （2）检查所拉开的开关确在断开位置； （3）拉开必须断开的全部刀闸并检查	（1）拉开必须断开的开关； （2）检查所拉开的开关确在断开位置； （3）拉开必须断开的全部刀闸并检查； （4）验明确无电压后，挂上临时接地线或合上接地刀闸并检查
热备用状态	（1）合上必须合上的开关； （2）检查所合的开关确在合上位置		（1）检查开关确在断开位置； （2）拉开必须断开的全部刀闸并检查	（1）检查开关确在断开位置； （2）拉开必须断开的全部刀闸并检查； （3）验明确无电压后，挂上临时接地线或合上接地刀闸并检查

续表

设备状态	转换后状态			
	运行状态	热备用状态	冷备用状态	检修状态
冷备用状态	（1）检查设备上无接地线（或无接地刀闸合上）； （2）检查所拉的开关确在断开位置； （3）合上必须合上的全部刀闸并检查； （4）合上必须合上的开关； （5）检查所合的开关确在合上位置	（1）检查设备上无接地线（或无接地刀闸合上）； （2）检查所拉的开关确在断开位置； （3）合上必须合上的全部刀闸并检查		（1）检查开关确在断开位置； （2）检查所拉开的刀闸确在断开位置； （3）验明确无电压后，挂上临时接地线或合上接地刀闸并检查
检修状态	（1）拆除全部临时接地线或拉开接地刀闸并检查； （2）检查开关确在断开位置； （3）合上必须合上的刀闸并检查； （4）合上必须合上的开关； （5）检查所合的开关确在合上位置	（1）拆除全部临时接地线或拉开接地刀闸并检查； （2）检查开关确在断开位置； （3）合上必须合上的刀闸并检查	（1）拆除全部临时接地线或拉开接地刀闸并检查； （2）检查开关确在断开位置； （3）检查所拉开的刀闸确在断开位置	

注：（1）设备转入检修状态时，挂上标志牌、装设临时遮栏、加锁等安全措施虽未载明在表内，但仍必须按《电业安全工作规程》的规定执行，设备复役时同。

（2）设备状态由冷备用状态改为运行状态，热备用改检修第（1）、（2）步可用检修、冷备用状态代替。

2. 倒闸操作的类型

倒闸操作包括电力线路的停、送电操作，电力变压器的停、送电操作，发电机的启动、并列与解列操作，电网的合环与解环，母线接线方式的改变（倒母线操作），中性点接地方式的改变，继电保护自动装置使用状态的改变，接地线的安装与拆除等。

阅读材料：倒闸操作标准设备名称及操作术语

二、倒闸操作票

1. 倒闸操作票的使用

倒闸操作票是运行人员对电气设备进行倒闸操作的书面依据，是操作任务、操作意图、操作方案的具体化，是正确执行倒闸操作的基础和关键。根据《电业安全工作规程》的要求，对 1kV 以上的电气设备进行正常操作时，均应填写操作票。在某些特殊情况时，如出现危及人身安全或设备安全情况时对设备停电等，可以不使用操作票，但应记入操作记录簿内。

2. 倒闸操作票的填写

1）倒闸操作票的填写要求

倒闸操作票应由倒闸操作人填写，由操作人和监护人根据模拟图板或接线图核对所填写的操作项目，并分别签名，然后经值班负责人审核签名。特别重要和复杂的操作还应由值班长审核签名。操作票应用钢笔或圆珠笔填写，票面应清楚整洁，不得任意涂改。操作票上的重要文字（如调度编号及名称，拉开、合上或运行、停用、备用等动词，设备状态等）不得涂改；次要文字可以更改三处，更改方法为在写错的字面上画横线后连接书写，不得涂改。操作票上应填写设备的双重名称，即设备名称和编号，且必须与现场设备标志牌一致。

2）倒闸操作票的填写原则

（1）一份倒闸操作票只能填写一个倒闸操作任务。

（2）填写时应使用统一的调度术语。

（3）在“顺序”栏上从头到尾对操作项目依次编号。每个变电所的操作票应统一编号。

（4）在紧靠最后操作项目的空格处，盖上“以下空白”章；若某一操作项目不需要操作，则在该项的“顺序”栏上盖上“此项未执行”章；若从某一操作项目起，以下各项均不操作，则在该项的“顺序”栏上盖上“以下各项停止操作”章；若该操作票作废或填写不合格，则盖“作废”章，并注明原因。

3）倒闸操作票的填写内容

（1）应拉开或合上的断路器（开关）、隔离开关（刀闸）、接地刀闸（地刀）。

（2）应取下或装上的操作熔断器（投切断路器的操作电源）、合闸熔断器（或储能电源熔断器）。

（3）应投切电压互感器的隔离开关及取下或装上熔断器。

（4）检查相关断路器和隔离开关的实际开合位置。

（5）使用验电器检验需要接地部分是否确已无电。

（6）启用或停用的继电保护装置及自动装置，或改变整定值、投切它们的直流电源。

（7）应拆、装的接地线并检查有无接地。

（8）检查断路器合闸后，相关线路、变压器等的负荷分配。

3. 倒闸操作票的管理规定

倒闸操作票是由上级主管部门预先用打号机统一编号的。填写错误作废的或未执行的倒闸操作票盖“作废”章；已执行的倒闸操作票盖“已执行”章。《电业安全工作规程》规定，用过的操作票要保存3个月，对于平时操作次数较少的变配电所，保存时间可延长。

三、倒闸操作的步骤、原则与注意事项

1. 倒闸操作的步骤

（1）接受命令。由值班负责人接受操作命令，接令时应双方互通姓名，接受操作命令人员应根据调度命令做好记录，同时应使用录音机做好录音，记录完成后对调度员进行复诵。若有疑问，则应及时向调度员提出。对于有计划的复杂操作和大型操作，应在操作前一天下达操作命令，以便操作人提前做好准备。

（2）宣布命令。值班负责人接受操作命令后应对当班值班人员宣布操作命令，讲清操作目的和操作设备状况，指定操作人和监护人，并由操作人填写操作票。

（3）接受任务。操作人接到操作命令后，应复诵一遍后将此任务记入操作记录簿内，并做好操作前的准备工作，当接到正式操作命令后再进行操作。

（4）填写操作票。在进行倒闸操作前，应由操作人中的一人填写操作票。操作人应根据操作任务，查对模拟系统图，在操作票上逐项填写操作项目，并由操作人和监护人在操作票上分别签名。

（5）审核批准。操作票填写好后应由操作人进行检查，无误后由监护人、值班负责人逐级审核，操作票经审核确认无错误后签名批准，并在操作票最后一行加盖“以下空白”章，最后将操作票交还给操作人。

（6）模拟操作。审核后的操作票由操作人、监护人在模拟系统图板上按操作票所列操作顺序进行模拟操作。模拟操作时由监护人唱票，操作人复诵。操作人在指定操作设备的模拟开关或隔离开关的指定拉合方向，监护人在操作人对所要操作的设备复诵和拉合方向正确后下达“对，可以操作”的命令，操作人方可将所要操作的开关或隔离开关转换到指定的位置上，监护人对模拟操作的内容检查无误后，在模拟项上画一对号（√）进行确定，直到操作票上的所有项目模拟完毕。在对操作票模拟操作确认无误后，操作人、监护人、值班负责人分别在操作票上签名。

（7）准备工作。操作人准备好必要的合格操作工具和安全用具。

（8）发布操作命令。当值班负责人接到操作人已做好执行任务准备的报告后，在实际操作时，发布正式操作命令，并在操作票上填入发令时间。

（9）就位与核对设备。操作人和监护人携带操作工具进入操作现场后，操作人按操作项目有序地走到应操作的设备前立正并核对被操作设备的名称、编号。监护人按操作项目核对被操作设备的名称、编号，核对结果应与操作票全部符合。此外，要核对断路器和隔离开关的实际位置及检验有关辅助设施的状况，如信号灯的指示、表计的指示、继电保护装置和联锁装置等的状况。经核对完全正确后，操作人要做好必要的安全措施，如戴好绝缘手套等。

（10）高声唱读及复诵。监护人按操作顺序及内容逐项高声唱读，操作人手指被操作的设备，高声复诵一遍操作项目的内容。

（11）允许操作、执行操作及逐项勾票。监护人确认操作人的复诵无误后应发出“对，可

以操作”的命令，然后操作人方可进行操作；操作人在听到“对，可以操作”的命令后，立即果断进行操作；监护人在操作开始时，应记录操作开始时间，并对已执行及检查无误的操作项目在操作票上画对号“√”，然后读下一个操作项目，直到完成全部操作项目。这是为了防止误操作及漏项等。

（12）检查设备。每一项操作结束后，操作人和监护人应一起认真检查被操作的设备的状态，被操作的设备的状态应与操作项目的要求相符合，并处于良好状态；全部操作完成后，复查操作过的设备。操作人在监护人的监护下检查操作结果，包括表计的指示、联锁装置及各项信号指示是否正常。

应注意的是，若在操作中有疑问，则应立即停止操作并向值班调度员或值班负责人报告，弄清问题后，再进行操作。不准擅自更改操作票，不准随意解除闭锁装置。

（13）汇报。操作票上的全部操作项目完成后，监护人向值班负责人报告××号操作票已经操作结束及开始、结束时间，经值班负责人认可后，由操作人在操作票上盖“已执行”章。

（14）记录入簿。监护人将操作任务及开始、结束时间记入操作记录簿内。操作票应保存3个月。

2. 倒闸操作的原则

倒闸操作的中心环节和基本原则是不能带负荷拉、合隔离开关。因此，倒闸操作的原则是：停电分闸操作必须按照先分负荷侧断路器，后分母线侧断路器，先分断路器，后分隔离开关的顺序依次操作，送电合闸的顺序与此相反。例如，变压器需要停电时，应先停低压、后停高压；送电时，先送高压，后送低压。严防带负荷拉合隔离开关（刀闸）。

3. 倒闸操作的注意事项

（1）操作命令和操作项目必须采用双命名。

（2）在操作过程中，操作人应始终处于监护人的视线中，操作中发现疑问时，要立即停止操作，并向上级汇报，在疑问搞清后才可继续进行操作。

（3）操作中执行每一项操作均应严格做到“四对照”，即对照设备名称、编号、位置和拉合方向。

（4）操作时，监护人宣读操作项目，操作人复诵，声音要洪亮，吐字要清楚，监护人确认无误，发出“对，可以操作”的命令后，操作人方可进行操作。

（5）必须按操作顺序依次进行，不得跳项、漏项，不得擅自更改操作顺序。

（6）每项操作结束后，监护人和操作人应共同检查操作质量。例如，操作断路器和隔离开关，应检查是否三相确已合上或断开。

（7）当操作中遇到异常或事故时，应立即停止操作，待异常或事故处理结束后，再继续执行。

（8）执行一个倒闸操作任务，中途严禁换人。在操作过程中，监护人应自始至终认真监护。

四、典型倒闸操作票的填写实例

下面以图 4-42 所示的某出线回路主接线图中的线路 WL1 倒闸操作票为例进行说明。

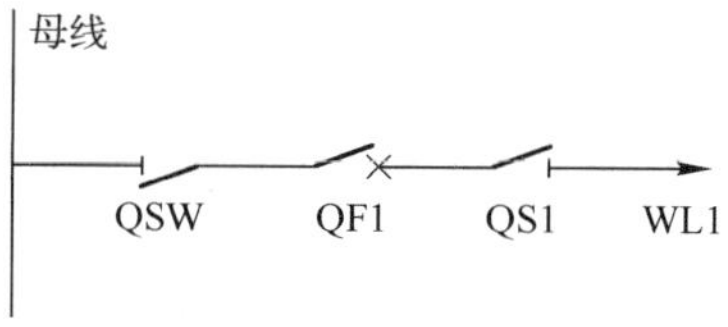

图 4-42 某出线回路主接线图

线路倒闸操作票分为两类：一类是线路检修，另一类是线路断路器检修。一般检修的操作票，仅写到将断路器改为冷备用状态为止，而由冷备用状态改为检修状态则由值班人员根据安全措施要求填写安全措施操作票。对于线路检修的操作票应将操作票一直写到线路检修状态。

1．填写线路检修倒闸操作票

线路停电、送电时的原则是：停电时先拉开线路断路器，后拉开负荷侧隔离开关，再拉开母线侧隔离开关；送电时先合上母线侧隔离开关，后合上负荷侧隔离开关，再合上线路断路器。线路检修是直接由运行状态改为检修状态的，在拉开线路断路器及两侧隔离开关后，应在其操作把手上挂上“禁止合闸，线路有人工作”的标志牌，以提示操作人员。线路由运行改检修的倒闸操作票和线路由检修改运行的倒闸操作票分别如表 4-9 和表 4-10 所示。

表 4-9 线路由运行改检修的倒闸操作票

发电厂（变配电所）倒闸操作票

单位__________ 编号__________

<table>
<tr><td>发令人</td><td></td><td>受令人</td><td></td><td colspan="2">发令时间： 年 月 日 时 分</td></tr>
<tr><td colspan="4">操作开始时间： 年 月 日 时 分</td><td colspan="2">操作结束时间： 年 月 日 时 分</td></tr>
<tr><td colspan="6">（ ）监护下操作 （ ）单人操作 （ ）检修人员操作</td></tr>
<tr><td colspan="6">操作任务：线路 WL1 由运行改检修</td></tr>
<tr><td>顺 序</td><td colspan="4">操 作 项 目</td><td>√</td></tr>
<tr><td>1</td><td colspan="4">停用 WL1 线路的自动重合闸</td><td></td></tr>
<tr><td>2</td><td colspan="4">拉开 WL1 线路的断路器 QF1</td><td></td></tr>
<tr><td>3</td><td colspan="4">取下 WL1 线路的断路器操作熔断器</td><td></td></tr>
<tr><td>4</td><td colspan="4">检查 WL1 线路的断路器 QF1 确在断开位置</td><td></td></tr>
<tr><td>5</td><td colspan="4">拉开 WL1 线路侧隔离开关 QS1</td><td></td></tr>
<tr><td>6</td><td colspan="4">检查 WL1 线路侧隔离开关 QS1 确在断开位置</td><td></td></tr>
<tr><td>7</td><td colspan="4">拉开 WL1 线路母线侧隔离开关 QSW</td><td></td></tr>
<tr><td>8</td><td colspan="4">检查 WL1 线路母线侧隔离开关 QSW 确在断开位置</td><td></td></tr>
<tr><td>9</td><td colspan="4">取下 WL1 线路的断路器合闸熔断器</td><td></td></tr>
<tr><td>10</td><td colspan="4">在 WL1 线路上验明无电后挂一组 1#接地线</td><td></td></tr>
</table>

续表

11	在 WL1 线路的断路器、隔离开关操作把手上挂上“禁止合闸，线路有人工作”的标志牌	
备注：		
操作人：　　监护人：　　值班负责人（值班长）：		

表 4-10　线路由检修改运行的倒闸操作票

发电厂（变配电所）倒闸操作票

单位＿＿＿＿＿＿＿＿　编号＿＿＿＿＿＿＿＿

发令人		受令人	发令时间：　年　月　日　时　分
操作开始时间：　年　月　日　时　分			操作结束时间：　年　月　日　时　分
（　）监护下操作　（　）单人操作　（　）检修人员操作			
操作任务：线路 WL1 由检修改运行			

顺　序	操 作 项 目	√
1	收回 WL1 线路的检修工作票，拆除临时安全措施	
2	检查 WL1 线路的断路器 QF1 确在断开位置	
3	放上 WL1 线路的断路器合闸熔断器	
4	合上 WL1 线路母线侧隔离开关 QSW	
5	检查 WL1 线路母线侧隔离开关 QSW 确在合闸位置	
6	合上 WL1 线路侧隔离开关 QS1	
7	检查 WL1 线路侧隔离开关 QS1 确在合闸位置	
8	放上 WL1 线路的断路器操作熔断器	
9	合上 WL1 线路的断路器 QF1	
10	检查 WL1 线路的断路器 QF1 确在合闸位置	
11	投入 WL1 线路的自动重合闸	
备注：		
操作人：　　监护人：　　值班负责人（值班长）：		

2．填写断路器检修倒闸操作票

断路器检修倒闸操作票和线路检修倒闸操作票的填写基本相同。从冷备用状态到检修状态在值班人员得到值班负责人的许可后，根据安全措施要求填写安全措施操作票。断路器由运行改检修的倒闸操作票如表 4-11 所示。

表 4-11　断路器由运行改检修的倒闸操作票

发电厂（变配电所）倒闸操作票

单位＿＿＿＿＿＿＿＿　编号＿＿＿＿＿＿＿＿

发令人		受令人		发令时间：　年　月　日　时　分
操作开始时间：　年　月　日　时　分				操作结束时间：　年　月　日　时　分
（　）监护下操作　（　）单人操作　（　）检修人员操作				
操作任务：线路断路器 QF1 由运行改检修				

续表

顺　　序	操 作 项 目	√
1	停用 WL1 线路的自动重合闸	
2	拉开 WL1 线路的断路器 QF1	
3	取下 WL1 线路的断路器操作熔断器	
4	检查 WL1 线路的断路器 QF1 确在断开位置	
5	拉开 WL1 线路侧隔离开关 QS1	
6	检查 WL1 线路侧隔离开关 QS1 确在断开位置	
7	拉开 WL1 线路母线侧隔离开关 QSW	
8	检查 WL1 线路母线侧隔离开关 QSW 确在断开位置	
9	取下 WL1 线路的断路器合闸熔断器	
10	在断路器 QF1 与隔离开关 QS1 之间验明无电后挂一组 1#接地线	
11	在断路器 QF1 与隔离开关 QSW 之间验明无电后挂一组 2#接地线	
12	在断路器四周设围栏，挂上有关标志牌等	
备注：		
操作人：　　　　监护人：　　　　值班负责人（值班长）：		

3. 倒闸操作票填写的其他有关事项

线路冷备用时，接在线路上的所有变压器高低压熔断器一律取下，高压隔离开关拉开，若高压侧无法断开，则应断开低压侧。

线路的停电或送电操作，关键在于拉开或合上线路断路器后一定要到现场看断路器的分合闸指示器，看清断路器是否确已分闸或合闸。否则，仅根据表计的指示或信号灯的指示就断定断路器已断开或合上，可能造成带负荷拉隔离开关事故。

任务操作十八　实施变配电所的典型倒闸操作

训练目标

（1）能根据操作任务正确填写倒闸操作票。

（2）掌握隔离开关、断路器操作动作要领。

（3）能在监护下实施线路的倒闸操作。

（4）能在监护下实施变压器的停送电倒闸操作。

（5）能在监护下实施母线倒闸操作。

训练内容

1. 工作前的准备

（1）工器具的选择、检查：要求能满足工作需要，质量符合要求。

（2）着装、穿戴：穿工作服、绝缘鞋，戴安全帽等。

2. 工作内容

1）熟悉倒闸操作步骤

在指导教师的指导下，进一步熟悉倒闸操作步骤。

2）熟悉断路器和隔离开关操作动作要领

断路器和隔离开关操作动作要领参见阅读材料。

阅读材料：断路器和隔离开关操作动作要领

3）填写变配电所典型倒闸操作的操作票

以某变配电所的“孔三站 1011 开关由运行改检修”“孔三站 1011 线路由运行改检修”“2#主变压器由运行改检修”“6kV Ⅱ段母线 2#电压互感器由运行改检修”“孔三站 1011 开关由检修改运行”为例介绍倒闸操作票的填写，其一次电气主接线图如图 4-43 所示。

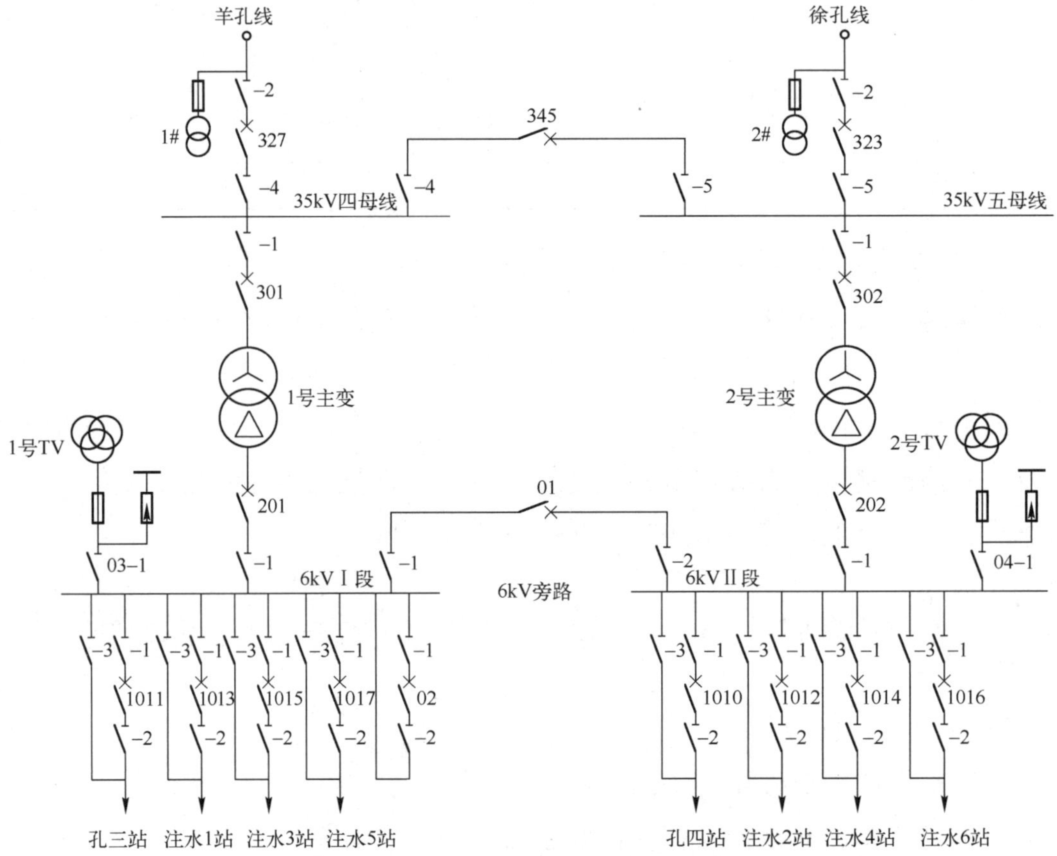

图 4-43　某变配电所的一次电气主接线图

（1）断路器检修倒闸操作票和线路检修倒闸操作票的填写。

断路器检修倒闸操作票和线路检修倒闸操作票分别如表 4-12 和表 4-13 所示。

表 4-12　断路器检修倒闸操作票

发电厂（变配电所）倒闸操作票

单位＿＿＿＿＿＿＿＿＿　编号＿＿＿＿＿＿＿＿＿

发令人		受令人		发令时间：　年　月　日　时　分
操作开始时间：　年　月　日　时　分				操作结束时间：　年　月　日　时　分
（　）监护下操作　（　）单人操作　（　）检修人员操作				
操作任务：孔三站 1011 开关由运行改检修				

续表

顺 序	操 作 项 目	√
1	拉开孔三站 1011 开关	
2	检查孔三站 1011 开关确在开位	
3	拉开孔三站 1011 开关合闸熔断器	
4	拉开孔三站 1011—2 刀闸	
5	检查孔三站 1011—2 刀闸确在开位	
6	拉开孔三站 1011—1 刀闸	
7	检查孔三站 1011—1 刀闸确在开位	
8	在孔三站 1011 开关与 1011—2 刀闸之间验明确无电压	
9	在孔三站 1011 开关与 1011—2 刀闸之间装设一组 6kV 1#接地线	
10	在孔三站 1011 开关与 1011—1 刀闸之间验明确无电压	
11	在孔三站 1011 开关与 1011—1 刀闸之间装设一组 6kV 2#接地线	
12	拉开孔三站 1011 开关控制熔断器	
备注：		
操作人： 监护人： 值班负责人（值班长）：		

表 4-13 线路检修倒闸操作票

发电厂（变配电所）倒闸操作票

单位____________ 编号____________

发令人		受令人	发令时间： 年 月 日 时 分
操作开始时间： 年 月 日 时 分			操作结束时间： 年 月 日 时 分
（ ）监护下操作 （ ）单人操作 （ ）检修人员操作			
操作任务：孔三站 1011 线路由运行改检修			

顺 序	操 作 项 目	√
1	拉开孔三站 1011 开关	
2	检查孔三站 1011 开关在开位	
3	拉开孔三站 1011—2 刀闸	
4	检查孔三站 1011—2 刀闸确在开位	
5	拉开孔三站 1011—1 刀闸	
6	检查孔三站 1011—1 刀闸确在开位	
7	在孔三站 1011—2 刀闸线路侧验明确无电压	
8	在孔三站 1011—2 刀闸线路侧装设一组 6kV 3#接地线	
9	在孔三站 1011—2 刀闸操作把手上悬挂“禁止合闸，线路有人工作”的标志牌	
备注：		
操作人： 监护人： 值班负责人（值班长）：		

对断路器检修倒闸操作票和线路检修倒闸操作票的填写做以下说明。

① 操作票中的操作任务可由调度布置的操作任务或工作票的“操作任务”一栏确定。若检修断路器 1011，则值班人员的任务是对断路器 1011 停电，并采取措施保证检修人员的安全。因此，操作票中的“操作任务”一栏应写明“孔三站 1011 开关由运行改检修”。若是线路检修，则应写明“孔三站 1011 线路由运行改检修”。上述断路器、线路检修的操作任务和

目的均不同，主要区别在所装设的接地线位置不同。

② 根据倒闸操作的技术原则，两张操作票的操作项目中的第1项均是“拉开孔三站1011开关”（若该线路装有自动装置，则应提前考虑是否退出相应的自动装置，并填写在拉开断路器项目之前），然后要确保断路器确已拉开。检查的目的是防止拉开隔离开关时，断路器的实际位置并没有在断开位置而造成带负荷拉开隔离开关的误操作。另外，“孔三站1011开关由运行改检修”的操作项目中的第3项是“拉开孔三站1011开关合闸熔断器”，是因为该开关为电磁操作机构，取下合闸熔断器，就相当于切断了断路器自动合闸的电源通路，可防止在拉开隔离开关的操作过程中断路器因某种意外而误合闸。

③ 拉开隔离开关是按“断路器、非母线（负荷）侧隔离开关、母线（电源）侧隔离开关”的顺序操作的，送电时则相反。断路器1011两侧均装有隔离开关，根据《电业安全工作规程》规定，停电操作时应先拉开断路器，后拉开非母线（负荷）侧隔离开关，再拉开母线（电源）侧隔离开关。这样做的目的是防止停电时可能会出现的两种误操作：一是断路器没有拉开或虽经操作而并未实际拉开，误拉隔离开关；二是断路器虽已拉开，但拉隔离开关时走错间隔，拉错停电设备，造成带负荷拉隔离开关。

④ 操作票的前面几项是设备由运行状态改为冷备用状态，主要围绕着严防带负荷拉隔离开关及在误操作情况下尽量缩小事故范围的原则。要将设备改为检修状态需要布置安全措施，即后面的几项内容。

⑤ “拉开孔三站1011开关控制熔断器”，即拉开该断路器的操作熔断器，它安装在控制盘的背后。拉开操作熔断器后就切断了断路器的直流操作电源，使断路器的跳闸回路电源和合闸回路电源全部切断，可防止在检修断路器期间，断路器意外跳闸、合闸而发生设备损坏或人身事故。

⑥ 在被检修设备两侧装设临时接地线是保证检修人员安全的措施之一。在装设接地线后，若有感应电压或因意外情况突然来电，则电流经三相短路接地，可使上一级断路器跳闸，保证检修人员在工作区域内的安全。其装设的原则是对于可能送电到停电设备的各方面或停电设备可能产生感应电压的都要装设接地线。接地线装设地点必须在操作票中详细写明，以防发生带电挂接地线的误操作事故。同时，为了防止此类事故，还要求在装设接地线前进行验电，以证明挂接地线处确无电压。

⑦ 所装接地线应给予编号，并在操作票上注明，以防送电前拆除时因错拆或漏拆接地线而发生带接地线合闸事故（在执行多个操作任务时，注意接地线编号不要重复填写）。

⑧ 如果一个操作任务的操作项目较多，在一张操作票填不完时，则应在第一张操作票的最后一行填写“接××号倒闸操作票”字样。

下面总结填写此类倒闸操作票的五个要点。

① 设备停电检修时，必须把各方面的电源完全断开，禁止在只经断路器断开的电源设备上工作，在被检修设备与带电部分之间应有明显的断开点。

② 安排操作项目时，要符合倒闸操作的基本规律和技术原则，各操作项目不允许出现带负荷拉隔离开关的可能性。

③ 装设接地线前必须先在该处验电，并详细填写在操作票上。

④ 要注意一份操作票只能填写一个操作任务，即根据同一个操作命令且为了相同的操作目的而进行不间断的倒闸操作过程。

⑤ 单项命令是指变配电所值班人员在接受调度的操作命令后所进行的单一性操作，需要命令一项执行一项。在实际操作中，凡不需要与其他单位直接配合即可进行操作的，调度员可采取综合命令的方式，由变配电所自行制定操作步骤来完成。

（2）主变压器停电检修倒闸操作票的填写。

对于主变压器停电，在填写操作票前应明确所内设备的运行状态。2#主变压器停电检修倒闸操作票如表 4-14 所示。

表 4-14　2#主变压器停电检修倒闸操作票

发电厂（变配电所）倒闸操作票

单位____________　编号____________

<table>
<tr><td>发令人</td><td></td><td>受令人</td><td></td><td colspan="2">发令时间：　年　月　日　时　分</td></tr>
<tr><td colspan="3">操作开始时间：　年　月　日　时　分</td><td></td><td colspan="2">操作结束时间：　年　月　日　时　分</td></tr>
<tr><td colspan="6">（　）监护下操作　（　）单人操作　（　）检修人员操作</td></tr>
<tr><td colspan="6">操作任务：2#主变压器由运行改检修</td></tr>
<tr><td>顺　序</td><td colspan="4">操 作 项 目</td><td>√</td></tr>
<tr><td>1</td><td colspan="4">核对主变负荷</td><td></td></tr>
<tr><td>2</td><td colspan="4">拉开 2#主变 202 开关</td><td></td></tr>
<tr><td>3</td><td colspan="4">检查 2#主变 202 开关确在开位</td><td></td></tr>
<tr><td>4</td><td colspan="4">拉开 2#主变 302 开关</td><td></td></tr>
<tr><td>5</td><td colspan="4">检查 2#主变 302 开关确在开位</td><td></td></tr>
<tr><td>6</td><td colspan="4">拉开 2#主变 202－1 刀闸</td><td></td></tr>
<tr><td>7</td><td colspan="4">检查 2#主变 202－1 刀闸确在开位</td><td></td></tr>
<tr><td>8</td><td colspan="4">拉开 2#主变 302－1 刀闸</td><td></td></tr>
<tr><td>9</td><td colspan="4">检查 2#主变 302－1 刀闸确在开位</td><td></td></tr>
<tr><td>10</td><td colspan="4">在 2#主变 302 开关与 302－1 刀闸之间验明确无电压</td><td></td></tr>
<tr><td>11</td><td colspan="4">在 2#主变 302 开关与 302－1 刀闸之间装设一组 35kV 1#接地线</td><td></td></tr>
<tr><td>12</td><td colspan="4">在 2#主变 202 开关与 202－1 刀闸之间验明确无电压</td><td></td></tr>
<tr><td>13</td><td colspan="4">在 2#主变 202 开关与 202－1 刀闸之间装设一组 6kV 2#接地线</td><td></td></tr>
<tr><td colspan="6">备注：</td></tr>
<tr><td colspan="6">操作人：　监护人：　值班负责人（值班长）：</td></tr>
</table>

对 2#主变压器停电检修倒闸操作票的填写做以下说明。

① 对主变压器停电，在一般情况下退出一台变压器前应先考虑负荷的重新分配问题，以保证运行的另一台变压器不会过负荷。所以，操作项目的第 1 项就是检查负荷的分配，这是与线路倒闸操作所不同的。其目的是确定 2#主变压器停电后，1#主变压器不会过负荷。此项

操作可通过主变压器电源侧的电流表指示值来确定。

② 变压器停电时也要依据先停负荷侧、后停电源侧的原则。所以，操作项目的第 2 项是先拉开 2#主变压器负荷侧的 202 开关（断路器），使 2#主变压器先进入空载运行状态；然后拉开 2#主变压器电源侧的 302 开关（断路器）；最后拉开各侧的隔离开关，2#主变压器再退出运行。

③ 该操作票与线路检修倒闸操作票有差异。例如，拉开断路器后，不是接着取下合闸熔断器而是拉开另一个（高压侧）断路器。这是因为变电所的主变压器高低压侧断路器的操作把手一般都装在控制室的主变压器控制屏面上，为减少往返时间、提高操作效率，可以就近分别拉开两个断路器，再拉开相应断路器两侧的隔离开关。

（3）电压互感器停电检修倒闸操作票的填写。

变配电所往往同时检修多台设备。例如，要在检修 2#主变压器的同时检修 2#电压互感器，这就需要重新填写一份倒闸操作票，因为这是两个不同的操作任务。从图 4-43 中可以分析出，当 2#主变压器停电后，6kV Ⅱ段母线仍带电，则 2#电压互感器与 2#主变压器不属于同一个电气连接部分。2#电压互感器停电检修倒闸操作票如表 4- 15 所示。

表 4-15　2#电压互感器停电检修倒闸操作票

发电厂（变配电所）倒闸操作票

单位＿＿＿＿＿＿＿＿　编号＿＿＿＿＿＿＿＿

发令人		受令人		发令时间：　年　月　日　时　分
操作开始时间：　年　月　日　时　分				操作结束时间：　年　月　日　时　分
（　）监护下操作　（　）单人操作　（　）检修人员操作				
操作任务：6kV Ⅱ段母线 2#电压互感器由运行改检修				
顺　序	操 作 项 目			√
1	拉开 6kV Ⅱ段母线 2#电压互感器二次熔断器			
2	拉开 6kV Ⅱ段母线 2#电压互感器 04—1 刀闸			
3	在 6kV Ⅱ段母线 2#电压互感器与 04—1 刀闸之间验明确无电压			
4	在 6kV Ⅱ段母线 2#电压互感器与 04—1 刀闸之间装设一组 6kV 4#接地线			
备注：				
操作人：　监护人：　值班负责人（值班长）：				

对 2#电压互感器停电检修倒闸操作票的填写做以下说明。

① 先拉开 2#电压互感器二次熔断器是为了防止停电时因电压互感器隔离开关的辅助触头未分离出现意外。

② 操作项目中的第 2 项的 04—1 是 2#电压互感器隔离开关的编号，由于正常运行时电压互感器空载电流很小，因此可以用隔离开关拉合。

③ 根据需要，若有必要取下 2#电压互感器一次高压熔断器，则也要填写在操作票中。

（4）断路器由检修改运行倒闸操作票的填写。

断路器由检修改运行倒闸操作票如表 4-16 所示。

表 4-16 断路器由检修改运行倒闸操作票

发电厂（变配电所）倒闸操作票

单位＿＿＿＿＿＿＿＿ 编号＿＿＿＿＿＿＿＿

<table>
<tr><td>发令人</td><td></td><td>受令人</td><td></td><td>发令时间： 年 月 日 时 分</td></tr>
<tr><td colspan="3">操作开始时间： 年 月 日 时 分</td><td></td><td>操作结束时间： 年 月 日 时 分</td></tr>
<tr><td colspan="5">（ ）监护下操作 （ ）单人操作 （ ）检修人员操作</td></tr>
<tr><td colspan="5">操作任务：孔三站 1011 开关由检修改运行</td></tr>
<tr><td>顺 序</td><td colspan="3">操 作 项 目</td><td>√</td></tr>
<tr><td>1</td><td colspan="3">合上孔三站 1011 开关控制熔断器</td><td></td></tr>
<tr><td>2</td><td colspan="3">拆除孔三站 1011 开关与 1011－1 刀闸之间的一组 6kV 2#接地线</td><td></td></tr>
<tr><td>3</td><td colspan="3">拆除孔三站 1011 开关与 1011－2 刀闸之间的一组 6kV 1#接地线</td><td></td></tr>
<tr><td>4</td><td colspan="3">检查孔三站 1011 开关确在开位</td><td></td></tr>
<tr><td>5</td><td colspan="3">合上孔三站 1011－1 刀闸</td><td></td></tr>
<tr><td>6</td><td colspan="3">合上孔三站 1011－2 刀闸</td><td></td></tr>
<tr><td>7</td><td colspan="3">合上孔三站 1011 开关合闸熔断器</td><td></td></tr>
<tr><td>8</td><td colspan="3">合上孔三站 1011 开关</td><td></td></tr>
<tr><td>9</td><td colspan="3">检查孔三站 1011 开关确在合位</td><td></td></tr>
<tr><td colspan="5">备注：</td></tr>
<tr><td colspan="5">操作人： 监护人： 值班负责人（值班长）：</td></tr>
</table>

对断路器由检修改运行倒闸操作票的填写做以下说明。

① 送电操作的第 1 项是停电操作最后 1 项的相反操作。送电操作的顺序与停电操作的顺序相反。对于线路等送电的操作，在填写合隔离开关的操作项目前，应填写“检查××断路器确在断开位置”，以防发生带负荷合隔离开关的误操作，这是送电的操作原则。

② 对于操作项目中的第 1 项“合上孔三站 1011 开关控制熔断器”，虽与操作本身无关，但能在误操作情况下缩小事故范围，且这一操作必须在合隔离开关前进行。若发生误合隔离开关操作，则保护动作也可使断路器跳闸，缩小事故范围。

任务七　实施工厂电力线路运行与维护

电力线路是电力系统的重要组成部分，担负着输送和分配电能的重要任务，它把发电厂、变电所和用户连接在一起，构成电力系统。电力线路按电能性质分，有交流电力线路和直流电力线路；按电压等级分，有高压输电线路和低压配电线路。高压输电线路的电压等级一般在 35kV 以上。目前我国高压输电线路的电压等级主要有交流 35kV、60kV、110kV、154kV、220kV、330kV、500kV、1000kV 和直流±500kV、±800kV、±1000kV 等。一般来说，线路输送容量越大，输送距离越远，要求输电电压就越高。低压配电线路是担负分配电能任务的线路。我国低压配电线路的电压等级有 380/220V、6kV、10kV。

工厂电力线路按结构形式分，有架空线路、电缆线路和车间（室内）线路。

一、工厂供配电线路的接线方式

1．工厂高压输电线路的接线方式

工厂高压输电线路有高压放射式接线、高压树干式接线和高压环形接线等基本接线方式。

1）高压放射式接线

高压放射式接线如图 4-44 所示。其特点是在企业总变电（配电）所的高压输电母线上引出的每条馈出线仅给车间变压器、高压电动机等设备单独供电，各线路之间互不影响，输电线路通常采用电缆。其优点是供电可靠性较高、便于装设自动装置和保护装置、运行简单、切换操作方便。其缺点是高压开关设备用得较多，而且每台高压断路器必须装设一个高压开关柜，投资加大，在发生故障或检修时，该线路所供电的负荷都要停电。

要提高这种放射式线路的供电可靠性，可在各车间变电所高压侧之间或低压侧之间敷设联络线。要进一步提高其供电可靠性，还可采用来自两个电源的两路高压进线，然后经分段母线，由两段母线用双回路对用户交叉供电。

2）高压树干式接线

高压树干式接线如图 4-45 所示。其特点是从企业总变电（配电）所的高压输电母线上引出的线路分别输送电给沿线多个车间变电所或高压设备。为检修方便，线路通常采用架空线路，一般用于对三级负荷供电。其优点是变配电所馈出线回路较少、投资小、有色金属消耗量小、采用的高压开关数量少。其缺点是供电可靠性较低，当高压干线发生故障或检修时，接于干线上的所有变电所都要停电，且在实现自动化方面，适应性较差。

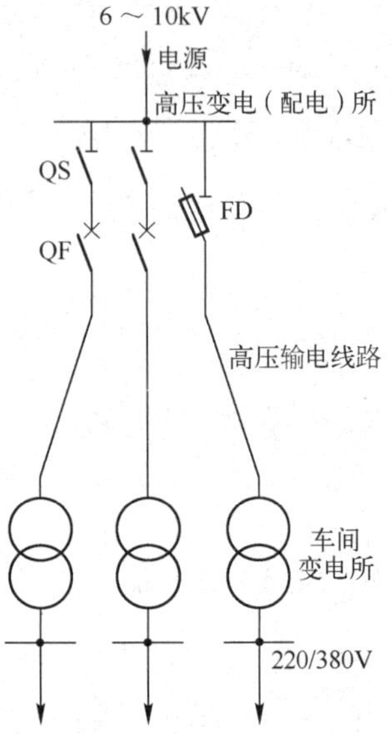

图 4-44　高压放射式接线

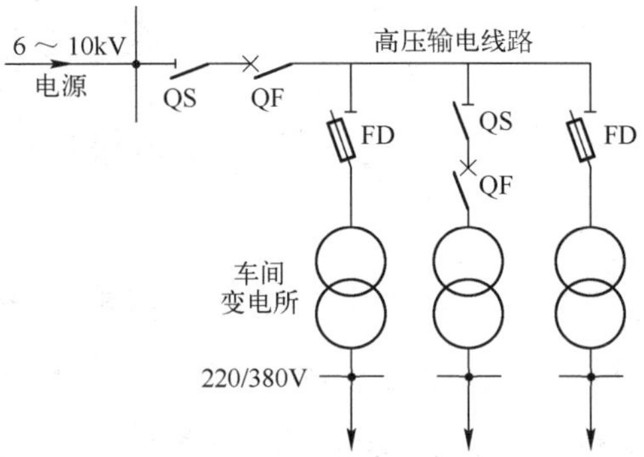

图 4-45　高压树干式接线

要提高这种树干式高压输电线路的供电可靠性，可采用如图 4-46（a）所示的双干线供电或如图 4-46（b）所示的两端供电的接线方式。

3）高压环形接线

高压环形接线如图 4-47 所示。高压环形接线实质上与两端供电的高压树干式接线相同，其供电可靠性较高，运行方式灵活，可用于二、三级负荷供电，在现代化城市电网中应用很广。高压环形接线的配电系统的保护装置和整定配合比较复杂，通常采用开环运行方式，即环形线路中有一处的开关在正常运行时是断开的，且对环中连接的变压器数目和容量有一定的限制。

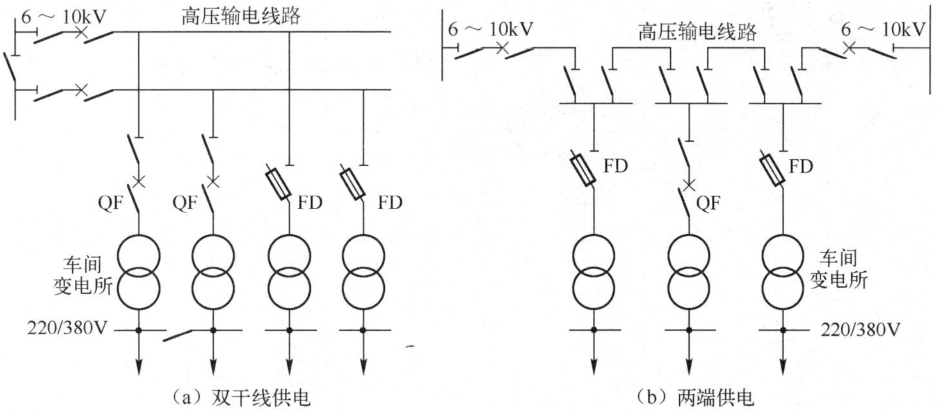

图 4-46　双干线供电与两端供电的接线方式

实际上，工厂的高压输电线路往往是几种接线方式的组合，依具体情况而定。对于大中型工厂，其高压配电系统多优先选用高压放射式接线，因为高压放射式接线的供电可靠性较高，且便于运行管理。但高压放射式接线采用的高压开关设备较多，投资较大，因此对于供电可靠性要求不高的辅助生产区和生活住宅区，则多采用比较经济的高压树干式接线或高压环形接线。

2．工厂低压配电线路的接线方式

工厂低压配电线路有低压放射式接线、低压树干式接线和低压环形接线等基本接线方式。

1）低压放射式接线

低压放射式接线如图 4-48 所示，这种接线方式的各低压配电出线互不影响，供电可靠性较高，但所用配电设备及导线材料较多，且运行不够灵活，多用于用电设备容量较大或对供电可靠性要求较高的设备供电。

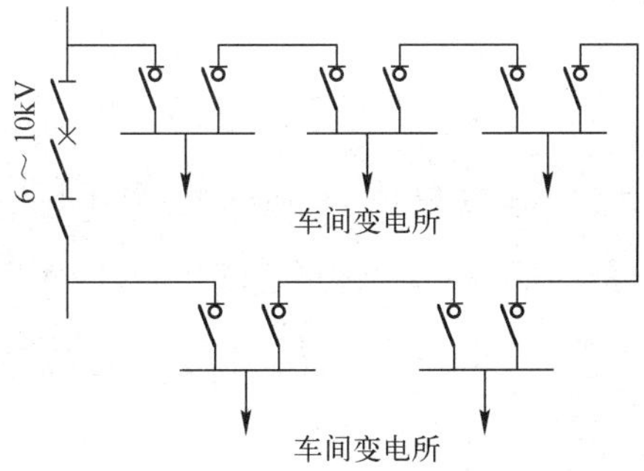

图 4-47　高压环形接线

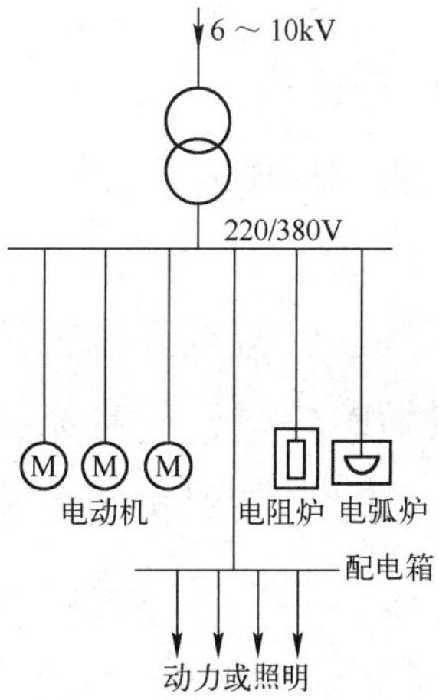

图 4-48　低压放射式接线

2）低压树干式接线

图 4-49（a）所示为低压母线放射式配电的树干式接线，其特点是引出配电干线较少，采用的开关设备较少，金属消耗量较少，而且多采用成套的封闭型母线，灵活方便，也比较安全。但当干线发生故障时，停电范围大，和低压放射式接线相比，供电的可靠性较低，适用于用电容量较小而分布均匀的场所，如机械加工车间、工具车间和机修车间中的机床、小型加热炉等。图 4-49（b）所示为低压变压器-干线组的树干式接线，省去了变电所低压侧整套低压配电装置，从而使变电所的结构大为简化，投资大为减小。

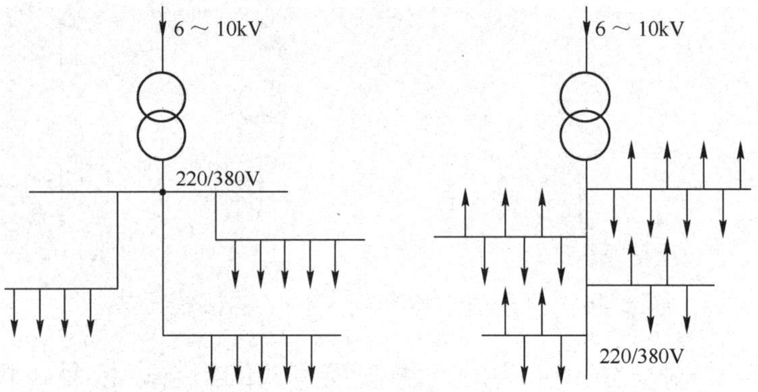

（a）低压母线放射式配电的树干式接线　（b）低压变压器－干线组的树干式接线

图 4-49　低压树干式接线

图 4-50 所示为一种变形的低压树干式接线，常称为低压链式接线。其特点与低压树干式接线基本相同，适用于用电设备彼此间相距很近而容量均较小的次要设备。链式相连的设备每一回路一般不超过 5 台（配电箱不超过 3 台），且容量不宜超过 10kW。

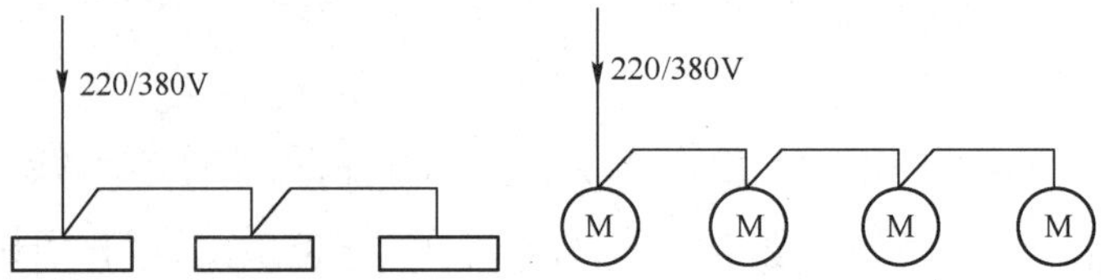

（a）连接配电箱　（b）连接电动机

图 4-50　低压链式接线

3）低压环形接线

低压环形接线如图 4-51 所示。工厂内各车间变电所的低压侧通过低压联络线连接起来，构成低压环形接线。

低压环形接线的特点是供电可靠性较高，任一段线路发生故障或检修时，都不致造成供电中断，或只短时停电，一旦切换电源的操作完成，即能恢复供电，同时可使电能损耗和电压损耗减少。但是，其保护装置及其整定配合比较复杂，如果其保护的整定配合不当，则容易发生误动作，反而扩大故障停电范围。因此，低压环形接线也多采用开环运行方式。

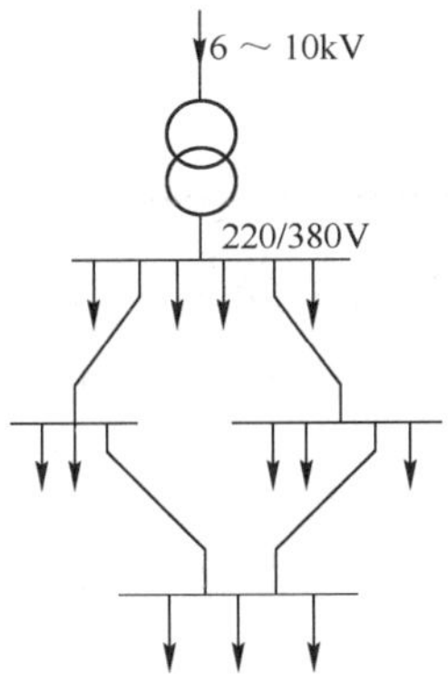

图 4-51 低压环形接线

一般来说，工厂低压配电系统也常采用几种接线方式的组合，依具体情况而定。不过在正常环境的车间或建筑内，若大部分用电设备不是很大且无特殊要求，则宜采用树干式配电，一方面是由于树干式配电较放射式配电经济，另一方面是由于我国各工厂的供电技术人员对采用树干式配电积累了相当成熟的运行经验。

二、架空线路的结构与敷设

架空线路由导线、电杆、绝缘子和线路金具等组成，图 4-52 所示为高、低压架空线路的结构示意图。为了防雷，在 110kV 及以上的架空线路上还装设避雷线（又称架空地线），以保护全部线路。35kV 线路在靠近变配电所 1～2km 的范围内装设避雷线，作为变配电所的防雷措施，10kV 及以下的配电线路，除了雷电活动强烈的地区，一般不需要装设避雷线。

（a）低压架空线路

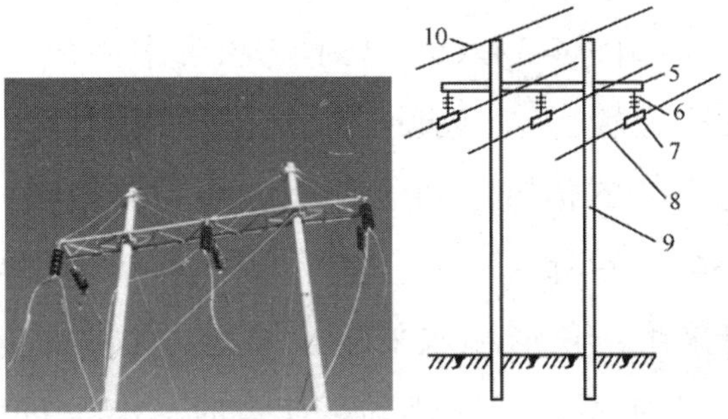

（b）高压架空线路

1—低压导线；2—针式绝缘子；3—低压横担；4—低压电杆；5—高压横担；6—高压悬式绝缘子串；7—线夹；8—高压导线；9—高压电杆；10—避雷线

图 4-52 高、低压架空线路的结构示意图

1．架空线路的结构

1）架空线路的导线

导线是架空线路的主体，承担着输送电能的功能。它架设在电杆上面，必须具有良好的导电性和一定的机械强度与耐腐蚀性。导线材质有铜、铝和钢。铜导线的导电性最好，机械强度也相当高。铝导线的机械强度较低，但导电性较好，且具有质量轻、价格低的优点。钢导线的机械强度很高，且价格低，但其导电性差，电能损耗大，易锈蚀，因此钢导线在架空线路中一般只作为避雷线使用，且使用镀锌钢绞线。

架空线路的导线，除变压器台的引线和接户线采用绝缘导线外，一般采用裸导线。裸导线按结构，可分为单股线和多股绞线。工厂供配电系统中一般采用多股绞线。绞线又有铜绞线、铝绞线和钢芯铝绞线。架空线路上一般采用铝绞线（LJ）。在机械强度要求较高和35kV及以上的架空线路上，多采用钢芯铝绞线（LGJ）。钢芯铝绞线简称“钢芯铝线”，其外形与截面结构示意图如图4-53所示，其芯线是钢线，用于增强导线的抗拉强度，弥补铝线机械强度较低的缺点，而其外围为铝线，用于传导电流，取其导电性较好的优点。由于交流电流在导线中的集肤效应，交流电流实际上只从铝线通过，从而弥补了钢线导电性差的缺点。

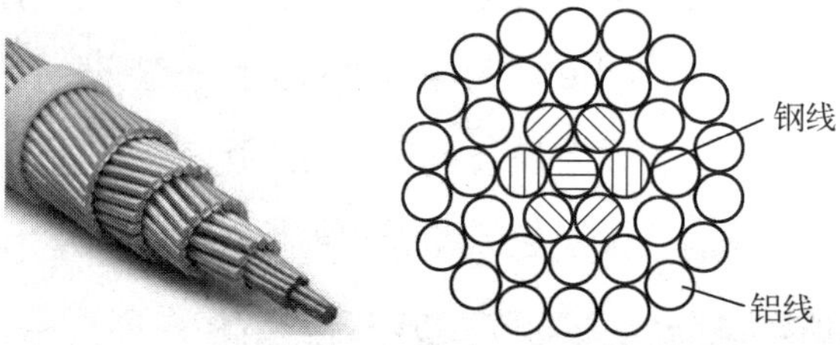

图4-53　钢芯铝绞线的外形与截面结构示意图

对于工厂和城市10kV及以下的架空线路，若安全距离难以满足要求，或者邻近高层建筑，或者在繁华街道、人口密集地区，或者在空气严重污秽地段、建筑施工现场，则按GB 50061—2010《66kV及以下架空电力线路设计规范》规定，可采用绝缘导线。

2）导线在电杆上的排列方式

导线在电杆上的排列方式有水平排列和三角形排列两种。对于三相四线制低压架空线路的导线，一般采用水平排列，如图4-54（a）所示。由于中性线（N线或PEN线）电位在三相对称时为零，而且其截面积也较小（一般不得小于相线截面积的50%），机械强度较低，所以中性线一般架设在靠近电杆的位置。对于三相三线制架空线路的导线，可采用三角形排列，如图4-54（b）、图4-54（c）所示，也可采用水平排列，如图4-54（f）所示。对于多回路导线同杆架设的情况，可采用三角形和水平混合排列，如图4-54（d）所示，也可全部垂直排列，如图4-54（e）所示。电压不同的线路同杆架设时，电压较高的线路应架设在上面，电压较低的线路则架设在下面。

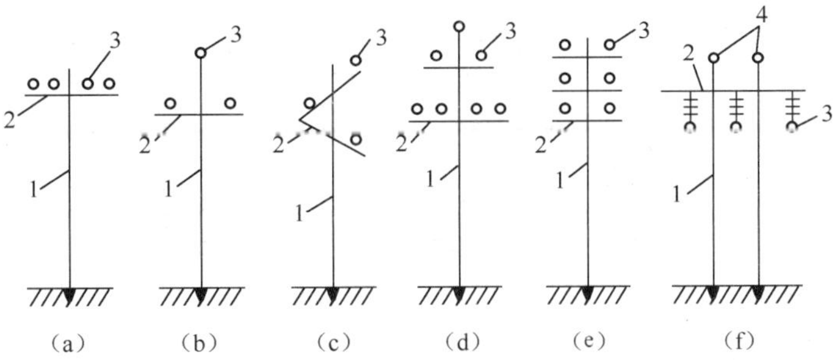

1—电杆；2—横担；3—导线；4—避雷线

图 4-54 导线在电杆上的排列方式

3）导线间的距离

架空线路中导线间的距离应适当。如果线间距离小，则导线在档距中间可能会过于接近，从而导致放电或跳闸。根据运行经验，10kV 及以下的架空线路采用裸导线时的最小线间距离如表 4-17 所示。若采用绝缘导线，则线间距离可结合当地运行经验确定。

表 4-17 10kV 及以下的架空线路采用裸导线时的最小线间距离（根据 GB 50061—2010）

线路电压	档距/m						
	40 及以下	50	60	70	80	90	100
	最小线间距离/m						
6～10kV	0.60	0.65	0.70	0.75	0.85	0.90	1.00
3kV 以下	0.30	0.40	0.50	—	—	—	—

注：3kV 以下架空线路靠近电杆的两导线间的水平距离不应小于 0.5m。

同杆架设的多回路线路，不同回路导线间的最小距离应符合表 4-18 的规定。

表 4-18 不同回路导线间的最小距离（根据 GB 50061—2010）

线路电压	3～10kV	35kV	66kV
线间距离	1.0m	3.0m	3.5m

4）架空线路的档距

架空线路的档距，又称跨距，是指同一线路上相邻两根电杆之间的水平距离，如图 4-55 所示。10kV 及以下的架空线路的档距如表 4-19 所示。

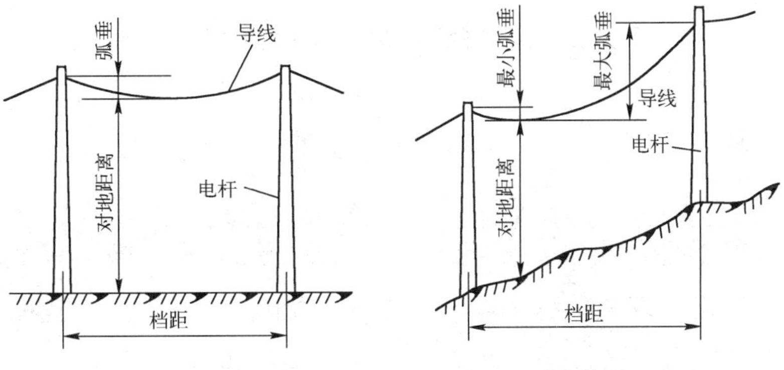

（a）平地　（b）坡地

图 4-55 架空线路的档距和弧垂

表 4-19　10kV 及以下的架空线路的档距（根据 GB 50061—2010）

区　域	线路电压（3～10kV）	线路电压（3kV 以下）
城镇	40～50m	40～50m
郊区	60～100m	40～60m

5）导线的弧垂

架空线路导线的弧垂，又称弛垂，是指其一个档距内导线的最低点与两端电杆上导线悬挂点间的垂直距离，如图 4-55 所示。导线的弧垂是由于导线存在着荷重所形成的。弧垂不宜过大，也不宜过小。架空线路导线与建筑物之间的最小垂直距离，在最大计算弧垂的情况下，应符合表 4-20 的要求。

表 4-20　架空线路导线与建筑物之间的最小垂直距离（根据 GB 50061—2010）

线路电压	3kV 及以下	3～10kV	35kV	66kV
最小垂直距离	2.5m	3.0m	4.0m	5.0m

架空线路在最大计算风偏的情况下，架空线路边导线与建筑物之间的最小水平距离，应符合表 4-21 的要求。

表 4-21　架空线路边导线与建筑物之间的最小水平距离（根据 GB 50061—1997）

线路电压	3kV 及以下	3～10kV	35kV	66kV
最小水平距离	1.0m	1.5m	3.0m	4.0m

2. 架空线路的避雷线

有的架空线路杆塔顶部还有额外的一根或两根钢绞线，称为避雷线。避雷线不用于输送电力，而用于防雷电直击。避雷线每隔几根杆塔会接一次地。由于避雷线位置比导线高，雷击会发生在避雷线上，从而保护导线；雷击后的强大雷电流，经避雷线的接地点，迅速传导入地、散流。

3. 电杆、横担和拉线

1）电杆

电杆是支持架空线路导线的支柱，应具有足够的机械强度，以及经久耐用、价格低、便于搬运和安装的特点。电杆按其采用的材料，分为木杆、水泥杆和铁塔。对工厂来说，水泥杆应用最为普遍。电杆按其在架空线路中的功能和地位，分为直线杆、分段杆、转角杆、终端杆、跨越杆和分支杆等。图 4-56 所示为各种杆型在低压架空线路上的应用。

2）横担

横担安装在电杆的上部，用来安装绝缘子以架设导线。常用横担有木横担、铁横担和瓷横担。工厂电力架空线路普遍采用铁横担和瓷横担，如图 4-57 所示。瓷横担具有良好的电气绝缘性能，兼有横担和绝缘子的双重功能，能节约大量的木材和钢材，有效地利用电杆高度，降低线路造价。它结构简单，安装方便，但比较脆，安装和使用中必须注意。图 4-58 所示为高压电杆上安装的瓷横担。

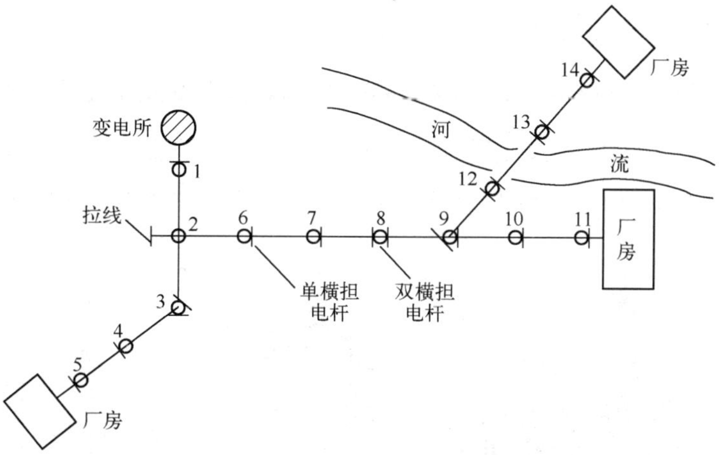

1、5、11、14—终端杆；2、9—分支杆；3—转角杆； 8—分段杆（耐张杆）；

4、6、7、10—直线杆（中间杆）；12、13—跨越杆

图 4-56 各种杆型在低压架空线路上的应用

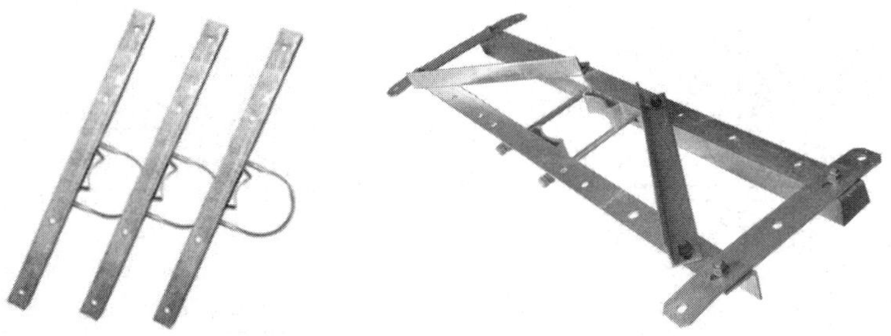

（a）铁横担

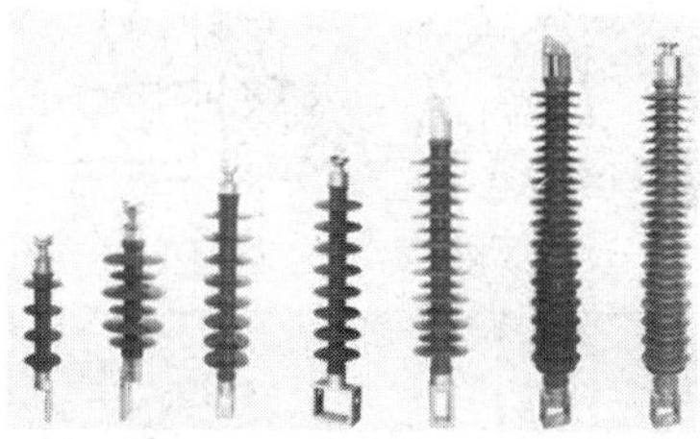

（b）瓷横担

图 4-57 常见的铁横担、瓷横担

3）拉线

拉线是为了平衡电杆各方面的作用力并抵抗风压以防止电杆倾倒用的。例如，终端杆、转角杆、分段杆等往往都装有拉线。拉线的结构如图 4-59 所示。

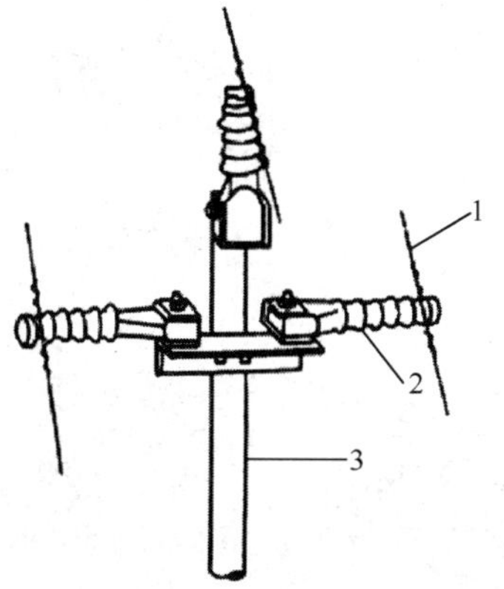

1—高压导线；2—瓷横担；3—电杆

图 4-58 高压电杆上安装的瓷横担

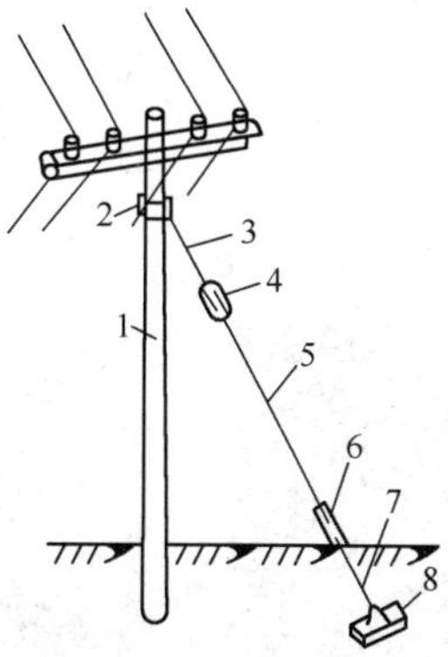

1—电杆；2—固定拉线的抱箍；3—上把；4—拉线绝缘子；

5—腰把；6—花篮螺钉；7—底把；8—拉线底盘

图 4-59 拉线的结构

4．架空线路的绝缘子和金具

绝缘子又称瓷瓶，用来将导线固定在电杆上，并使导线与电杆绝缘。绝缘子既要求具有一定的电气绝缘强度，又要求具有足够的机械强度。绝缘子按电压高低分，有高压绝缘子和低压绝缘子两大类。图4-60所示为架空线路中常用绝缘子的外形与结构示意图。

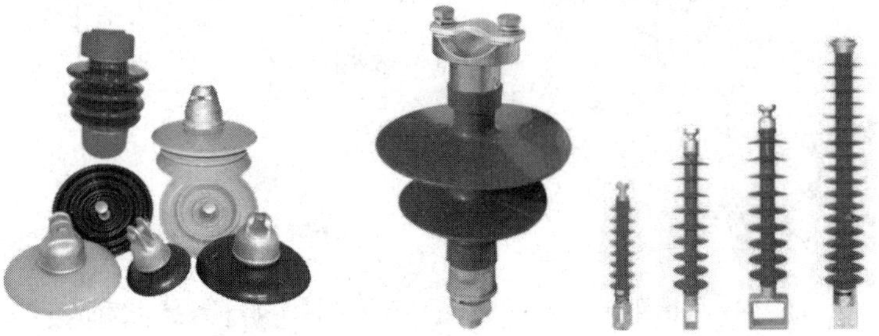

（a）外形

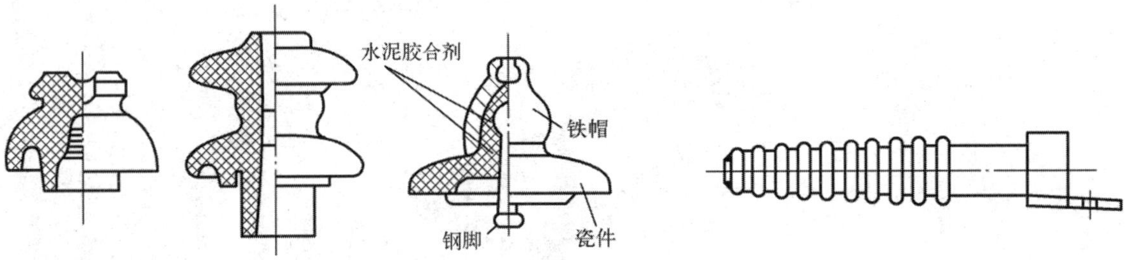

针式　　蝴蝶式　　悬式　　棒式（瓷横担）

（b）结构示意图

图4-60　架空线路中常用绝缘子的外形与结构示意图

金具是用来连接导线、安装横担和绝缘子等的金属附件，图4-61所示为架空线路常用金具。

（a）可调式线夹

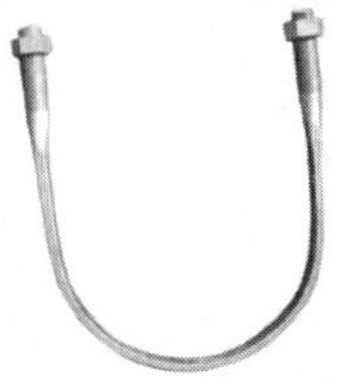

（b）U形抱箍

（c）扁铁抱箍

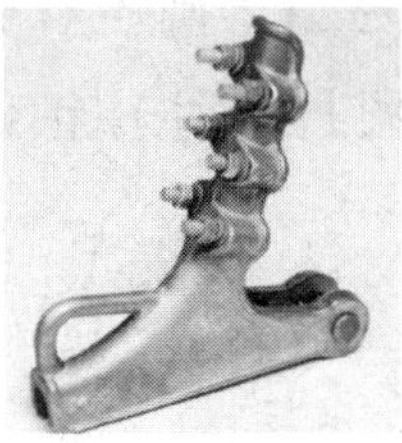

（d）耐张线夹

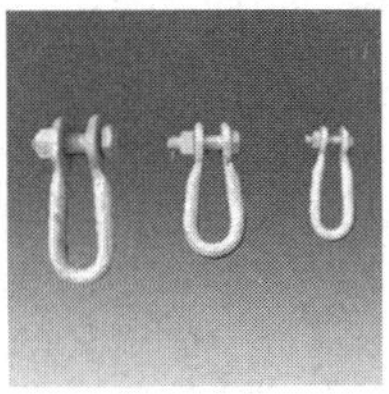

（e）U形挂环

（f）球头挂环

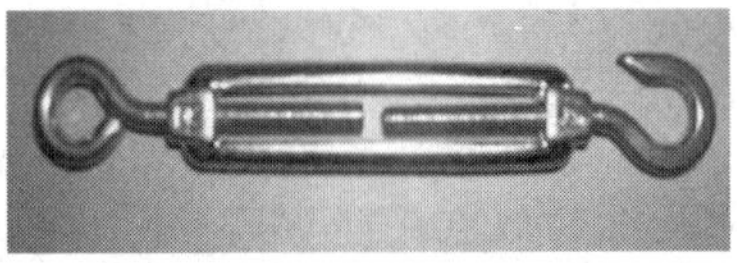

（g）花篮螺栓

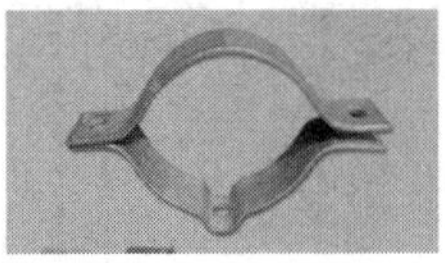

（h）拉线抱箍

图4-61　架空线路常用金具

（i）异形铝线夹　　（j）铜铝线夹　　（k）碗头挂板

图 4-61　架空线路常用金具（续）

5．架空线路的敷设

敷设架空线路要严格遵守有关规程的规定。敷设路径的选择，应符合下列要求。

（1）路径要短，转角要少，尽量减少与其他设施交叉。

（2）当与其他架空电力线路或弱电线路交叉时，其间的间距及交叉点或交叉角的要求应符合 GB 50061—2010《66kV 及以下架空电力线路设计规范》的有关规定。

（3）尽量避开河洼和雨水冲刷地带、不良地质地区及易燃易爆等危险场所。

（4）不应引起交通和人行困难，不宜跨越房屋，应与建筑物保持一定的安全距离。

（5）应与工厂和城镇的总体规划协调配合，并适当考虑今后的发展。

三、电缆线路的结构与敷设

1．电缆的结构

1）电缆

电缆是一种特殊结构的导线。电缆按其缆芯材质分，有铜芯电缆和铝芯电缆两大类；按其采用的绝缘介质分，有油浸纸绝缘电缆和塑料绝缘电缆两大类；按其芯线数量分，有单芯电缆、双芯电缆、三芯电缆和四芯电缆等多种。图 4-62 和图 4-63 分别是油浸纸绝缘电缆和交联聚乙烯绝缘电缆的外形与结构示意图。

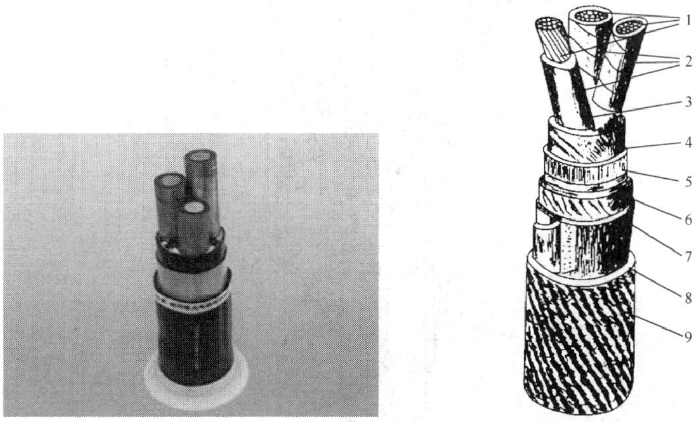

（a）外形　　（b）结构示意图

1—缆芯（铜芯或铝芯）；2—油浸纸绝缘层；3—麻筋（填料）；4—油浸纸统包绝缘；5—铅包（内护层）；6—涂沥青的纸带（内护层）；7—浸沥青的麻被（内护层）；8—钢铠（外护层）；9—麻被（外护层）

图 4-62　油浸纸绝缘电缆的外形与结构示意图

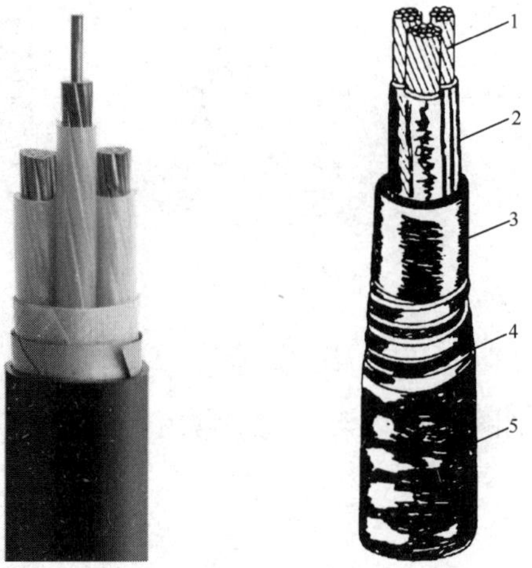

（a）外形　　（b）结构示意图

1—缆芯（铜芯或铝芯）；2—交联聚乙烯绝缘层；3—聚氯乙烯（PVC）护套（内护层）；
4—钢铠或铝铠（外护层）；5—聚氯乙烯外护套（外护层）

图 4-63　交联聚乙烯绝缘电缆的外形与结构示意图

2）电缆接头

运行经验说明，电缆接头是电缆线路中的薄弱环节，电缆的大部分故障都发生在电缆接头处。电缆接头本身的缺陷或安装质量上的问题，往往造成短路故障，引起电缆接头爆炸，破坏电缆的正常运行。因此，电缆接头的制作要求是：密封要好，绝缘耐压强度不应低于电缆本身的耐压强度，要有足够的机械强度，且体积尽可能小，结构简单，安装方便。

图 4-64 是 10kV 交联聚乙烯绝缘电缆户内热缩电缆终端头的外形结构图。在户内热缩电缆终端头上套入三孔防雨伞裙，然后各相套入单孔防雨伞裙，并分别加热固定，即制成户外热缩电缆终端头，如图 4-65 所示。

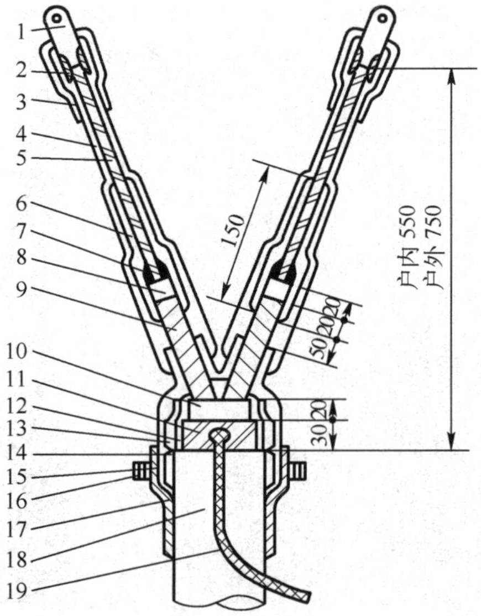

1—缆芯接线端子；2—密封胶；3—热缩密封管；4—热缩绝缘管；5—缆芯绝缘层；6—应力控制管；7—应力疏散胶；
8—半导体层；9—铜屏蔽层；10—热缩内护层；11—钢铠；12—填充胶；13—热缩环；14—密封胶；
15—热缩三芯手套；16—喉箍；17—热缩密封套；18—PVC 外护套；19—接地线

图 4-64　10kV 交联聚乙烯绝缘电缆户内热缩电缆终端头的外形结构图（单位：mm）

（a）外形

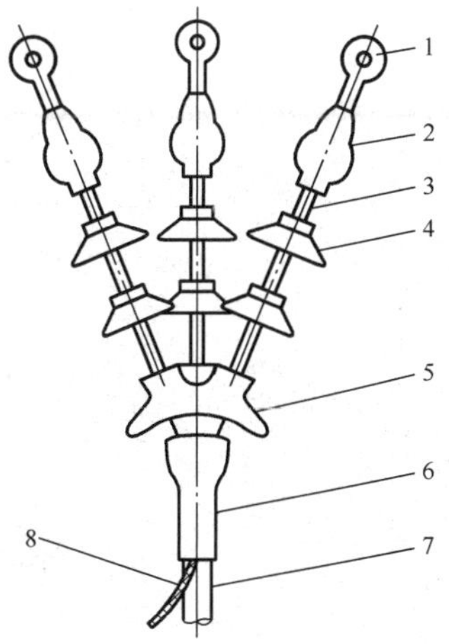

（b）结构示意图

1—缆芯接线端子；2—热缩密封管；3—热缩绝缘管；4—单孔防雨伞裙；
5—三孔防雨伞裙；6—热缩三芯手套；7—PVC 外护套；8—接地线

图 4-65　户外热缩电缆终端头的外形与结构示意图

2．电缆的敷设与要求

1）电缆的敷设方式

工厂供配电系统中常见的电缆敷设方式有电缆直接埋地敷设（见图 4-66）、电缆沿墙敷设（见图 4-67）、电缆在电缆沟内敷设（见图 4-68）、通过电缆桥架（见图 4-69）敷设、通过电缆排管（见图 4-70）敷设和通过电缆隧道（见图 4-71）敷设。

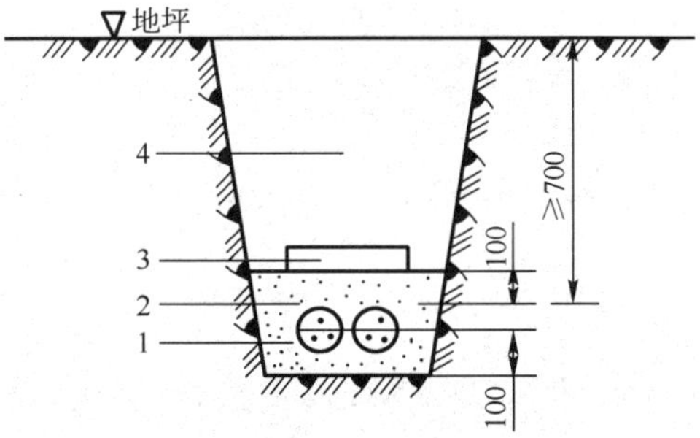

1—电力电缆；2—沙；3—保护盖板；4—填土

图 4-66　电缆直接埋地敷设（单位：mm）

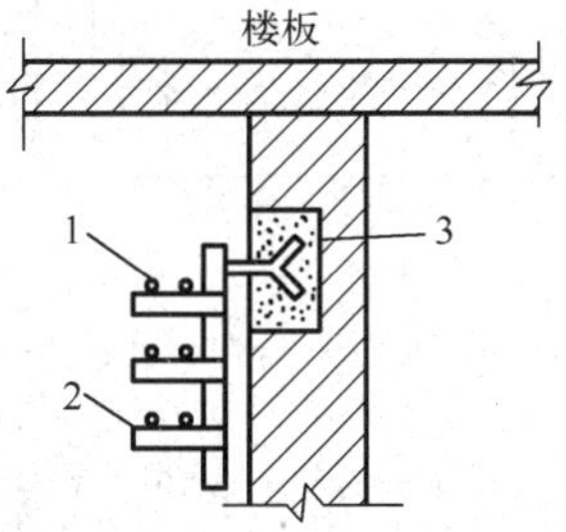

1—电力电缆；2—电缆支架；3—预埋铁件

图 4-67　电缆沿墙敷设

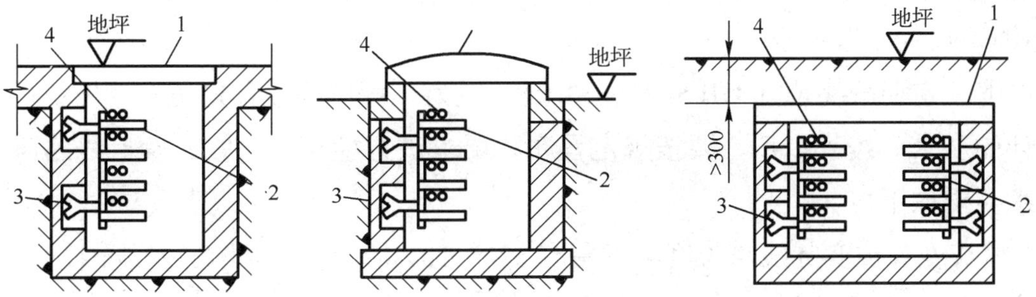

（a）户内电缆沟　（b）户外电缆沟　（c）厂区电缆沟

1—盖板；2—电缆支架；3—预埋铁件；4—电力电缆

图 4-68　电缆在电缆沟内敷设（单位：mm）

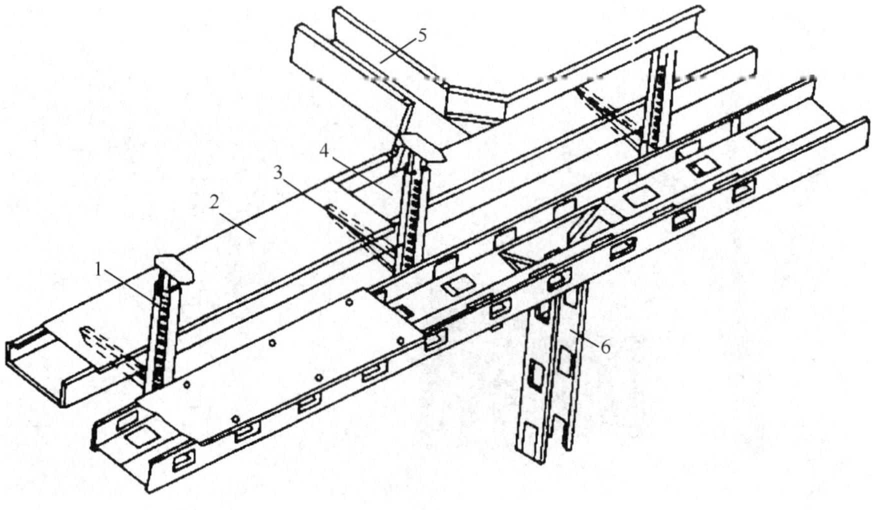

1—支架；2—盖板；3—支臂；4—线槽；5—水平分支线槽；6—垂直分支线槽

图 4-69　电缆桥架

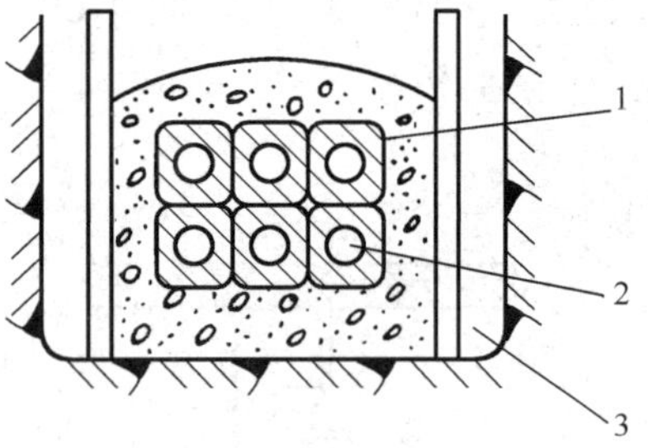

1—水泥排管；2—电缆穿孔；3—电缆沟

图 4-70　电缆排管

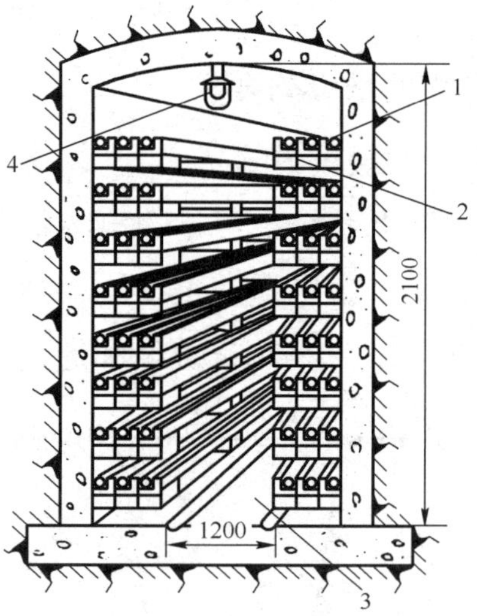

1—电缆；2—支架；3—维护走廊；4—照明灯具

图 4-71　电缆隧道（单位：mm）

2）电缆敷设路径的选择

选择电缆敷设路径应避免电缆遭受机械性外力、过热及腐蚀等危害。在满足安全要求条件下，电缆线路应较短，要便于运行维护，应避开将要挖掘施工的地段。

3）电缆敷设的一般要求

敷设电缆一定要严格遵守 GB 50217—2018《电力工程电缆设计规范》等相关技术规范的规定和设计的要求。竣工以后，要按规定程序和要求进行检查和验收，确保线路质量。部分重要的技术要求如下。

（1）电缆长度宜按实际线路长度考虑留有 5%～10%的余量，以作为安装、检修时的备用；直埋电缆应采取波浪形埋设。

（2）对于非铠装电缆，当电缆进出建（构）筑物时，电缆穿过楼板及墙壁处，从电缆沟引出至电杆的一段，沿墙敷设的电缆距地面 2m 高度及埋入地下小于 0.3m 深度的一段，电缆与道路、铁路交叉的一段等，应采取穿管敷设。电缆保护管的内径不得小于电缆外径或多根电缆包络外径的 1.5 倍。

（3）多根电缆敷设在同一通道位于同侧的多层支架上时，应按下列要求进行配置：电力电缆应按电压等级由高至低的顺序排列，控制、信号电缆和通信电缆应按强电至弱电的顺序排列。支架层数受通道空间限制时，35kV 及以下的相邻电压等级的电力电缆，可排列在同一层支架上；1kV 及以下的电力电缆也可与强电控制、信号电缆配置在同一层支架上。同一重要回路的工作电缆与备用电缆实行耐火分隔时，宜适当配置在不同层次的支架上。

（4）明敷的电缆不宜平行敷设于热力管道上方。电缆与管道之间无隔板保护时，其相互间距应符合《电力工程电缆设计规范》规定。

（5）电缆应远离爆炸性气体释放源。敷设在爆炸性危险较小的场所时，应符合下列要求：易爆气体比空气重时，电缆应在较高处架空敷设，且对非铠装电缆采取穿管保护或置于托盘、槽盒内；易爆气体比空气轻时，电缆应敷设在较低处的管、沟内，沟内非铠装电缆应埋沙。

（6）电缆沿输送易燃气体管道敷设时，应配置在危险程度较低的管道一侧，且要符合下列规定：易燃气体比空气重时，电缆宜在管道上方；易燃气体比空气轻时，电缆宜在管道下方。

（7）电缆沟的结构应考虑到防火和防水。电缆沟从厂区进入厂房处应设置防火隔板。为了顺畅排水，电缆沟的纵向排水坡度不得小于 0.5%，而且不得排向厂房内侧。

（8）直埋于非冻土地区的电缆，其外皮至地下构筑物基础的距离不得小于 0.3m，至对面的距离不得小于 0.7m。当位于车行道或耕地的下方时，应适当加深，且不得小于 1m。电缆直埋于冻土地区时，宜埋入冻土层以下。直埋敷设的电缆，严禁位于地下管道的正上方或正下方。在有化学腐蚀的土壤中，电缆不宜直埋敷设。

（9）电缆的金属外皮、金属电缆接头、保护钢管和金属支架等，均应可靠地接地。

四、车间配电线路的结构与敷设

车间配电线路包括室内配电线路和室外配电线路。室内（车间内）配电线路主要指从低压开关柜到车间动力配电箱的线路、车间总动力配电箱到各分动力配电箱的线路和配电箱到各用电设备的线路等，大多采用绝缘导线，但配电干线多采用裸导线（母线），少数采用电缆。室外配电线路是指沿车间外墙或屋檐敷设的低压配电线路，也包括车间之间短距离的低压架空线路，一般都采用绝缘导线。

1. 绝缘导线的结构和敷设

绝缘导线按芯线材质分，有铜芯绝缘导线和铝芯绝缘导线两种。重要的、安全可靠性要求较高的线路，如办公楼、实验楼、图书馆、住宅，以及高温、振动场所和对铝有腐蚀的场所等处的线路，均应采用铜芯绝缘导线，而其他场合一般可采用铝芯绝缘导线。

绝缘导线按绝缘材料分，有橡皮绝缘导线和塑料绝缘导线两种。在室内明敷和穿管敷设中应优先选用塑料绝缘导线。在室外敷设及靠近热源的场合，宜优先选用耐热性较好的橡皮绝缘导线。

绝缘导线的敷设方式分明敷和暗敷两种。明敷指导线直接或在管子、线槽等保护体内，敷设于墙壁、顶棚的表面及桁架、支架等处。暗敷指导线在管子、线槽等保护体内，敷设于墙壁、顶棚、地坪及楼板等的内部，或者在混凝土板孔内敷设。

绝缘导线的敷设要求应符合有关规程的规定，一般应注意以下技术要求。

（1）室内明配线应做到横平竖直，力求美观，便于检查和维修。导线水平高度距地面不低于2.5m，垂直线路不低于1.8m。若达不到上述要求，则应加保护措施，防止机械损伤。

（2）配电线路应尽可能避开热源，不在发热物体的表面敷设。若无法避开，则应相隔一定距离或采用隔热措施。

（3）导线穿越楼板时应套钢管，穿墙时应套瓷保护管，导线与导线互相交叉时应套绝缘管。

（4）穿金属管和穿金属线槽的交流线路，应将同一回路的所有相线和中性线（有中性线时）穿于同一金属管、槽内。若只穿部分导线，则由于线路电流不平衡而产生交变磁场作用于金属管、槽，在金属管、槽内产生涡流损耗，对钢管还会产生磁滞损耗，使金属管、槽发热导致其中的绝缘导线过热甚至烧毁。

（5）线槽布线和穿管布线的导线在中间不许接头，接头必须经专门的接线盒。

2. 裸导线的结构和敷设

车间内的配电裸导线大多采用硬母线的结构，其截面形状有圆形、管形和矩形等，其材质有铜、铝和钢。车间中以采用LMY型硬铝母线较为普遍，也有少数采用TMY型硬铜母线。现代化的生产车间大多采用封闭式母线（通称母线槽）布线，如图4-72所示。

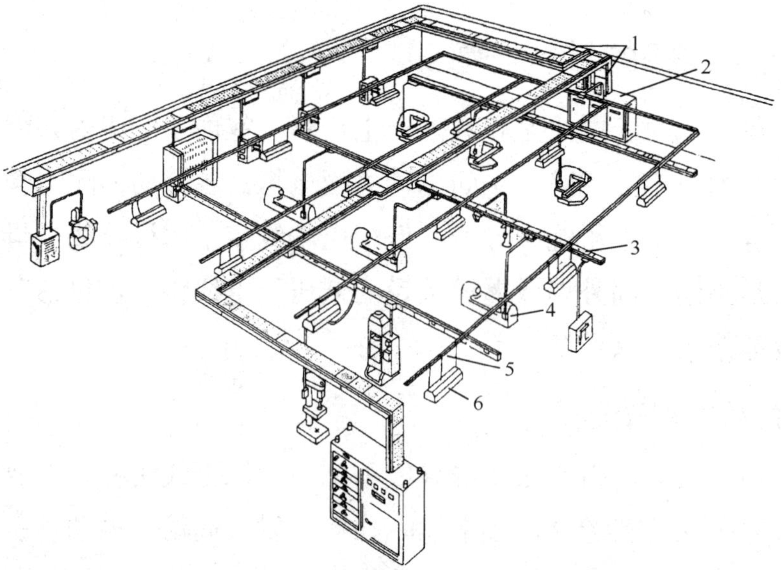

1—配电母线槽；2—配电装置；3—插接式母线；4—机床；5—照明母线槽；6—灯具

图4-72 封闭式母线在车间内的布置

为方便识别导线相序和利于运行维修，交流三相系统中裸导线应按表 4-22 涂色。

表 4-22 交流三相系统中裸导线的涂色（根据 GB 2681—1981）

导线类别	A 相	B 相	C 相	N 线、PEN 线	PE 线
涂漆颜色	黄	绿	红	淡蓝	黄绿双色

五、工厂照明供电系统

工厂的电气照明，按照明地点分，有室内照明和室外照明两大类；按照明方式分，有一般照明和局部照明两大类，多数车间都采用由一般照明和局部照明组成的混合照明；按照明的用途分，有正常照明、应急照明、值班照明、警卫照明和障碍照明等。

1. 照明供电电压的选择

在正常环境中，我国照明用电电压一般为 220V；容易触及而又无防止触电措施的固定式或移动式灯具，当其安装高度在 2.2m 以下时，在特别潮湿、高温和具有导电性灰尘、导电地面等的场所，电压不应超过 24V；手提行灯的电压一般采用 36V，在特殊情况下（如工作在金属容器或金属平台上时），手提行灯的供电电压不应超过 12V；由蓄电池供电时，可根据容量的大小、电源条件、使用要求等因素分别采用 220V、36V、24V、12V；热力管道、隧道和电缆隧道内的照明供电电压宜采用 36V。

照明供电电压允许偏移，不得高于额定电压的 5%。

2. 照明供电方式的选择

我国照明一般采用 220/380V 三相四线制中性点直接接地的交流电网供电。照明的供电方式与照明工作场所的重要程度、负荷等级等因素有关。

1）正常照明场所的供电方式

（1）一般采用动力与照明负荷共用电力变压器供电，二次电压为 220/380V。

（2）当车间的动力线路采用变压器-干线组式供电，而对外又无电压联络线路时，照明电源宜接在变压器低压侧总开关之前；当对外有低压联络线时，照明电源宜接在变压器低压侧总开关之后；当车间变电所低压侧采用放射式供电时，照明电源一般接在低压配电屏的照明专用线上。

（3）动力与照明合用一条供电线路可用于公共和一般住宅建筑，在多数情况下，可用于电力负荷比较稳定的生产厂房、辅助建筑及远离变电所的建筑物，但应在电源进线处将动力、照明线路分开。

2）重要照明场所的供电方式

重要照明场所主要是指需要设置应急照明的场所。应急照明电源应区别于正常照明的电源。应急照明电源的供电方式可根据不同照明场所的要求，选用独立于正常供电电源的发电机组、蓄电池组、供电系统中有效地独立于正常电源的馈电线路、应急照明灯自带直流逆变器等方式之一。

3．照明供电系统的组成和接线方式

照明供电系统一般由接户线、进户线、总配电箱、配电干线、分配电箱、支线和用电设备（灯具、插座）组成，如图4-73所示。

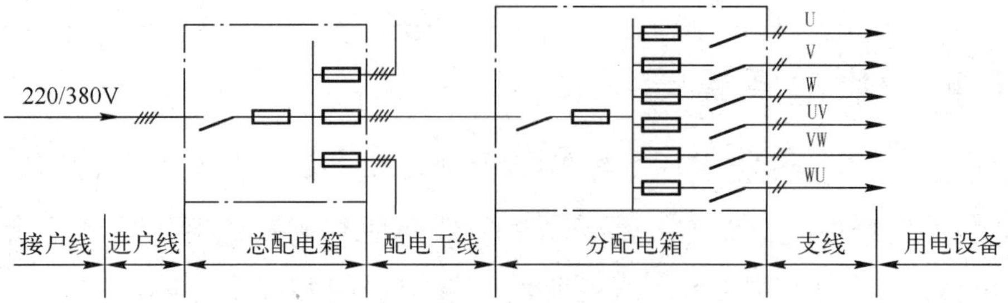

图4-73　照明供电系统的组成

照明供电系统的接线方式有放射式、树干式、混合式和链式等，如图4-74所示。通常根据照明负荷对供电可靠性的要求，多采用混合式的接线方式，如图4-75所示。

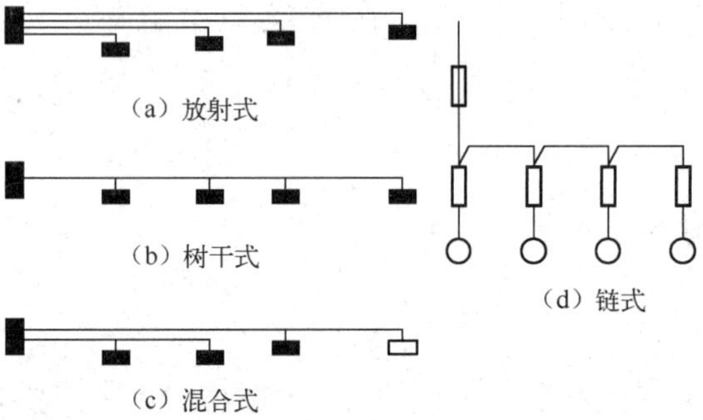

图4-74　照明供电系统的接线方式

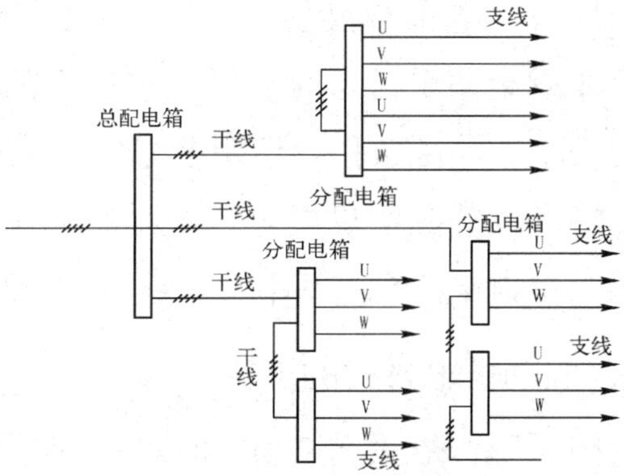

图4-75　混合式的接线方式

图4-76是某车间照明供电系统图，供参考阅读。

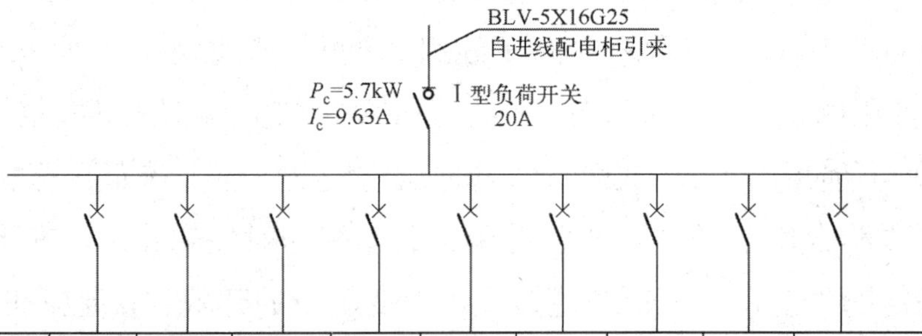

支线编号、相序		1–L1	1–L2	1–L3	2–L1	2–L2	2–L3	U	V	W	L1
安装功率/W	高压钠灯	3×150	450	450	450	450	450			插座回路 10×100	备用
	紧凑型荧光灯	15	15		15			15	8×26		
	荧光灯							8×26	8×2×36		
支线工作电流/A		2.35	2.35	2.28	2.35	2.28	2.28	1.12	3.96	5.34(cosφ0.85)	
支线导线型号、截面		BV-4×2.5			BV-4×2.5			2×BV-4×2.5		BV2×2.5+PE2.5	
支线敷设方式								穿管CC		穿管F	
Δu/%											

注：荧光灯采用电子镇流器取 $\cos\varphi$=0.95。
　　高压钠灯采用单灯补偿取 $\cos\varphi$=0.9。

图4-76　某车间照明供电系统图

4．照明供电系统保护设备

照明供电系统常用的保护设备有照明配电箱、低压断路器和熔断器等。车间照明供电系统常用照明配电箱，照明配电箱内一般采用熔断器作为保护设备，现在多采用低压断路器作为保护设备。

阅读材料：
带电作业机器人

任务操作十九　工厂电力线路的巡查与维护

训练目标

（1）熟悉工厂供配电线路的接线方式。

（2）掌握工厂电力线路巡查种类、巡查周期与巡查内容。

（3）会对工厂电力线路进行巡查与维护。

训练内容

1．巡查与维护前的准备

（1）工器具的选择、检查：要求能满足工作需要，质量符合要求。

（2）着装、穿戴：穿工作服、绝缘鞋，戴安全帽，系安全带。

2．巡查与维护工作内容

1）察看工厂供配电线路接线方式

在工厂电气工程师的带领下，根据工厂供配电线路技术资料，熟悉工厂供电线路和配电线路的接线方式。

2）工厂架空线路的巡查与维护

为了掌握架空线路的运行状况，及时发现缺陷和威胁线路安全运行的隐患，必须按期进行架空线路的巡视检查。

（1）架空线路巡查种类与巡查周期。

架空线路巡查种类与巡查周期如表4-23所示。

表4-23　架空线路巡查种类与巡查周期

序　号	巡查种类	巡查说明	巡查周期	备　注
1	定期巡查1～10kV线路及1kV以下线路	由专职巡线员进行，掌握线路的运行状况及沿线环境变化情况，并做好保护线路的宣传工作	市区：一般每月一次； 郊区及农村：每季至少一次； 一般每季至少一次	

续表

序　号	巡 查 种 类	巡 查 说 明	巡 查 周 期	备　　注
2	特殊性巡查	在气候恶劣、河水泛滥、火灾和其他特殊情况下，对线路的全部或部分进行巡视或检查		
3	夜间巡查	在线路高峰负荷或阴雾天气时进行，检查导线接点有无发热打火现象，绝缘子表面有无闪络等		按需要定
4	故障性巡查	查明线路发生故障的地点和原因	由配电系统调度或配电主管生产领导决定一般线路抽查巡视	
5	监察性巡查	由部门领导或专责技术人员进行，目的是了解线路及设备状况，并检查、指导巡线员的工作		

（2）架空线路巡查内容。

架空线路巡查内容主要有：杆塔巡查，导线、避雷线巡查，绝缘子巡查，横担及金具巡查，防雷设施巡查，接地装置巡查，拉线、顶（撑）杆、接线柱巡查，接户线巡查，沿线巡查等。

如果在巡视检查中发现异常情况，应记入专用的记录簿内，重要情况应及时汇报上级，并请示处理。

（3）工厂架空线路的维护。

架空线路维护的主要内容如下。

① 清除绝缘子上的污秽和防污。

② 清除架空线路上的覆冰。

③ 处理架空线路的事故。

3）工厂电缆线路的巡查与维护

（1）电缆线路及电缆线段的巡查周期。

① 敷设在土中、隧道中及沿桥梁架设的电缆，每 3 个月至少巡查一次。根据季节及基建工程的特点，应增加巡查次数。

② 电缆竖井内的电缆，每半年至少巡查一次。

③ 水底电缆线路，根据现场具体需要确定。

④ 发电厂、变配电所的电缆沟、隧道、电缆井、电缆架及电缆线段等，每 3 个月至少巡查一次。

⑤ 对于挖掘暴露的电缆，按工程情况，酌情加强巡查。

（2）电缆终端头的巡查周期。

电缆终端头，根据现场运行情况每 1～3 年停电检查一次。

污秽地区的电缆终端头的巡查与清扫周期，可根据当地的污秽程度决定。装有油位指示的电缆终端头，每年夏、冬季节各检查一次。

（3）电缆线路巡查的主要内容。

巡查电缆线路上是否堆置矿渣、建筑材料、笨重物体、酸碱性物或砌堆石灰坑等。对于敷设在地下的每条电缆线路，应查看路面是否正常，有无挖掘痕迹及路线标桩是否完整无缺等。对于户外与架空线路连接的电缆和电缆终端头，应检查其是否完整，引出线的接点有无发热现象，电缆铅包有无龟裂漏油，靠近地面的一段电缆是否被车辆撞碰等。对于通过桥梁的电缆，应检查桥梁两端电缆是否拖拉过紧，保护管或槽有无脱开或锈烂现象。

如果在巡视检查中发现异常情况，应记入专用的记录簿内，重要情况应及时汇报上级，并请示处理。

4）车间配电线路的巡查与维护

（1）车间配电线路的巡查项目。

① 检查导线的发热情况。例如，裸母线在正常运行时的最高允许温度一般为 70℃，可观察母线接头处的变色漆或示温蜡片是否变色，以检查其发热情况。

② 检查线路的负荷情况，除可从配电屏上的电流表指示了解外，还可用钳形电流表来测量线路的负荷电流。

③ 检查配电箱、分线盒、开关、熔断器、母线槽及接地保护装置的运行情况，着重检查接线有无松脱及瓷瓶有无放电、破损等现象，并检查螺栓是否紧固。

④ 检查线路上和线路周围有无影响线路安全的异常情况。绝对禁止在带电的绝缘导线上悬挂物体，禁止在线路近旁堆放易燃易爆物品。

⑤ 对于敷设在潮湿、有腐蚀性物质等场所的线路和设备，要定期进行绝缘检查，绝缘电阻（相间和相对地）一般不得小于 0.5MΩ。

如果在巡视检查中发现异常情况，应记入专用的记录簿内，重要情况应及时汇报上级，并请示处理。

（2）车间配电线路运行维护的一般要求。

当车间配电线路有专门维护电工时，一般要求每周进行一次巡视检查。维护电工必须全面了解车间配电线路的布线情况、结构形式、导线型号规格，以及配电箱、开关、保护装置的位置等，并了解车间负荷的要求、大小及车间变电所的有关情况。

3. 巡查与维护记录

按要求进行巡查与维护记录（在巡查与维护记录簿上记录巡查与维护时间、巡查与维护人员姓名及设备状况等）。

任务操作二十　10kV电缆线路绝缘电阻的测量

训练目标

（1）掌握绝缘电阻表的检查和正确使用方法。

（2）会用绝缘电阻表测量电缆的绝缘电阻。

训练内容

1．测量前的准备

（1）工器具的选择、检查：选择合适的绝缘电阻表（2500V 级）及相应的工具，要求能满足工作需要，质量符合要求。

（2）着装、穿戴：穿工作服、绝缘鞋，戴安全帽，系安全带。

2．测量工作内容

1）测量操作过程

（1）对绝缘电阻表进行校表试验。

（2）打开电缆接头，并将电缆放电。

（3）绝缘电阻表的L端接电缆芯线，E端接电缆金属外皮，接线柱G接于电缆屏蔽纸上，测量电缆绝缘电阻的接线方式如图4-77所示。

（4）检查所接线路是否正确，若正确，则摇动绝缘电阻表的手柄，保持均匀转速（120r/min），待表盘上的指针停稳后，指针示值就是被测电缆的绝缘电阻值。

（5）将电缆放电。

（6）将本次测得的绝缘电阻值与以前测量值进行对比，符合规程要求时，将电缆接头按原来各相连接方式重新连接好。

（7）拆下绝缘电阻表的引线，收好工器具。

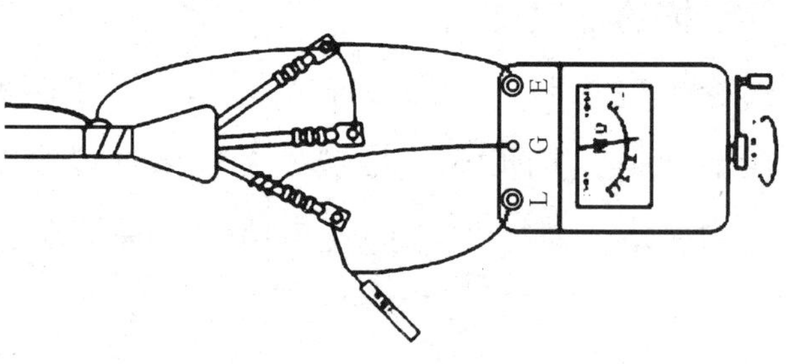

图4-77　测量电缆绝缘电阻的接线方式

2）测量时的安全与技术措施

（1）测量前，必须切断电缆的电源，并挂好标志牌；电缆相间及对地充分放电，使电缆处于安全不带电的状态。

（2）接线柱引线应选用绝缘良好的多股导线，且不允许绞合在一起，也不得与地面接触。

（3）测量电缆的电容量较大时，应有一定的充电时间，电容量越大，充电时间越长。

项目总结

1．工厂变配电所是变电所和配电所的统称。变电所的作用是接受电能、变换电压和分配电能，而配电所的作用只是接受和分配电能。两者的主要区别在于变电所中有变换电压的电力变压器，而配电所中没有电力变压器。变配电所是工厂供配电系统的中心，主要由变电和配电设备构成。

2．工厂变配电所一般分为总降压变电所（站）、配电所和车间变电所。工厂变配电所根据工厂电力负荷分布、负荷大小、负荷重要程度等情况考虑设置若干变配电所。工厂变配电所所址应根据选择原则来确定。工厂变配电所的总体布置应满足变配电所设计规范要求，符合各房间结构要求的规定，总体方案应因地制宜、合理设计。

3．工厂变配电所电气主接线应满足安全性、可靠性、灵活性和经济性的要求。主接线的形式主要有单母线接线、双母线接线和桥式接线等。

4．电气安全用具是保证操作者安全地进行电气作业，防止发生触电、电弧烧伤、高空坠落等事故必不可少的工具。它包括绝缘安全用具、一般防护安全用具及登高作业安全用具等。

绝缘安全用具按用途，可分为基本绝缘安全用具和辅助安全用具。基本绝缘安全用具的绝缘强度足以长时间承受电气设备的工作电压，它是能直接用来操作带电设备或接触带电体的工器具，主要有高压绝缘棒、绝缘夹钳、验电器等。辅助绝缘安全用具是指绝缘强度不足以承受电气设备或线路的工作电压，不能用来直接接触高压电气设备的带电部分，只能用来加强基本绝缘安全用具的保安作用，主要用来防止接触电压、跨步电压、电弧烧伤等对操作人员造成伤害的用具，主要有绝缘手套、绝缘鞋（靴）、绝缘垫、绝缘台、绝缘隔板、绝缘罩等。

一般防护安全用具是指本身没有绝缘性能，但可以起到在作业中防止工作人员受到伤害的安全用具，主要有人体防护用具和安全技术防护用具。

登高作业安全用具是在登高作业及上下过程中使用的专用工具或高处作业时防止高处坠落而制作的防护用具，如安全带、木梯、脚扣、安全绳、安全网等。电气安全用具应按管理规定进行管理。

5．发生触电事故要分秒必争地对触电人员进行现场急救，常用的现场急救方法有口对口（鼻）吹气的人工呼吸法和胸外按压心脏的人工循环法；电气火灾的特点是失火的电气线路或设备可能带电，因此灭火时要防止触电，最好是尽快切断电源。带电灭火时应使用二氧化碳灭火器、干粉灭火器或1211灭火器。

6．电气作业的安全措施有安全技术措施和安全组织措施。安全技术措施有停电、验电、接地、悬挂标志牌和装设遮栏等。安全组织措施有工作票制度，工作许可制度，工作监护制度，工作间断、转移和终结制度。

7. 倒闸操作及倒闸操作票的填写是电气值班人员必须熟练掌握的操作技能。倒闸操作应遵循一定的原则，倒闸操作票的填写应遵守设备和系统的操作原则，按一定的操作顺序和标准的术语，才能保证按照合格的操作票进行正确的倒闸操作。

8. 工厂供配电线路担负着输送和分配电能的重要任务，工厂配电线路常用的接线方式有放射式接线、树干式接线和环形接线等。接线方式的选取与工厂负荷性质、负荷分布等因素有关。

9. 工厂电力线路按结构形式分，有架空线路、电缆线路和车间（室内）线路。

架空线路的特点是成本低、投资小、架设比较容易、易于发现和排除故障、维护检修方便，但架空线路占用地面位置，有碍交通和观瞻，受环境影响较大，安全可靠性较差。

电缆线路的敷设方式灵活，可直接埋地敷设，可采用电缆沟与隧道敷设，也可架空敷设。电缆线路与架空线路相比，虽然具有成本高、投资大、不易发现和排除故障、维修不便等缺点，但它具有运行可靠、受环境影响小、不占用地面位置等优点。

车间线路主要是指车间内外敷设的各类配电线路，主要采用绝缘导线，负荷较大时也采用裸母线明敷设的方式。

思考与练习题

1. 工厂变配电所的作用和任务是什么？车间变电所有哪些类型？

2. 工厂变配电所所址选择应遵循哪些原则？所址靠近负荷中心有哪些好处？

3. 工厂变配电所的总体布置应考虑哪些要求？变压器室、高压配电室、低压配电室与值班室相互之间的位置通常是怎么考虑的？

4. 组合式成套变电所主要由哪几部分组成？

5. 对工厂变配电所电气主接线的设计有哪些要求？内桥接线与外桥接线各有什么特点？各适用于什么情况？

6. 简述工厂变配电所电气主接线几种形式的优缺点。

7. 简述绝缘安全用具、一般防护安全用具及登高作业安全用具的特点。

8. 说明高压绝缘棒和高压验电器的使用方法和使用注意事项。

9. 说明携带型接地线的结构组成、作用和使用注意事项。

10. 简述触电急救处理程序和方式。

11. 简述电气火灾的特点和带电灭火的注意事项。

12. 保证电气作业安全的技术措施有哪些？

13. 保证电气作业安全的组织措施有哪些？

14. 什么情况下填写第一种工作票？什么情况下填写第二种工作票？
15. 什么是工作许可制度、工作监护制度，以及工作间断、转移和终结制度？
16. 简述电气设备四种状态的含义。
17. 工厂变配电所倒闸操作主要包括哪些类型？
18. 倒闸操作票上需要填写的内容有哪些？
19. 倒闸操作的基本原则是什么？
20. 倒闸操作的步骤有哪些？
21. 断路器、隔离开关的操作要领有哪些？
22. 在给电气设备送电前需要做哪些工作？
23. 线路停电、送电时的原则是什么？
24. 试比较放射式接线、树干式接线和环形接线的优缺点。
25. 试比较架空线路和电缆线路的优缺点。
26. 说明工厂架空线路、电缆线路、车间配电线路的巡查周期和巡查内容。

项目五

实施电力变压器运行与维护

项目介绍

本项目主要介绍电力变压器的结构和型号、电力变压器的联结组别、主变压器台数与容量的选择、电力变压器的运行与维护等基础知识和电力变压器的运行和维护的基本技能。为后续开展变配电所电力变压器运行与维护工作打下基础。

知识目标

✧ 掌握电力变压器的结构和型号。
✧ 掌握电力变压器的联结组别。
✧ 掌握主变压器台数与容量的选择原则。
✧ 掌握电力变压器并列运行的基本条件。
✧ 掌握电力变压器的运行与维护要求。

技能目标

✧ 会识别电力变压器的联结组别。
✧ 会测量电力变压器的绝缘电阻。
✧ 会测量电力变压器的负荷电流。
✧ 会检查电力变压器的运行状况。
✧ 会维护电力变压器。

任务一　认识电力变压器的结构和联结组别

电力变压器是变电所中最关键的一次设备，其功能是将电力系统中电能的电压升高或降低，以利于电能的合理输送、分配和使用。

一、电力变压器的结构和型号

电力变压器主要由铁芯和一、二次绕组两大部分组成。图 5-1 是一般三相油浸式电力变压器的外形与结构示意图。图 5-2 是环氧树脂浇注绝缘的三相干式电力变压器的外形与结构示意图。

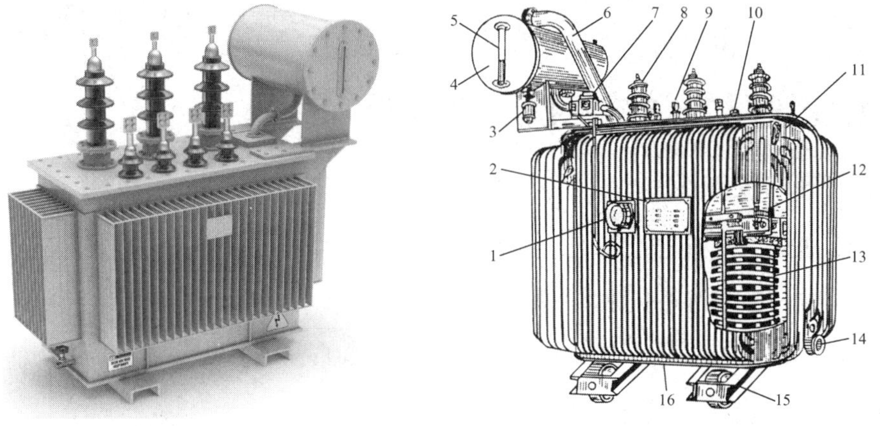

（a）外形　　（b）结构示意图

1—温度计；2—铭牌；3—吸湿器；4—油枕（储油柜）；5—油位指示器（油标）；6—防爆管；7—瓦斯继电器；8—高压套管和接线端子；9—低压套管和接线端子；10—分接开关；11—油箱及散热油管；12—铁芯；13—绕组及绝缘；14—放油阀；15—小车；16—接地端子

图 5-1　一般三相油浸式电力变压器的外形与结构示意图

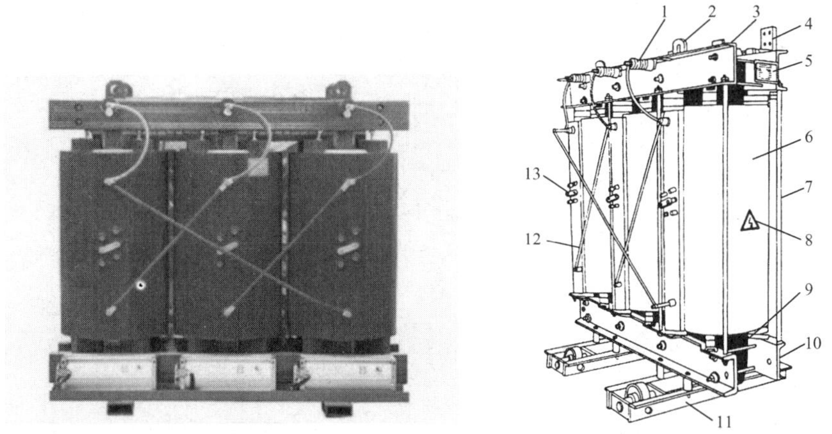

（a）外形　　（b）结构示意图

1—高压出线套管和接线端子；2—吊环；3—上夹件；4—低压出线套管和接线端子；5—铭牌；6—环氧树脂浇注绝缘绕组；7—上下夹件拉杆；8—警示标牌；9—铁芯；10—下夹件；11—小车；12—高压绕组间连接导体；13—高压分接开关连接片

图 5-2　环氧树脂浇注绝缘的三相干式电力变压器的外形与结构示意图

电力变压器的型号和含义如下。

例如，S9-800/10 型，表示三相铜绕组油浸式电力变压器，其性能水平代号为 9，额定容量为 800kV·A，高压绕组电压等级为 10kV。

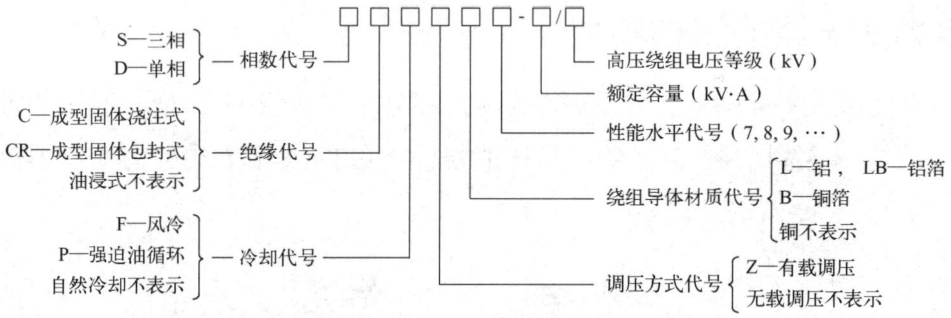

二、电力变压器的联结组别及其选择

1. 电力变压器的联结组别

电力变压器的联结组别是指变压器一、二次绕组因采取不同的联结方式而形成变压器一、二次侧对应的线电压之间的不同相位关系。

6～10kV 电力变压器（二次侧线电压为 220/380V）有 Y yn0 和 D yn11 两种常见的联结组。

变压器 Y yn0 联结组示意图如图 5-3 所示。其一次侧线电压与对应的二次侧线电压之间的相位关系，如同时钟在零点（12 点）时分针与时针的相互关系一样（图 5-3 中一、二次绕组标 “·” 的端子为对应的同名端，即同极性端）。

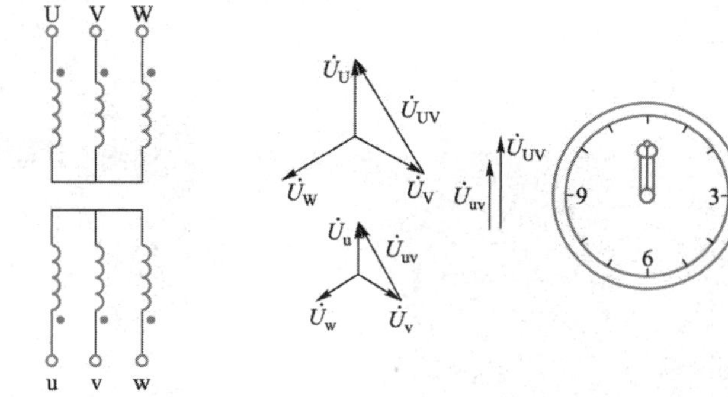

(a) 一、二次绕组接线　(b) 一、二次侧线电压相量　(c) 时钟表示

图 5-3　变压器 Y yn0 联结组示意图

变压器 D yn11 联结组示意图如图 5-4 所示。其一次侧线电压与对应的二次侧线电压之间的相位关系，如同时钟在 11 点时分针与时针的相互关系一样。

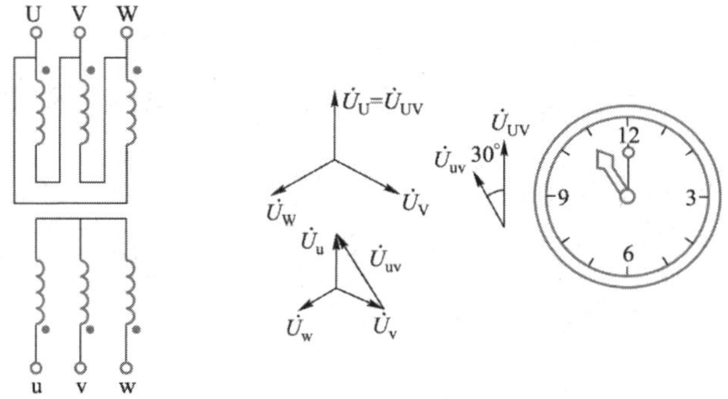

(a) 一、二次绕组接线　(b) 一、二次侧线电压相量　(c) 时钟表示

图 5-4　变压器 D yn11 联结组示意图

电力变压器采用 D yn11 联结相较采用 Y yn0 联结有下列优点。

（1）对 D yn11 联结变压器来说，其 3n 次（n 为正整数）谐波励磁电流在其三角形接线的一次绕组内形成环流，不致注入公共的高压电网中，比一次绕组接成星形接线的 Y yn0 联结变压器更有利于抑制高次谐波电流。

（2）D yn11 联结变压器的零序阻抗较 Y yn0 联结变压器的零序阻抗小得多，从而更有利于低压单相接地短路故障的保护和切除。

（3）当接用单相不平衡负荷时，由于 Y yn0 联结变压器要求中性线电流不超过二次绕组额定电流的 25%，因此严重限制了接用单相负荷的容量，影响了变压器设备能力的充分发挥；但 D yn11 联结变压器的中性线电流允许达到相电流的 75%以上，其承受单相不平衡负荷的能力远比 Y yn0 联结变压器大。因此，《供配电系统设计规范》规定，低压 TN 系统及 TT 系统宜选用 D yn11 联结变压器。

2. 变电所主变压器台数与容量的选择

1）变电所主变压器台数的选择

选择主变压器台数时应考虑以下原则。

（1）应满足用电负荷对供电可靠性的要求。对于供有大量一、二级负荷的变电所，应采用两台主变压器，以便当一台主变压器发生故障或检修时，另一台主变压器能对一、二级负荷继续供电；对于有二级负荷而无一级负荷的变电所，可只采用一台主变压器，但必须在低压侧敷设与其他变电所相联系的联络线作为备用电源，或另有自备电源。

（2）对于季节性负荷或昼夜负荷变动较大而宜采用经济运行方式的变电所，也可考虑采用两台主变压器。

（3）除上述情况外，一般车间变电所宜采用一台主变压器。但对于负荷集中且容量相当大的变电所，虽为三级负荷，也可采用两台或多台主变压器。同时应适当考虑负荷的发展，留有一定的余地。

2）变电所主变压器容量的选择

（1）只装一台主变压器的变电所，其容量应大于或等于全部用电设备总计算负荷。

（2）装有两台主变压器的变电所，任一台单独运行时，其容量应为全部用电设备总计算负荷的 60%～70%，且能满足全部一、二级负荷的需要。

3）车间变电所主变压器单台容量上限

车间变电所主变压器单台容量一般不宜大于 1000kV·A（或 1250kV·A）。

4）适当考虑负荷的发展

应适当考虑今后电力负荷的发展，留有一定余地。

阅读材料：
世界单相最大容量
500kV 主变压器

任务操作二十一　电力变压器绝缘电阻的测量

训练目标

（1）掌握电力变压器绝缘电阻的测量方法及安全注意事项。

（2）会测量电力变压器的绝缘电阻，能对测量结果进行分析。

训练内容

1．测量前的准备

（1）工器具的选择、检查：选择合适的绝缘电阻表及相应的工具，要求能满足工作需要，质量符合要求。

（2）着装、穿戴：穿工作服、绝缘鞋，戴安全帽、绝缘手套。

（3）对变压器进行停电、验电、放电和挂接地线。

（4）检查绝缘电阻表的性能是否符合要求。

（5）人员准备：测量工作由监护人、操作人各 1 人组成。

2．测量内容

1）测量方法

（1）需要测量变压器绝缘电阻的情况。

对于新安装的变压器、大修后的变压器、运行 1～3 年的油浸式变压器、运行 1～5 年的干式和充气式变压器及搁置或停运 6 个月以上的变压器，在投入运行前必须测量绝缘电阻。

（2）测量项目。

测量项目主要有：高压绕组对低压绕组及外壳的绝缘电阻，简称“高对低及地”；低压绕组对高压绕组及外壳的绝缘电阻，简称“低对高及地”。

（3）测量接线图。

测量高压绕组对低压绕组及外壳的绝缘电阻的接线图如图 5-5 所示。绝缘电阻表的 E 端接低压绕组及外壳，G 端接高压瓷套管的瓷裙，L 端接高压绕组。

测量低压绕组对高压绕组及外壳的绝缘电阻的接线图如图 5-6 所示。绝缘电阻表的 E 端接高压绕组及外壳，G 端接低压瓷套管的瓷裙，L 端接低压绕组。

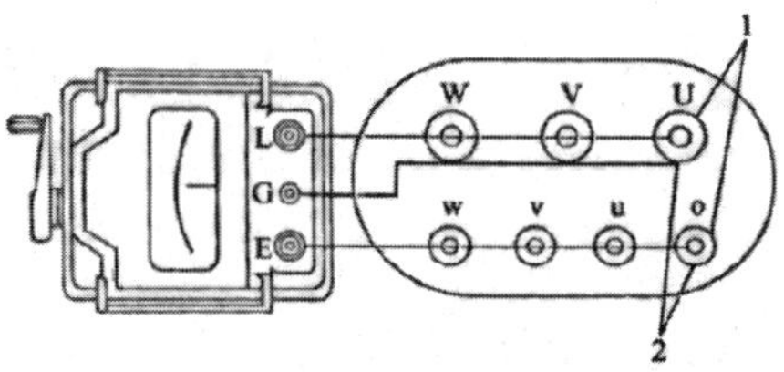

1—瓷裙；2—接线端子

图 5-5　测量高压绕组对低压绕组及外壳的绝缘电阻的接线图

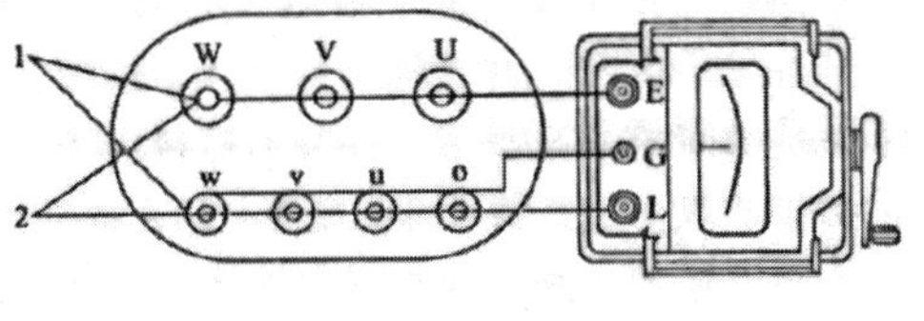

1—瓷裙；2—接线端子

图 5-6 测量低压绕组对高压绕组及外壳的绝缘电阻的接线图

2）测量操作过程

（1）将被测变压器退出运行，并执行验电、放电、装设临时接地线等安全技术措施。

（2）拆除变压器高低压两侧的母线或导线。

（3）将变压器高低压瓷套管擦拭干净，然后用裸铜线在每个瓷套管的瓷裙上绕两三圈，将高低压瓷套管分别连接起来。

（4）将变压器高压 U、V、W 和低压 o、u、v、w 接线端用裸铜线分别短接。

（5）测量时应先将 E 端和 G 端与被测物连接好，用绝缘物挑起 L 线，当绝缘电阻表转速达到 120r/min 时，再将 L 线搭接在高压绕组（或低压绕组）接线端子上。测量时仪表应水平放置，以 120r/min 的转速匀速摇动绝缘电阻表的手柄，当指针稳定 1min 后读取数据，撤下 L 线，再停摇表。

（6）测量前后均应进行绕组对地放电。

（7）测量完毕后，拆除相间短路线，并恢复原来接线。

3）判断绝缘电阻是否符合标准

（1）将本次测得的绝缘电阻值与上次测得的数值换算到同一温度下进行比较，本次数值比上次数值不得降低 30%。

（2）吸收比 $R''60/R''15$（测量中 60s 与 15s 时绝缘电阻的比值）在 10～30℃时，应为 1.3 倍及以上。

（3）3～10kV 变压器在不同温度下绝缘电阻合格值如表 5-1 所示。

表 5-1 3～10kV 变压器在不同温度下绝缘电阻合格值

温度/℃	10	20	30	40	50	60	70	80
良好值/MΩ	900	450	225	120	64	36	19	12
最低值/ MΩ	600	300	150	80	43	24	13	8

（4）新安装的和大修后的变压器，其绝缘电阻合格值应符合上述规定，运行中的变压器则不得低于 10MΩ。

4）操作过程中的安全注意事项

（1）对被测变压器应执行停电、验电、放电、装设临时接地线、悬挂标志牌和装设临时遮栏等安全技术措施，并应拆除高低压侧母线。

（2）测量工作应由两人进行，需要戴绝缘手套。

（3）测量前后必须进行放电。

（4）测量时，应先摇动绝缘电阻表的手柄，再搭接 L 线；测量结束时，应先撤下 L 线；再停止摇动，即“先摇后搭，先撤后停”。

（5）测量过程中不应减速或停摇。

（6）必要时，记录测量时变压器的温度。

任务二　认识电力变压器的运行与维护

一、电力变压器的运行

1. 电力变压器的并列运行

电力变压器并列运行的目的是提高变压器运行的经济性和供电的可靠性。两台或多台电力变压器并列运行时，必须满足下列三个基本条件。

（1）并列变压器的额定一次电压和二次电压必须对应相等，即并列变压器的电压比必须相同，允许差值不得超过±5%。否则，并列变压器二次绕组的回路内将出现环流，由二次电压较高的绕组向二次电压较低的绕组供给电流，引起电能损耗，导致绕组过热甚至烧毁。

（2）并列变压器的短路电压（阻抗电压）必须相等，允许差值不得超过±10%。

（3）并列变压器的联结组别必须相同，即所有并列运行的变压器一、二次电压的相序和相位都必须对应地相同，否则不能并列运行。

此外，并列运行的变压器容量应尽量相同或相近，其最大容量与最小容量之比一般不宜超过 3∶1。如果容量相差悬殊，不仅运行不方便，而且在变压器特性稍有差异时，变压器间的环流将相当显著，特别是容量小的变压器容易过负荷或烧毁。

2. 电力变压器的经济运行

电力变压器的效率很高，但在运行时变压器内部存在着铁损和铜损两部分损耗。所谓电力变压器的经济运行，是指电力变压器的有功损耗最小且能获得最佳经济效益的运行方式。为了保证供电的可靠性和负荷有较大变化时的经济性，一般在变电所内安装两台或多台同规格及特性的电力变压器并列运行。

3. 电力变压器的过负荷运行

电力变压器有一定的过负荷能力，允许其在正常或事故情况下过负荷运行。所谓过负荷能力，是指电力变压器在较短的时间内所输出的最大容量。电力变压器的过负荷能力分为正常过负荷能力和事故过负荷能力两种。

1）正常过负荷能力

电力变压器在额定条件下工作可连续运行 20 年。在不损害电力变压器线圈绝缘和不缩短电力变压器使用寿命的前提下，电力变压器允许短时过负荷，其过负荷系数及允许的持续时间应根据电力变压器的负荷曲线及空气温度来确定。

2）事故过负荷能力

当电力系统或工厂变配电所发生事故时，为保证对重要车间和设备的连续供电，允许电力变压器短时过负荷运行，即事故过负荷。此时，电力变压器效率的高低、绝缘损坏率的增加等因素已退居次要地位，主要考虑不造成重大经济损失，确保人身和设备安全。因此，在确定过负荷系数和允许的持续时间时要考虑对绝缘的寿命做出些牺牲，但也不能使变压器有显著损坏。具体数值可按电力变压器制造厂规定执行。

必须注意，在电力变压器正常过负荷前，应投入全部工作冷却器，必要时投入备用冷却器；在事故过负荷时，两者应全部投入，同时运行人员应立即汇报当班调度员，设法转移负荷，期间应每隔半小时抄表，并加强监视。

二、电力变压器运行时的允许温度和温升

1. 运行时的允许温度

电力变压器的允许温度是根据电力变压器所使用的绝缘材料的耐热强度而规定的最高温度。

油浸式电力变压器温度最高的部件是线圈，其次是铁芯，变压器油温最低。由于线圈的匝绝缘是电缆纸，因此线圈的最高温度为电缆纸的允许温度。因此，油浸式电力变压器的绝缘等级为 A 级，其允许温度为 105℃。

为便于监视电力变压器运行时各部件的平均温度，规定以电力变压器上层油温来确定电力变压器的允许温度。电力变压器上层油温一般比线圈温度低 10℃。在正常情况下，为使电力变压器油不过快氧化，上层油温不得超过 85℃；为防止油质劣化，规定电力变压器上层油温最高不得超过 95℃。

2. 运行时的允许温升

电力变压器的允许温度与周围空气的最高温度之差称为允许温升。电力变压器在额定负荷时，各部分温升的规定如下：线圈（A 级绝缘油浸自冷或非导向强迫油循环）温升限值为 65℃，上层油的温升限值为 55℃。

3. 允许温度与允许温升的关系

允许温度＝允许温升＋40℃（周围空气的最高温度）。当周围空气的温度超过 40℃后，就不允许电力变压器满负荷运行了。

要保证电力变压器安全运行，不仅要监视电力变压器上层油温不超过允许值，而且要监视其温升不超过允许值。

三、电力变压器电源电压变化的允许范围

电力变压器外加一次电压可以比额定电压高，但不得超过相应分接开关电压值的 105%。无论分接开关在何位置，若所加一次电压不超过相应额定电压的 5%，则变压器二次侧可带额

定负荷。

就电力变压器本身来讲，解决电源电压高的唯一办法是利用变压器的分接开关进行调压。

阅读材料：电力变压器的投运与停运规定

任务操作二十二　电力变压器的巡查与维护

训练目标

（1）掌握电力变压器的巡查与维护项目。

（2）会对电力变压器进行巡查与维护。

（3）会检查电力变压器的运行状况。

训练内容

1．巡查与维护前的准备

（1）工器具的选择、检查：要求能满足工作需要，质量符合要求。

（2）着装、穿戴：穿工作服、绝缘鞋，戴安全帽。

2．巡查与维护工作内容

1）电力变压器的巡查

（1）电力变压器的巡查周期。

在有人值班的变电所，所内变压器每天至少巡查一次，每周应有一次夜间巡查；在无人值班的变电所，所内变压器每周至少巡查一次；室外柱上变压器应每月巡查一次；新安装或检修后的变压器在投运 72h 内、在变压器负荷变化剧烈时、在天气恶劣时、在变压器运行异常或线路故障后，应增加特殊巡查。

（2）电力变压器的巡查项目。

① 油浸式电力变压器的正常巡查项目。

a．检查油枕和充油套管的油位、油色是否正常，有无渗油、漏油现象。

b．检查上层油温有无超过 85℃。

c．检查运行声音是否正常。

d．检查套管是否清洁，有无破损、裂纹、放电痕迹和其他异常现象。

e．检查各冷却器手感温度是否相近，风扇、油泵运转是否正常，油流继电器是否正常。

f．检查引线是否过松、过紧，接头接触是否良好，有无发热、烧伤痕迹。

g．检查电缆、母线和引线接头有无异常发热现象，接头处及引线温度不得超过 70℃，各部分电气距离是否符合要求。

h．检查接地线是否完整，接地是否良好。

i．检查呼吸器是否畅通，吸湿剂是否饱和、变色。

j．检查压力释放器或安全气道防爆膜是否完好无损。

k．检查瓦斯继电器的油阀是否打开，有无渗油、漏油。

l．检查对于变压器在室内的情况，门、窗是否完整，照明和温度是否合适，通风是否良好。

m．检查警告牌悬挂是否正确，各种标志是否齐全、地面是否干净无杂物。

② 油浸式电力变压器的定期检查项目。

a．检查变压器外壳及箱沿有无异常发热。

b．检查变压器各部位的接地应完好，必要时应测量铁芯和夹件的接地电流。

c．检查各种保护装置是否齐全、良好。

d．检查各种温度计是否在检定周期内，超温信号是否正确可靠。

e．检查变压器室的消防设施是否齐全。

f．检查储油池和排油设施是否保持良好状态。

g．投运变压器前，值班人员应仔细检查、确认变压器保护装置是否在投入状态，变压器是否具备带电运行条件。并注意外部有无异物，临时接地线是否已拆除，各阀门开闭是否正确。变压器在低温投运时，应防止呼吸器因结冰而被堵塞。

③ 干式电力变压器的巡查项目。

a．变压器有无异音（均匀的嗡嗡声为正常）、异味，接地应可靠。

b．风机运行正常、无异音，手动应能正常启停，自动根据温度显示启停。

c．温控仪上温度指示应正常，与测温仪测试温度一致。

d．变压器外壳应无裂痕、无异物，名称、编号、铭牌齐全。

e．变压器室内通风装置应正常。

f．变压器内部接线正确牢固，连接处无变色，局部螺丝温度无过高现象，电缆头处无异常放电声音，无变色、起泡、干瘪、龟裂、老化、脏污等现象，与壳体保持足够安全距离（约20mm）。

g．连接铜排相色分明，无变色，上部无异物，相间隔离绝缘板完好。

h．应定期进行外部检查，异常情况下运行时，应加强监视，增加检查次数。

④ 电力变压器的特殊巡查项目。

在天气变化、出现高峰负荷或出现异常等时，应对电力变压器进行以下特殊项目的巡查。

a．大风天气时，对室外变压器检查其附近有无易被风吹动飞起来的杂物，以防止吹落到变压器带电部分；应检查引线摆动及变压器上是否有悬挂物。

b．暴雨天气时，应检查站内排水情况，周围是否有洪水、滑坡、塌陷等自然灾害隐患。

c．雷雨天气后，应检查套管有无破损、裂纹和是否有闪络放电现象，各侧避雷器放电计数器是否动作。

d. 大雾、毛毛雨天气时，应检查瓷瓶、套管有无放电现象，并应重点监视污秽瓷质部分有无放电闪络现象。

e. 下雪天气时，应根据积雪情况检查各接点的发热情况，并及时处理积雪和冰柱。

f. 当发生穿越性短路故障后，应检查变压器各侧套管接头有无异常。

g. 当保护动作后，应检查变压器本体有无损坏、变形，各部连接金具有无松动。

h. 当变压器满负荷或过负荷运行时，应加强巡查负载电流、上层油温和运行时间。

i. 气温骤冷或骤热时，应检查油温、油位是否正常。

2）电力变压器的停电清扫维护

电力变压器的停电清扫维护属于定期检查，一般每年两次，清扫后即进行预防性试验。电力变压器的停电清扫维护的主要内容如下。

（1）清扫套管及附件、油表管、瓦斯继电器、安全气道、呼吸器、温度计、油箱、散热装置和各种阀门。特别要注意各零部件与油箱连接处及散热器的蝶阀的清扫。

（2）检查引线与套管接线端点的接触情况，紧固件有无松动。

（3）测量线圈的绝缘电阻，并检查油箱接地情况是否良好。

3）电力变压器运行状况的检查

（1）检查变压器的运行温度及温升。

通过检查变压器遥测温度计、本体温度计所指示的数值，判断运行温度是否在允许范围内；通过检查变压器室外环境温度，判断温升是否在允许范围内。

（2）检查变压器的负荷情况。

通过检查变压器负荷电流大小、上层油温、各种负载状态下的输出电压，判断运行时的负荷情况。

① 要求负荷电流在规定范围内，上层油温不超过 85℃，输出电压波动幅度在允许范围内。

当变压器过负荷时，对室外变压器而言，其过负荷系数最多不得超过额定值的 30%；对室内变压器而言，其过负荷系数最多不得超过额定值的 20%。

② 对安装在室外无计量装置的变压器，应测量典型负荷曲线；对有计量装置的变压器，应记录小时负荷，并画出日负荷曲线。

③ 测量三相电流的平衡情况。对于 Y yn0 联结组的三相四线制变压器，其中性线电流不应超过低压线圈额定电流的 25%，超过时应调节每相负荷，使各相负荷趋向平衡。

④ 应经常监视变压器电源电压的变化，其变化范围应在±5%额定电压以内，确保二次电压质量。若电源电压长期过高或过低，则应通过调整变压器的分接开关，使二次电压趋于正常。

（3）检查变压器冷却装置的运行状况。

变压器运行时，为防止其温度、温升超过其允许值，就需要采取冷却降温措施。

干式变压器在铁芯及绕线间留有风道，采用鼓风机吹风冷却；容量为 7500kV·A 及以下的油浸式变压器，其铁芯和绕组直接浸入变压器油中，通过冷热油的不断对流，将变压器铁芯和绕组中的热量带走而传给了油箱、散热器，再靠油箱壁的辐射和散热器与周围空气之间的自然散热，把热量散发到空气中；容量为 10000kV·A 以上的大容量变压器，为了加强油的冷却效果，在散热器上加装风扇（每组散热器上装设两台小风扇），即用风扇将风吹于散热器上，以使热油能迅速冷却，加速热量的散出，降低变压器的油温。

检查变压器冷却装置的运行状况主要是检查其散热器有无漏油，查看冷却风扇有无反转、卡住现象及有无异常响声。

（4）检查变压器本体的运行状况。

变压器本体运行状况的检查项目如下。

① 变压器的油位、油色是否正常。

② 油温是否正常。

③ 运行声音是否正常。

④ 引线、桩头及套管是否正常。

⑤ 变压器主附设备是否渗油、漏油。

⑥ 呼吸器油封是否通畅，呼吸是否正常，呼吸器内的变色硅胶变色是否超过 2/3。

⑦ 压力释放阀装置是否密封，或防爆管上的隔膜是否完整。

⑧ 气体继电器内有无气体，其接线端子盒是否密封。

⑨ 冷却装置运行是否正常，风扇有无反转、卡住现象，潜油泵运行有无异常。

⑩ 有载调压分接开关动作情况是否正常。

⑪ 外壳接地有无锈蚀，铁芯接地引线经小套管引出接地连接是否完好。

3. 巡查与维护记录

按要求进行巡查与维护记录（在运行记录簿上记录巡查与维护时间、巡查与维护人员姓名及设备状况等）。

项目总结

1. 电力变压器是变电所中最关键的一次设备，其功能是将电力系统中电能的电压升高或降低，以利于电能的合理输送、分配和使用。电力变压器主要由铁芯和一、二次绕组两大部分组成。

2. 电力变压器的联结组别是指变压器一、二次绕组因采取不同的联结方式而形成变压器一、二次侧对应的线电压之间的不同相位关系。6～10kV 电力变压器（二次侧线电压为 220/380V）有 Y yn0 和 D yn11 两种常见的联结组。

3．变电所主变压器台数、容量的选择应在满足用电负荷对供电可靠性要求的基础上，根据工厂变电所的具体情况而定。

4．电力变压器并列运行的目的是提高变压器运行的经济性和供电的可靠性。两台或多台电力变压器并列运行时，必须满足一定的条件。

5．电力变压器的允许温度是根据电力变压器所使用的绝缘材料的耐热强度而规定的最高温度。电力变压器的允许温度与周围空气的最高温度之差称为允许温升。

6．电力变压器有一定的过负荷能力，允许其在正常或事故情况下过负荷运行。

7．对运行中的电力变压器，必须按一定的周期进行外部检查、负荷检查、停电清扫等检查与维护工作。

思考与练习题

1．电力变压器主要由哪些部分组成？6～10kV 电力变压器有哪两种联结组？又各自适用于什么场合？

2．工厂或车间变电所的主变压器台数和容量应如何选择？

3．电力变压器并列运行应满足哪些基本条件？

4．正常运行时，对电力变压器本体运行状况检查的项目有哪些？在什么情况下需要对电力变压器进行特殊项目的巡查？

5．如何进行电力变压器的投运和停运？

项目六

认识工厂供配电系统过电流保护

项目介绍

本项目主要介绍工厂供配电系统过电流保护的基础知识，熔断器保护、低压断路器保护在工厂供配电系统中的应用，常用保护继电器的结构、原理，继电保护装置的接线方式，电力变压器的继电保护等基础知识和基本技能，重点介绍工厂供配电线路和电力变压器的继电保护，为今后开展工厂变配电所运行与维护工作打下基础。

知识目标

✧ 了解继电保护装置的任务、基本要求。
✧ 掌握熔断器保护在工厂供配电系统中的应用。
✧ 掌握低压断路器保护在工厂供配电系统中的应用。
✧ 了解常用保护继电器的结构、原理、作用和符号。
✧ 掌握常用保护继电器的接线方法。
✧ 掌握继电保护装置的常用接线方式，熟悉各种接线方式的特点及应用。
✧ 熟悉工厂供配电线路继电保护的设置要求，掌握定时限过电流保护等保护形式的接线、工作原理。
✧ 熟悉电力变压器继电保护的设置要求，掌握电力变压器过电流保护等保护形式的接线、工作原理。

技能目标

✧ 会选择熔断器和低压断路器。
✧ 会测试、整定常用保护继电器的参数。
✧ 能进行保护继电器的运行维护。
✧ 能进行工厂供配电线路继电保护的运行维护。
✧ 能进行电力变压器继电保护的运行维护。

任务一　认识过电流保护的基础知识

一、过电流保护装置的分类和任务

为保证工厂供配电系统的安全运行，避免过负荷和短路引起的过电流对系统的影响，在工厂供配电系统中应装设不同类型的过电流保护装置。常用的过电流保护主要有熔断器保护、低压断路器保护和继电器保护等。

熔断器保护适用于高低压供配电系统，具有简单经济的优点，但也有灵敏度低、熔体熔断后更换需一定时间、影响供电可靠性的缺点。

低压断路器保护只适用于低压系统，具有灵敏度高、故障消除后可以很快合闸恢复供电的优点，可以使供电可靠性大大提高。

继电器保护适用于对供电可靠性要求较高、操作要求灵活、自动化程度较高的高压供电系统。继电器保护装置是能对供配电系统中电气设备发生故障或不正常运行状态做出反应而动作于断路器跳闸或发出信号的一种自动装置，它通常由互感器和一个或多个继电器组成。

继电器保护装置（可简称为继电保护装置）的任务如下。

（1）在故障时动作于跳闸。能自动、快速且有选择性地将故障设备或线路通过断路器从供配电系统中切除，保证其他非故障部分迅速恢复正常运行，同时能发出信号，提醒值班人员检查，及时消除故障。

（2）在不正常运行状态时发出报警信号。及时发现系统中不正常的运行状态，并给出信号，预告系统中出现不正常运行的设备，以便及时处理，保证系统安全可靠地供电。

二、过电流保护装置的基本要求

过电流保护装置必须满足选择性、速动性、可靠性和灵敏性四项基本要求，如表 6-1 所示。

表 6-1　过电流保护装置的基本要求

序　　号	保 护 要 求	说　　明
1	选择性	选择性是指当供配电系统发生故障时，保护装置有选择性地将故障切除，即离故障点最近的保护装置动作，切除故障，使停电范围尽量缩小，从而保证无故障设备继续运行。相反，如果供配电系统发生故障时，靠近故障点的保护装置不动作（拒动），而离故障点远的前级保护装置动作（越级动作），则称为失去选择性
2	速动性	速动性是指保护装置在可能的条件下，应能尽快动作，切除故障，减轻故障对系统的破坏程度，加快系统恢复正常工作状态，这是供配电系统对保护装置动作速度的要求 故障切除时间等于保护装置动作时间和断路器动作时间之和，一般快速保护动作时间为 0.06～0.12s，断路器动作时间为 0.06～0.15s

续表

序　　号	保护要求	说　　明
3	可靠性	可靠性是指当事故或故障发生时，保护装置应动作可靠，不能拒绝动作；而在正常工作情况下，保护装置应避开正常工作时某些设备的冲击电流的作用，不能误动作。保护装置的拒动和误动，都是保护装置可靠性差的表现。保护装置的可靠性与元件的质量、接线方案，以及安装、整定和运行维护等多种因素有关
4	灵敏性	灵敏性是指保护装置在其保护范围内对故障或不正常运行状态的反应能力。在保护范围内发生故障时，不论故障位置、类型如何及短路点是否有“过渡”电阻，都要求保护装置能敏锐感觉，正确反应。保护装置的灵敏性通常用灵敏系数来衡量

以上四项基本要求，对于一个具体的保护装置而言，不一定都是同等重要的，而往往有所侧重。例如，对电力变压器，由于它是供电系统中最关键的一次设备，因此对其保护装置的灵敏度要求较高；而对一般电力系统的保护装置，灵敏度要求可低一些，但对其选择性要求较高。因此，上述四项基本要求既相互联系又相互矛盾，优先考虑哪个因素，应视具体情况确定。同时，还应考虑保护装置技术的先进性、经济性、安装调试、运行维护等因素。

任务二　认识熔断器保护

一、熔断器在供配电系统中的配置

熔断器在供配电系统中的配置应符合选择性保护的要求，即熔断器要配置得使故障范围缩小到最小限度。此外还应考虑经济性，即供配电系统中配置的熔断器数量又要尽量少。

图 6-1 是熔断器在低压放射式配电系统中配置的合理方案示例，既能满足选择性保护的要求，又同时使配置数量较少。图 6-1 中的 FU5 用来保护电动机及其支线。当 k-5 处短路时，FU5 熔断；当 k-4 处短路时，FU4 熔断。而 FU3～FU1 均各有其主要保护对象，FU3 主要用来保护配电干线，FU2 用来保护低压配电屏母线，FU1 用来保护电力变压器。当 k-3～k-1 中任一处短路时，靠近短路点对应的熔断器熔断，切除故障线路。

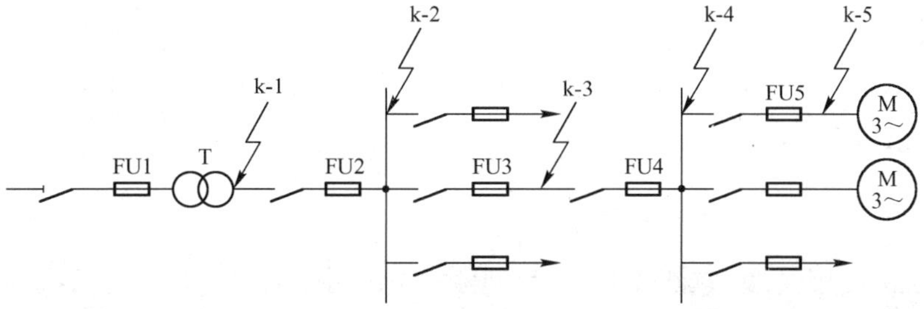

图 6-1　熔断器在低压放射式配电系统中配置的合理方案示例

必须注意，在低压配电系统中的 PE 线和 PEN 线上，不允许装设熔断器，以免 PE 线或 PEN 线因熔断器熔体熔断而断路，使所有接 PE 线或接 PEN 线的设备的外壳带电，危及人身安全。

二、熔断器熔体电流的选择

1．保护电力线路的熔断器熔体电流的选择

保护电力线路的熔断器熔体电流应满足下列条件。

（1）熔体额定电流 I_N 应不小于线路的计算电流 I_{30}，以使熔体在线路正常运行时不致熔断，即 $I_N \geqslant I_{30}$。

（2）熔体额定电流 I_N 还应能躲过线路的尖峰电流 I_{Pk}，即在线路出现正常尖峰电流（如电动机的启动电流）时熔体不致熔断，即 $I_N \geqslant KI_{Pk}$。

上式中的 K 为小于 1 的计算系数。对供电给单台电动机的线路熔断器来说，此系数应根据熔断器的特性和电动机的启动情况决定：启动时间为 3s 以下（轻载启动），宜取 $K=0.25\sim0.35$；启动时间为 3～8s（重载启动），宜取 $K=0.35\sim0.5$；启动时间超过 8s 或频繁启动、反接制动，宜取 $K=0.5\sim0.6$。对供电给多台电动机的线路熔断器来说，此系数应视线路上容量最大的一台电动机的启动情况、线路尖峰电流与计算电流的比值及熔断器的特性而定，取 $K=0.5\sim1$；若线路尖峰电流与计算电流的比值接近于 1，则可取 $K=1$。

（3）熔断器保护还应与被保护的线路相配合，不致发生因过负荷和短路引起绝缘导线和电缆过热起燃而熔体不熔断的事故。

2．保护电力变压器的熔断器熔体电流的选择

保护电力变压器的熔断器熔体额定电流 I_N 根据经验应满足下式要求，即

$$I_N=(1.5\sim2.0)I_{1N}$$

式中，I_{1N} 为变压器的额定一次电流。

同时，应考虑熔体电流要能躲过电力变压器允许的正常过负荷电流，要能躲过来自电力变压器低压侧电动机自启动引起的尖峰电流，要能躲过变压器自身的励磁涌流。

3．保护电压互感器的熔断器熔体电流的选择

由于电压互感器二次侧的负荷很小，因此保护电压互感器的 RN2 型等高压熔断器的熔体额定电流一般为 0.5A。

三、熔断器的选择

选择熔断器时应满足下列条件。

（1）熔断器的额定电压应不低于所保护线路的额定电压。

（2）熔断器的额定电流应不小于所安装熔体的额定电流。

（3）熔断器的类型应符合其安装场所（户内或户外）及被保护设备对保护的技术要求。

任务三　认识低压断路器保护

一、低压断路器在低压配电系统中的配置

低压断路器在低压配电系统中，通常有下列三种配置方式。

1. 单独接低压断路器或低压断路器-刀开关的方式

（1）对于只装有一台主变压器的变电所，由于高压侧装有高压隔离开关，因此低压侧可单独装设低压断路器作为主开关，如图 6-2（a）所示。

（2）对于装有两台主变压器的变电所，当低压侧采用低压断路器作为主开关时，应在低压断路器与低压母线之间加装刀开关，以便在检修变压器或低压断路器时隔离来自低压母线的反馈电源，确保人身安全，如图 6-2（b）所示。

（3）对于低压配电出线上装设的低压断路器，为保证检修低压出线和低压断路器时的安全，应在低压断路器之前（低压母线侧）加装刀开关，以隔离来自低压母线的电源，如图 6-2（c）所示。

2. 低压断路器与接触器配合的方式

对于频繁操作的低压配电线路，宜采用如图 6-2（d）所示的低压断路器与接触器配合的方式。接触器用于频繁操作控制，热继电器用于过负荷保护，而低压断路器主要用于短路保护。

3. 低压断路器与熔断器配合的方式

若低压断路器的断流能力不足以断开电路的短路电流时，则它可与熔断器或熔断器式刀开关配合使用，如图 6-2（e）所示。熔断器用于短路保护，而低压断路器用于电路的通断控制和过负荷保护。

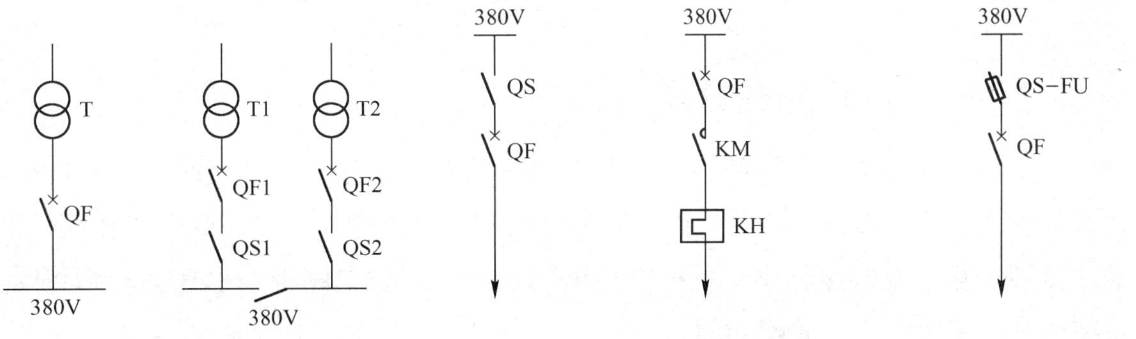

（a）适用于一台主变压器的变电所　（b）适用于两台主变压器的变电所　（c）适用于低压配电出线　（d）适用于频繁操作的低压配电线路　（e）适用于低压断路器的断流能力较小的低压配电线路

图 6-2　低压断路器在低压配电系统中的配置方式

二、低压断路器过电流脱扣器的电流的选择和整定

1. 低压断路器过电流脱扣器的额定电流 I_N 的选择

低压断路器过电流脱扣器的额定电流 I_N 应不小于线路的计算电流 I_{30}。

2. 低压断路器过电流脱扣器的动作电流的整定

（1）瞬时过电流脱扣器的动作电流应能躲过线路的尖峰电流。

（2）短延时过电流脱扣器的动作电流应能躲过线路短时间出现的负荷尖峰电流。短延时过电流脱扣器的动作时间通常分 0.2s、0.4s 和 0.6s 三级，按前后保护装置选择性保护的要求来确定，应使前一级保护的动作时间比后一级保护的动作时间长一个时间级，即相差 0.2s。

（3）长延时过电流脱扣器主要用来保护过负荷，因此其动作电流只需要躲过线路的最大负荷电流（计算电流）。长延时过电流脱扣器的动作时间应躲过允许过负荷的持续时间。其动作特性通常是反时限的，即过负荷电流越大，其动作时间越短。一般动作时间为 1～2h。

三、低压断路器热脱扣器的电流的选择和整定

（1）低压断路器热脱扣器的额定电流 I_N 应不小于线路的计算电流 I_{30}。

（2）低压断路器热脱扣器的动作电流取 1.1 倍的计算电流 I_{30} 值。

四、低压断路器的选择

选择低压断路器时应满足下列条件。

（1）低压断路器的额定电压应不低于所保护线路的额定电压。

（2）低压断路器的额定电流应不小于所安装脱扣器的额定电流。

（3）低压断路器的类型应符合其安装场所、保护性能及操作方式的要求，因此应同时选择其操作机构的形式。

任务四　认识常用保护继电器

一、常用保护继电器的分类

继电器是一种能够自动动作的电器，当控制它的输入量达到规定值时，其电气输出电路被接通或分断，并且有电路控制的功能。继电器按其用途，可分为控制继电器和保护继电器。控制继电器用于自动控制电路中，保护继电器用于继电保护电路中。本任务介绍我国工厂供配电系统中常用的机电型保护继电器。

保护继电器按使其做出反应的物理量分，有电流继电器、电压继电器、功率继电器、瓦斯（气体）继电器等。

保护继电器按使其做出反应的数量变化分，有过量继电器、欠量继电器，如过电流继电

器、欠电压继电器。

保护继电器按其在保护装置中的功能分，有启动继电器、时间继电器、信号继电器、中间（出口）继电器等。图 6-3 是线路过电流保护的接线框图。当线路上发生短路时，启动用的电流继电器 KA 瞬时动作，使时间继电器 KT 启动，KT 经整定的一定时限（延时）后，接通信号继电器 KS 和中间继电器 KM，KM 接通断路器 QF 的跳闸回路，使 QF 自动跳闸。

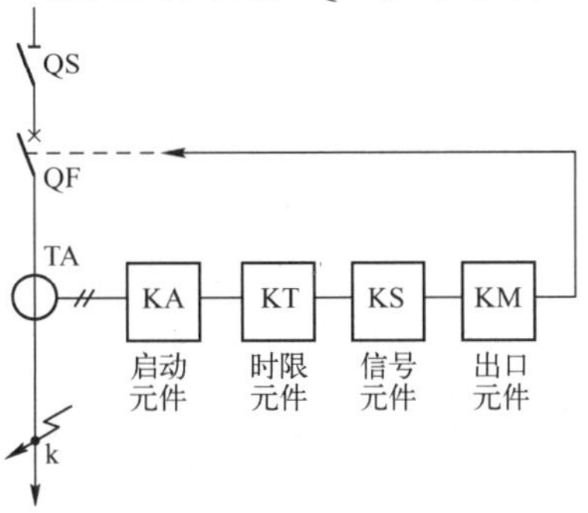

KA—电流继电器；KT—时间继电器；KS—信号继电器；KM—中间继电器

图 6-3 线路过电流保护的接线框图

保护继电器按其动作于断路器的方式分，有直接动作式继电器和间接动作式继电器两类。断路器操作机构中的脱扣器实际上就是一种直接动作式继电器，而一般的保护继电器则为间接动作式继电器。

保护继电器按其与一次电路联系的方式分，有一次式继电器和二次式继电器两类。一次式继电器的线圈是与一次电路直接相连的，例如，低压断路器的过电流脱扣器和失压脱扣器，实际上就是一次式继电器，同时又是直接动作式继电器。二次式继电器的线圈是通过互感器接入一次电路的。高压系统中的保护继电器都是二次式继电器，均接在互感器的二次侧。

二、电磁式电流继电器

电磁式电流继电器（KA）在继电保护装置中作为启动元件，属于测量继电器。图 6-4 所示为DL-10系列电磁式电流继电器的外形与内部结构示意图，图6-5所示为其内部接线和图形符号。

（a）外形

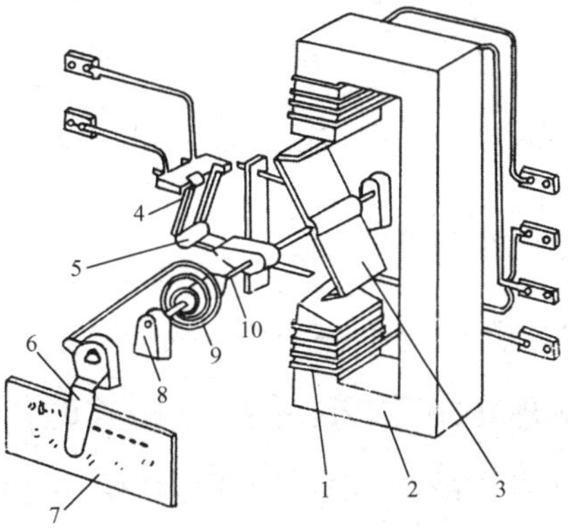

（b）内部结构示意图

1—线圈；2—铁芯；3—Z 形钢舌片；4—静触头；5—动触头；

6—启动电流调节转杆；7—标度盘（铭牌）；8—轴承；9—反作用弹簧；10—轴

图 6-4 DL-10 系列电磁式电流继电器的外形与内部结构示意图

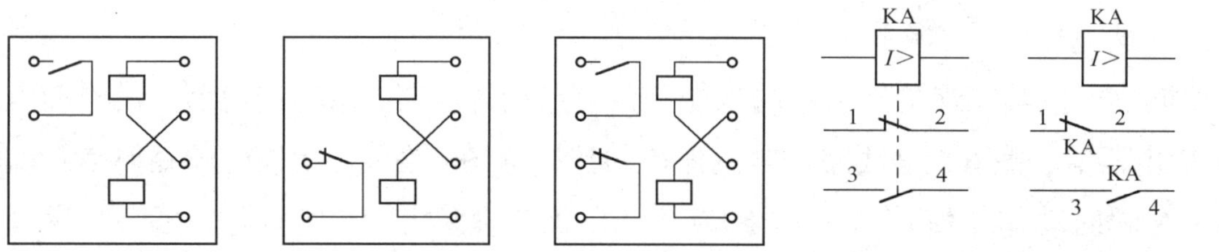

（a）DL-11 型　（b）DL-12 型　（c）DL-13 型　（d）集中表示的图形符号　（e）分开表示的图形符号

KA1-2—常闭（动断）触头；KA3-4—常开（动合）触头

图 6-5　DL-10 系列电磁式电流继电器的内部接线和图形符号

由图 6-4 可知，当继电器线圈通过电流时，铁芯中产生磁通，力图使 Z 形钢舌片向凸出磁极偏转。与此同时，轴上的反作用弹簧又力图阻止 Z 形钢舌片偏转。当继电器线圈中的电流增大到使 Z 形钢舌片所受的转矩大于弹簧的反作用力矩时，Z 形钢舌片便被吸近铁芯，使常开触头闭合，常闭触头断开，这时继电器动作。

能使电流继电器刚好动作，并使常开触头闭合的最小电流，称为继电器的动作电流，用 I_{op} 表示。电流继电器动作后，减小通入继电器线圈的电流，使继电器由动作状态返回起始位置的最大电流，称为继电器的返回电流，用 I_{re} 表示。继电器的返回电流与动作电流的比值，称为继电器的返回系数，用 K_{re} 表示，即 $K_{re}=I_{re}/I_{op}$。

对于过电流继电器，其返回系数 K_{re} 总小于 1，一般为 0.8。当过电流继电器的 K_{re} 过小时，还可能使保护装置发生误动作。

电磁式电流继电器的动作极为迅速，可认为是瞬时动作的，因此它是一种瞬时继电器。

三、电磁式电压继电器

电磁式电压继电器（KV）的结构和原理，与电磁式电流继电器极为相似，但电压继电器的线圈为电压线圈，可分为过电压继电器和欠电压继电器两种。应用较多的是欠电压继电器。

欠电压继电器的动作电压 U_{op} 为其电压线圈上加的使继电器动作的最高电压；而其返回电压 U_{re} 为其电压线圈上加的使继电器由动作状态返回起始位置的最低电压。欠电压继电器的返回系数 $K_{re}=U_{re}/U_{op}>1$。其值越接近于 1，说明继电器越灵敏，一般为 1.25。

四、电磁式时间继电器

电磁式时间继电器（KT）在继电保护装置中用来使保护装置获得所要求的延时（时限）。

图 6-6 所示为 DS-110、120 系列电磁式时间继电器的外形与内部结构示意图，其内部接线和图形符号如图 6-7 所示。其中，DS-110 系列用于直流，DS-120 系列用于交流。

当时间继电器线圈接上工作电压时，铁芯被吸入，使卡住的一套钟表机构被释放，同时切换瞬时触头。在拉引弹簧作用下，经过整定的时间，使延时触头闭合。时间继电器的延时，可通过改变主静触头的位置（它与主动触头的相对位置）来调节。调节的时间范围在动作时限标度盘上标出。当时间继电器线圈断电时，在弹簧作用下返回起始位置。

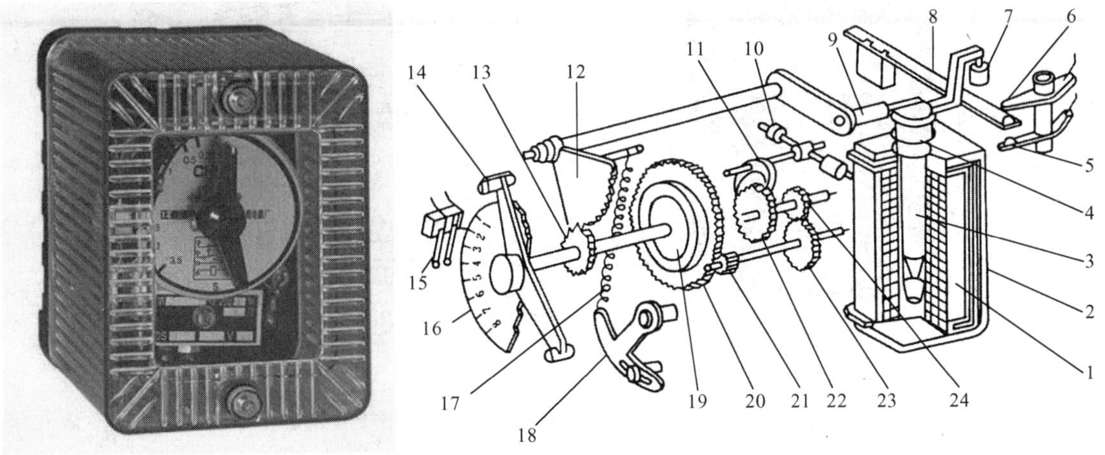

（a）外形　　　　　　　　　　　　（b）内部结构示意图

1—线圈；2—电磁铁；3—可动铁芯；4—返回弹簧；5、6—瞬时静触头；7—绝缘杆；8—瞬时动触头；9—压杆；10—平衡锤；11—摆动卡板；12—扇形齿轮；13—传动齿轮；14—主动触头；15—主静触头；16—动作时限标度盘；17—拉引弹簧；18—弹簧拉力调节机构；19—摩擦离合器；20—主齿轮；21—小齿轮；22—掣轮；23、24—钟表机构传动齿轮

图 6-6　DS-110、120 系列电磁式时间继电器的外形与内部结构示意图

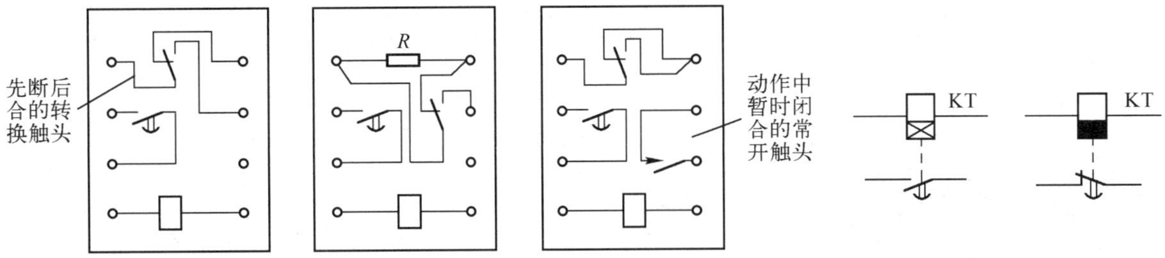

（a）DS-111、112、113、121、122、123 型　（b）DS-111C、112C、113C 型　（c）DS-115、116、125、126 型　（d）时间继电器的缓吸线圈及延时闭合触头符号　（e）时间继电器的缓放线圈及延时断开触头符号

图 6-7　DS-110、120 系列电磁式时间继电器的内部接线和图形符号

五、电磁式中间继电器

电磁式中间继电器（KM）在继电保护装置中用作辅助继电器，以弥补主继电器触头数量或触头容量的不足。它通常装在保护装置的出口回路中，用来接通断路器的跳闸线圈。

图 6-8 所示为 DZ-10 系列电磁式中间继电器的外形与内部结构示意图。当其线圈通电时，衔铁被快速吸向电磁铁，从而使触头切换。当线圈断电时，继电器就快速释放衔铁，触头全部返回起始位置。图 6-9 为 DZ-10 系列电磁式中间继电器的内部接线和图形符号。

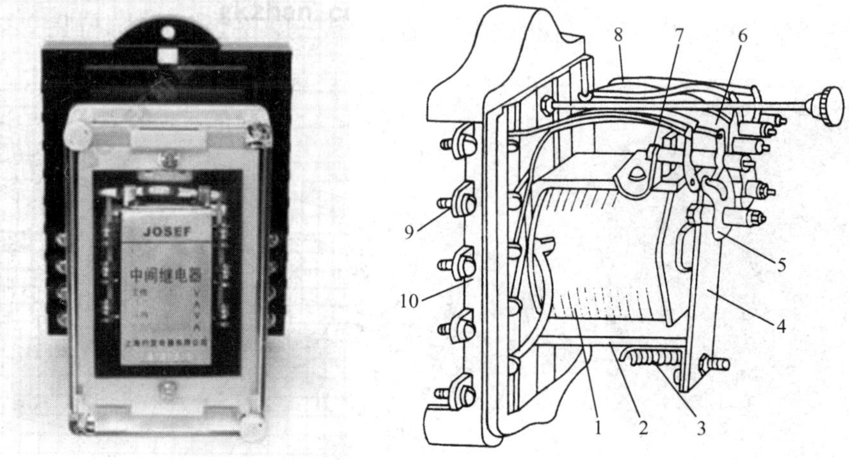

（a）外形　　　　（b）内部结构示意图

1—线圈；2—电磁铁；3—弹簧；4—衔铁；5—动触头；6、7—静触头；8—连接线；9—接线端子；10—底座

图 6-8　DZ-10 系列电磁式中间继电器的外形与内部结构示意图

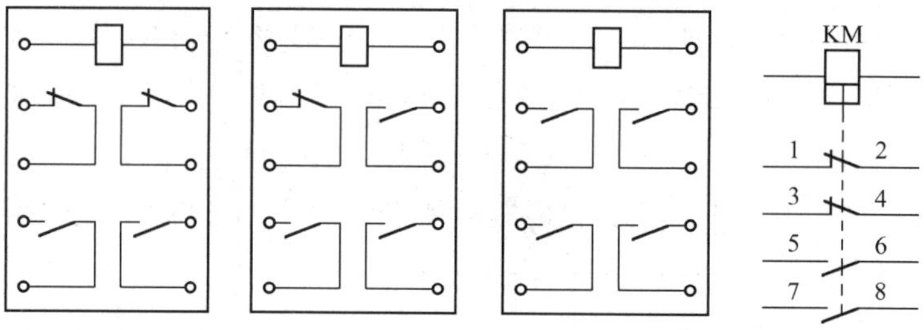

（a）DZ-15 型　　（b）DZ-16 型　　（c）DZ-17 型　　（d）图形符号

图 6-9　DZ-10 系列电磁式中间继电器的内部接线和图形符号

六、电磁式信号继电器

电磁式信号继电器（KS）在继电保护装置中用来发出保护装置动作的指示信号：一方面有机械掉牌指示，从外壳的指示窗可观察到红色标志（掉牌前为白色）；另一方面它的触头闭合，接通灯光和音响信号回路，以引起值班人员的注意。

图 6-10 所示为 DX-11 型电磁式信号继电器的外形与内部结构示意图。它在正常状态（未通电）时，其信号牌是被衔铁支持住的。当继电器线圈通电时，衔铁被吸向铁芯而使信号牌掉下，显示动作信号，同时带动转轴旋转 90°，使固定在转轴上的动触头（导电条）与静触头接通，从而接通信号回路，同时使信号牌复位。图 6-11 所示为 DX-11 型电磁式信号继电器的内部接线和图形符号。

DX-11 型电磁式信号继电器有电流型和电压型两种类型。电流型信号继电器的线圈为电流线圈，阻抗很小，串联在二次回路内，不影响其他二次设备的动作。电压型信号继电器的线圈为电压线圈，阻抗大，在二次回路中只能并联使用。

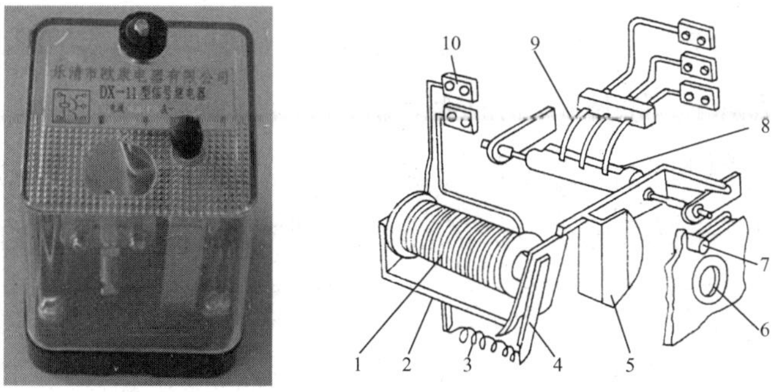

（a）外形　　　　　　（b）内部结构示意图

1—线圈；2—电磁铁；3—弹簧；4—衔铁；5—信号牌；6—玻璃窗孔；7—复位旋钮；8—动触头；9—静触头；10—接线端子

图 6-10　DX-11 型电磁式信号继电器的外形与内部结构示意图

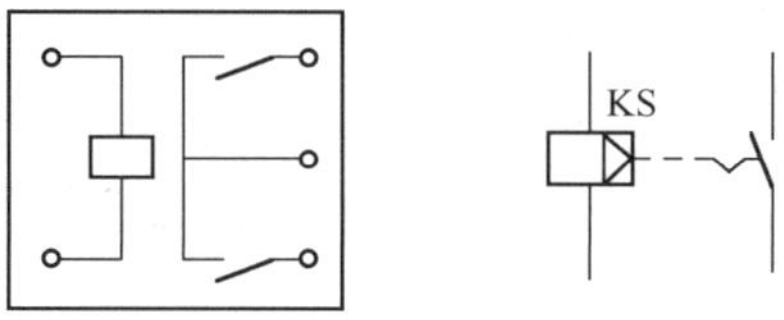

（a）内部接线　　　　（b）图形符号

图 6-11　DX-11 型电磁式信号继电器的内部接线和图形符号

七、感应式电流继电器

感应式电流继电器兼有电磁式电流继电器、电磁式时间继电器、电磁式信号继电器、电磁式中间继电器的功能。在继电保护装置中，它既能作为启动元件，又能实现延时、给出信号和直接接通分闸回路；它既能实现带时限过电流保护，又能同时实现电流速断保护，从而大大简化继电保护装置。因此，感应式电流继电器在工厂供配电系统中应用广泛。

图 6-12 所示为 GL-10、20 系列感应式电流继电器的外形与内部结构示意图。这种继电器由两组元件构成：一组为感应元件，另一组为电磁元件。感应元件的动作是延时的，主要包括线圈、带短路环的电磁铁及装在可偏转的铝框架上的转动铝盘。电磁元件的动作是瞬时的，主要包括线圈、电磁铁和衔铁。其中，线圈和电磁铁是两组元件共用的。

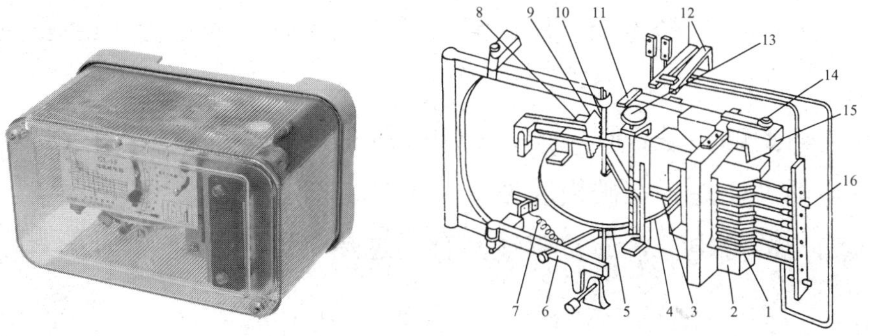

（a）外形　　　　　　（b）内部结构示意图

1—线圈；2—电磁铁；3—短路环；4—铝盘；5—钢片；6—铝框架；7—调节弹簧；8—制动永久磁铁；9—扇形齿轮；10—蜗杆；11—扁杆；12—继电器触头；13—时限调节螺杆；14—速断电流调节螺钉；15—衔铁；16—动作电流调节插销

图 6-12　GL-10、20 系列感应式电流继电器的外形与内部结构示意图

感应式电流继电器线圈中有电流 I_{KA} 通过时，铝盘会转动。当感应式电流继电器线圈的电流增大到动作电流值 I_{op} 时，感应式电流继电器动作，使触头切换，同时使信号牌掉下，从外壳上的观察孔可看到红色或白色的指示，表示已经动作。感应式电流继电器线圈中的电流越大，铝盘转动越快，动作时间也越短，因而感应式电流继电器具有反时限特性。

图 6-13 所示为 GL-10、20 系列感应式电流继电器的内部接线和图形符号。

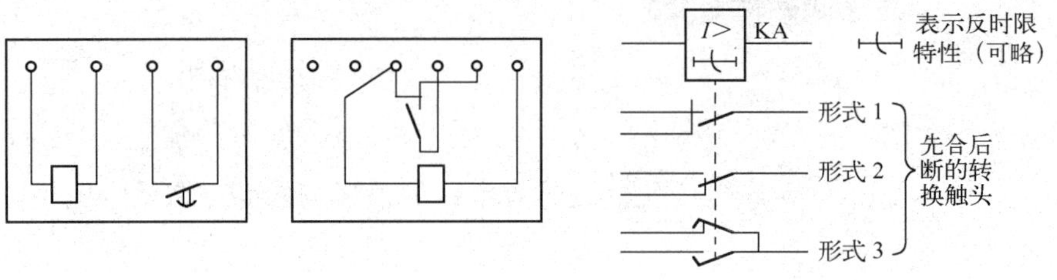

（a）GL-11、15 型　（b）GL-21、25 型　（c）图形符号

图 6-13　GL-10、20 系列感应式电流继电器的内部接线和图形符号

任务操作二十三　保护继电器的检查与维护

训练目标

（1）掌握工厂变配电所保护继电器的种类、结构。

（2）掌握保护继电器的检查与维护项目。

训练内容

1．检查与维护前的准备

（1）工器具的选择、检查：要求能满足工作需要，质量符合要求。

（2）着装、穿戴：穿工作服、绝缘鞋，戴安全帽等。

2．检查与维护工作内容

保护继电器在运行中的检查与维护项目如下。

（1）清扫继电器外壳上的尘土，保持清洁干净。清扫时应避免大的振动，以免引起保护装置的误动。

（2）检查继电器的触头是否有烧损、断裂及脱轴现象，各连接线接触是否坚固。

（3）检查继电器外壳是否有破损现象，密封是否严密。

（4）对长期带电的继电器，应检查线圈有无过热、冒烟及烧焦气味，触头有无抖动和异常现象。

（5）检查继电器指示元件是否与运行方式相符合。

（6）检查导电部分的螺钉、接线柱及连接导线的部件等，不应有氧化、开焊及接触不良等现象，螺钉及接线柱均应有垫片及弹簧垫。

3．检查、维护记录

按要求进行检查、维护记录（在运行记录簿上记录检查、维护时间，检查、维护人员姓名及设备状况等）。

任务五　认识继电保护装置的接线方式

在工厂供配电线路的继电保护装置中，启动继电器与电流互感器之间的接线方式，主要有两相两继电器式接线和两相一继电器式接线两种。

一、两相两继电器式接线

两相两继电器接线又称为两相不完全星形连接，如图 6-14 所示。如果一次电路发生三相短路或任意两相短路，那么至少有一个继电器动作，从而使一次电路中的断路器跳闸，流入继电器的电流 I_{KA} 就是电流互感器二次电流 I_2。为了表述这种接线方式中继电器电流 I_{KA} 与电流互感器二次电流 I_2 的关系，特引入一个接线系数 K_W，表示为

$$K_W = I_{KA}/I_2$$

两相两继电器式接线在一次电路发生任何形式的相间短路时，$K_W=1$，即其保护灵敏度都相同。

二、两相一继电器式接线

两相一继电器式接线又称为两相电流差接线，如图 6-15 所示，图中的两个电流互感器接成电流差式，然后与电流继电器相连接。

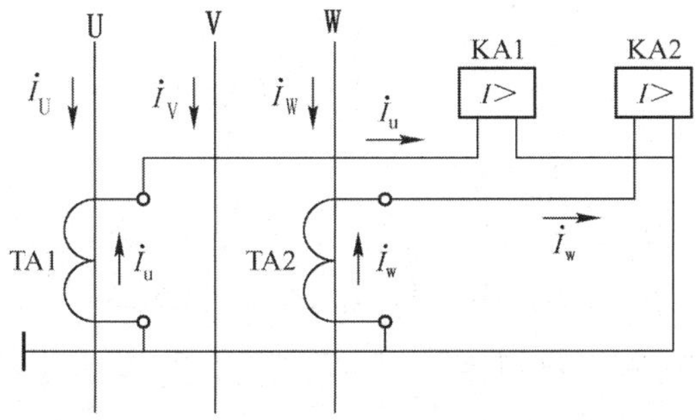

图 6-14　两相两继电器式接线

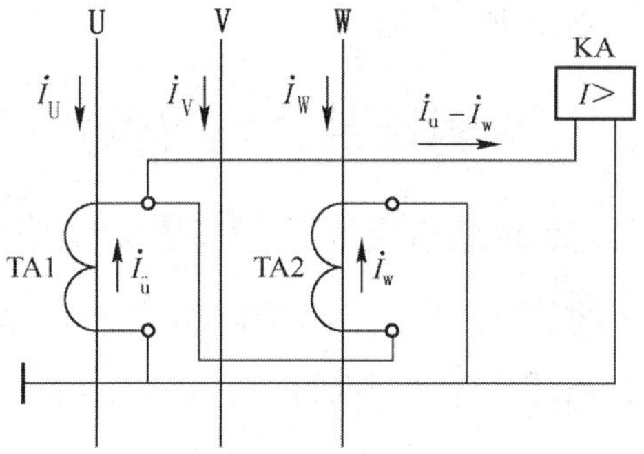

图 6-15　两相一继电器式接线

在正常工作和三相短路时，流入继电器的电流为 U、W 两相电流互感器二次电流之差，量值上为二次电流的 $\sqrt{3}$ 倍。

在一次电路的 U、W 两相间发生短路时，流入继电器的电流为电流互感器二次电流的 2 倍。

在一次电路的 U、V 两相间或 V、W 两相间发生短路时，流入继电器的电流只有一相（U

相或W相）电流互感器的二次电流。

由此可见，两相电流差接线的接线系数 K_W 与一次电路发生短路的形式有关，不同的短路形式，其接线系数不同，三相短路时为$\sqrt{3}$，U、V两相间或V、W两相间短路时为1，U、W两相间短路时为2。

两相电流差接线能对各种相间短路故障做出反应，但不同短路形式时接线系数不同，保护装置的灵敏度也不同。因此，此接线方式不如两相两继电器式接线，但它少用一个继电器，简单经济，主要用于对高压电动机的保护。

任务六　认识工厂供配电线路的继电保护

一、工厂供配电线路继电保护的设置

工厂供配电线路的供电电压不是很高，供电线路也不是很长，大多数为6～10kV，属于小接地电流系统。可设置如下常用的过电流继电保护。

（1）过电流保护。过电流保护按动作时限特性，可分为定时限过电流保护和反时限过电流保护。定时限过电流保护是指在线路发生故障时，不管故障电流超过整定值多少，其动作时限总是一定的，与短路电流的大小无关。反时限过电流保护的动作时限与故障电流值成反比，故障电流越大，动作时限越短；故障电流越小，动作时限越长。

（2）电流速断保护。电流速断保护是指过电流时保护装置瞬时动作，即当线路发生相间短路故障时，继电保护装置瞬时作用于高压断路器的跳闸机构，使断路器跳闸，切除短路故障。

（3）单相接地保护。当线路发生单相接地短路时，只有接地电容电流，并不影响三相系统的正常运行，只需要装设绝缘监视装置或单相接地保护装置。

二、带时限的过电流保护

1．定时限过电流保护装置的组成和原理

定时限过电流保护装置的原理电路图如图6-16所示。其中，图6-16（a）为集中表示的原理电路图，常称为原理接线图；图6-16（b）为分开表示的原理电路图，常称为展开接线图。

定时限过电流保护装置的动作原理：当一次电路发生不同的相间短路时，流过线路的电流剧增，使其中一个或两个电流继电器瞬时动作，其常开触头闭合，使时间继电器KT动作；KT经过整定的时限后，其延时触头闭合，使串联的信号继电器KS（电流型）和中间继电器KM动作；KS动作后，其信号牌掉下，同时接通信号回路，给出灯光信号和音响信号；KM动作后，接通跳闸线圈YR回路，使断路器QF跳闸，切除短路故障；QF跳闸后，其辅助触头QF1-2随之切断跳闸回路，以减轻KM触头的工作；在短路故障被切除后，继电保护装置除KS外的其他所有继电器均自动返回起始状态，而KS可手动复位。

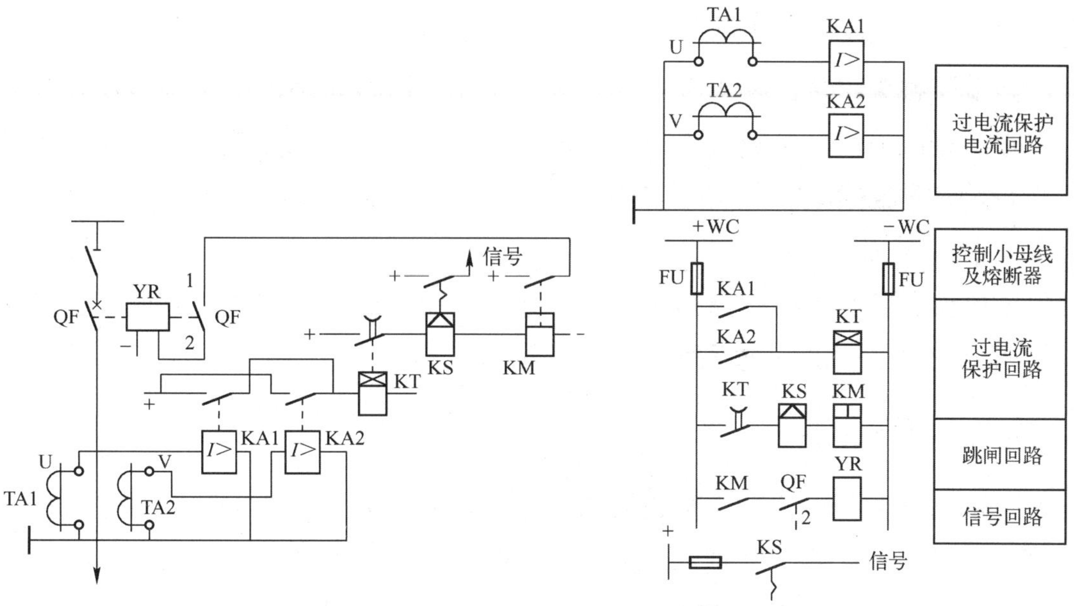

（a）原理接线图　　（b）屏开接线图

QF—断路器；KA—DL 型电流继电器；KT—DS 型时间继电器；

KS—DX 型信号继电器；KM—DZ 型中间继电器；YR—跳闸线圈

图 6-16　定时限过电流保护装置的原理电路图

定时限过电流保护装置简单、工作可靠，对单电源供电的辐射型电网可保证有选择性地动作。因此，它在辐射型电网中应用较多，一般用于 35kV 及以下线路的主保护。

2. 反时限过电流保护装置的组成和原理

图 6-17 所示为两相两继电器式接线的去分流跳闸的反时限过电流保护装置的原理电路图。它采用 GL 系列感应式电流继电器。

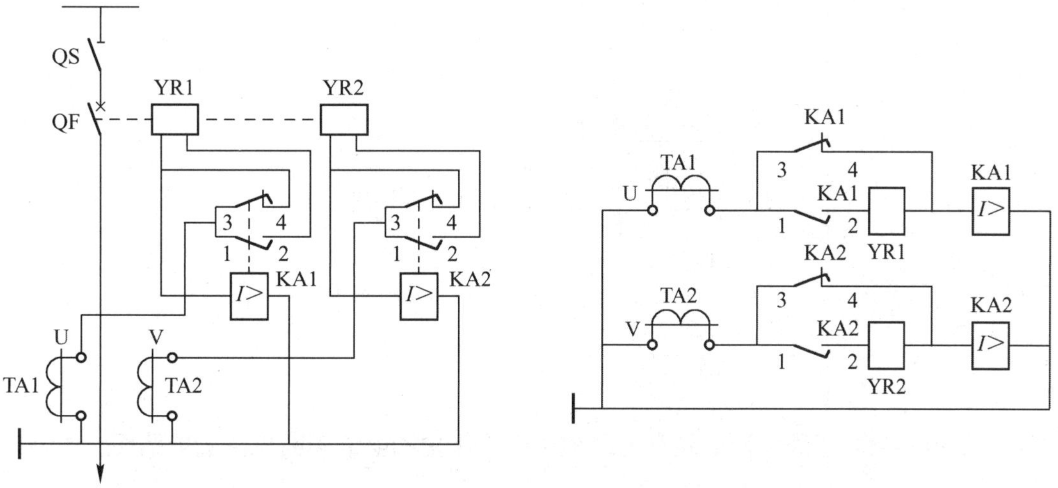

（a）原理接线图　　（b）展开接线图

QF—断路器；KA—GL15、25 型感应式电流继电器；YR—跳闸线圈

图 6-17　反时限过电流保护装置的原理电路图

反时限过电流保护装置的动作原理：当一次电路发生相间短路时，流过线路的电流剧增，

电流继电器 KA1 或 KA2 至少有一个动作，经过一定的延时后（延时长短与短路电流呈反时限关系），其常开触头闭合，紧接着其常闭触头断开；这时断路器因其跳闸线圈 YR 去分流而跳闸，切除短路故障；在电流继电器去分流跳闸的同时，其信号牌掉下，指示保护装置已经动作；在短路故障被切除后，电流继电器自动返回，其信号牌可利用外壳上的旋钮手动复位。

反时限过电流保护装置的优点是设备少、接线简单；缺点是时限整定时，前后级配合较复杂。它主要用于中小型供配电系统中。

三、电流速断保护

上述带时限的过电流保护有一个明显的缺点，就是越靠近电源的线路过电流保护，其动作时间越长，而短路电流则是越靠近电源，其值越大，危害也更加严重。因此，GB/T 50062—2008《电力装置的继电保护和自动装置设计规范》规定，在过电流保护动作时间超过 0.5s 时，应装设瞬动的电流速断保护装置。

电流速断保护是一种瞬时动作的过电流保护。对采用 DL 型电流继电器的速断保护来说，就相当于在定时限过电流保护中抽去时间继电器，即在启动用的电流继电器之后，直接接信号继电器和中间继电器，最后由中间继电器触头接通断路器的跳闸回路。图 6-18 所示为线路上同时装有定时限过电流保护和电流速断保护的电路图。其中，KA1、KA2、KT、KS1 和 KM 属于定时限过电流保护，而 KA3、KA4、KS2 和 KM 属于电流速断保护，KM 是两种保护共用的。

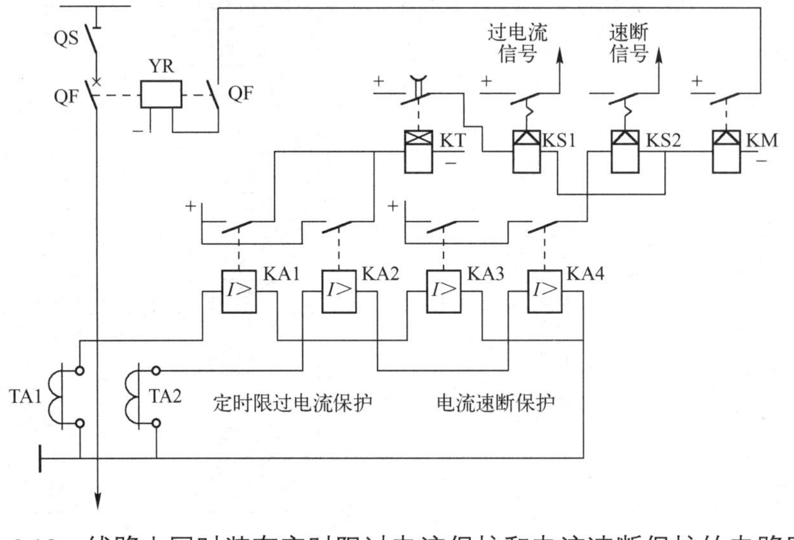

图 6-18 线路上同时装有定时限过电流保护和电流速断保护的电路图

若采用 GL 型电流继电器，则可利用该继电器的电磁元件来实现电流速断保护，并利用其感应元件来实现反时限过电流保护，因此非常简单经济。

为了保证前后两级瞬动的电流速断保护的选择性，电流速断保护的动作电流（速断电流）应按躲过它所保护线路末端的最大短路电流（三相短路电流）来整定。电流速断保护的灵敏度应按安装处（线路首端）在系统最小运行方式下的两相短路电流作为最小短路电流来检验。

四、单相接地保护

在小接地电流的电力系统中，若发生单相接地故障，则必须通过无选择性的绝缘监视装置或有选择性的单相接地保护装置发出报警信号，以便运行值班人员及时发现和处理。

单相接地保护又称零序电流保护，它利用单相接地所产生的零序电流使保护装置动作，给予信号。当单相接地故障危及人身和设备安全时，它动作于断路器跳闸。

单相接地保护必须通过零序电流互感器（对电缆线路，见图 6-19）或由三个相的电流互感器两端同极性并联构成的零序电流过滤器（对架空线路）将一次电路单相接地时产生的零序电流反映到其二次侧的电流继电器中。电流继电器动作后，接通信号回路，发出接地故障信号，必要时动作于跳闸。由于工厂高压架空线路一般不长，所以通常不装设单相接地保护装置。

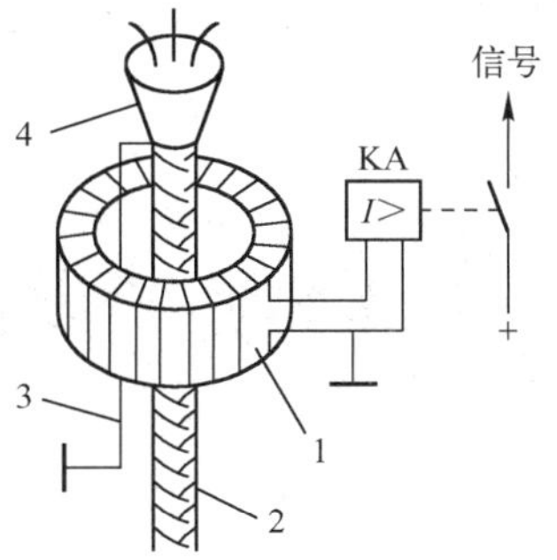

1—零序电流互感器（其环形铁芯上绕二次绕组，环氧树脂浇注）；

2—电缆；3—接地线；4—电缆头；KA—电流继电器（DL 型）

图 6-19 单相接地保护的零序电流互感器的结构和接线

应特别注意，电缆头的接地线必须穿过零序电流互感器的铁芯，根据小接地电流系统发生单相接地时接地故障电容电流的分布特点可知，如果零序电流不穿过零序电流互感器的铁芯，那么保护装置就不会动作。

任务七 认识电力变压器的继电保护

电力变压器是工厂供配电系统的主要设备，按 GB/T 50062—2008《电力装置的继电保护和自动装置设计规范》规定，对电力变压器的下列故障及异常运行方式，应装设相应的保护装置：①绕组及其引出线的相间短路和在中性点直接接地侧的单相接地短路；②绕组的匝间短路；③外部相间短路引起的过电流；④中性点直接接地电网中外部接地短路引起的过电流及中性点过电压；⑤过负荷；⑥油面降低；⑦变压器温度升高，或油箱压力升高，或冷却系统发生故障。

对于高压侧为6～10kV的车间变电所主变压器来说，通常装设带时限的过电流保护装置；如果过电流保护动作时间大于0.5s，还应装设电流速断保护装置。容量在800kV·A及以上的油浸式电力变压器和400kV·A及以上的车间内油浸式电力变压器，按规定还应装设瓦斯保护装置。容量在400kV·A及以上的电力变压器，当数台并列运行或者单台运行并作为其他负荷的备用电源时，应根据可能过负荷的情况装设过负荷保护装置。过负荷保护装置和瓦斯保护装置在轻微故障时（通常称为“轻瓦斯”故障），只动作于信号；而其他保护装置和瓦斯保护装置在严重故障时（通常称为“重瓦斯”故障），一般动作于跳闸。

对于高压侧为35kV及以上的工厂总降压变电所主变压器来说，应装设过电流保护装置、电流速断保护装置和瓦斯保护装置；在有可能过负荷时还应装设过负荷保护装置。如果单台运行的变压器容量在10000kV·A及以上或者并列运行的变压器每台变压器容量在6300kV·A及以上，则应装设纵联差动保护装置来取代电流速断保护装置。

一、电力变压器继电保护的设置

根据电力变压器故障的种类和不正常运行状态，电力变压器应设置下列保护。

（1）瓦斯保护。它能对（油浸式）电力变压器油箱内部故障和油面降低做出反应，瞬时动作于信号或跳闸。

（2）差动保护或电流速断保护。它能对电力变压器内部故障和引出线的相间短路、接地短路做出反应，瞬时动作于跳闸。

（3）过电流保护。它能对电力变压器外部短路而引起的过电流做出反应，带时限动作于跳闸，可作为上述保护的后备保护。

（4）过负荷保护。它能对过载而引起的过电流做出反应，一般动作于信号。

（5）温度保护。它能对电力变压器温度升高和油冷却系统的故障做出反应。

二、电力变压器的过电流、速断和过负荷保护

1．电力变压器的过电流保护

为了对电力变压器外部短路引起的过电流进行保护，同时作为电力变压器发生内部故障时的后备保护，一般电力变压器都要装设过电流保护装置。过电流保护装置一般设在变压器的电源侧，使整个变压器处于保护范围之内。为扩大保护范围，电流互感器应尽量靠近高压断路器安装。当电力变压器发生内部故障时，若瓦斯保护装置（或差动保护装置、电流速断保护装置）等快速动作的保护装置拒动时，过电流保护装置经过整定时限后，动作于变压器各侧的断路器，使其跳闸。

电力变压器的过电流保护装置的组成和原理（无论是定时限还是反时限的），均与电力线路的过电流保护装置相同。

2．电力变压器的电流速断保护

当电力变压器的过电流保护动作时间大于 0.5s 时，必须装设电流速断保护装置，其组成、原理也与电力线路的电流速断保护装置相同。

3．电力变压器的过负荷保护

电力变压器过负荷在大多数情况下是三相对称的，因此过负荷保护装置只需要一相上装一个电流继电器。在过负荷时，电流继电器动作，再经过时间继电器给予一定延时，最后接通信号继电器发出报警信号。

电力变压器的过负荷保护装置的安装要能够对电力变压器所有绕组的过负荷情况做出反应。对于三绕组电力变压器，过负荷保护装置应装在所有绕组侧；对于双绕组电力变压器，过负荷保护装置应装在电源侧。

图 6-20 所示为电力变压器的定时限过电流保护、电流速断保护和过负荷保护的综合电路图，供参考。

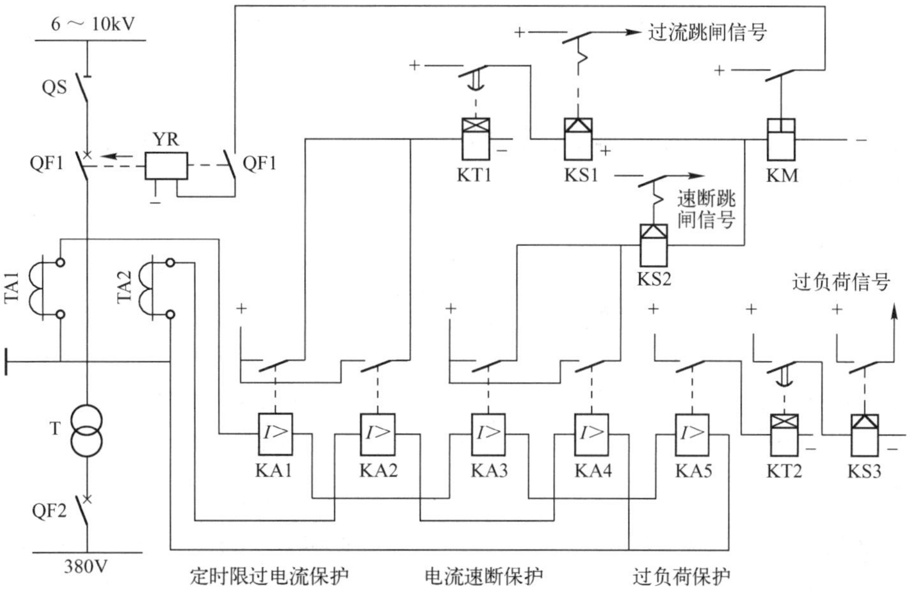

图 6-20　电力变压器的定时限过电流保护、电流速断保护和过负荷保护的综合电路图

三、电力变压器低压侧的单相短路保护

电力变压器低压侧的单相短路保护可采取以下措施。

（1）在低压侧装设三相均带过电流脱扣器的低压断路器。它既可作为低压侧的主开关，操作方便，便于自动投入，提高供电可靠性，又可用来防止低压侧的相间短路和单相短路。

（2）在低压侧三相装设熔断器。它既可对低压侧的相间短路进行保护，也可对单相短路进行保护，但由于熔断器熔断后更换熔体时间较长，所以它仅适用于带非重要负荷的小容量变压器。

（3）在变压器中性点引出线上装设零序电流保护装置。该保护装置由零序电流互感器和电流继电器组成。当变压器低压侧发生单相接地短路时，零序电流经零序电流互感器使电流继电器动作，断路器跳闸，将故障切除，如图 6-21 所示。

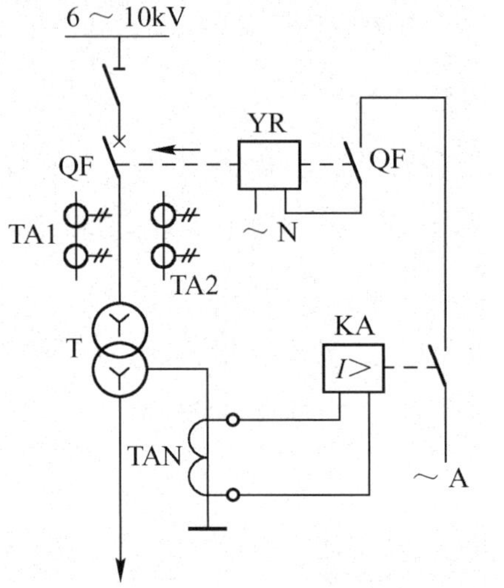

QF—高压断路器；TAN—零序电流互感器；KA—电流继电器（GL 型）；YR—跳闸线圈

图 6-21　变压器的零序电流保护原理接线图

（4）采用两相三继电器式接线或三相三继电器式接线的过电流保护。图 6-22 所示为适用于变压器低压侧单相短路保护的过电流保护接线图。这两种保护接线可使低压侧发生单相短路时的保护灵敏度大大提高。

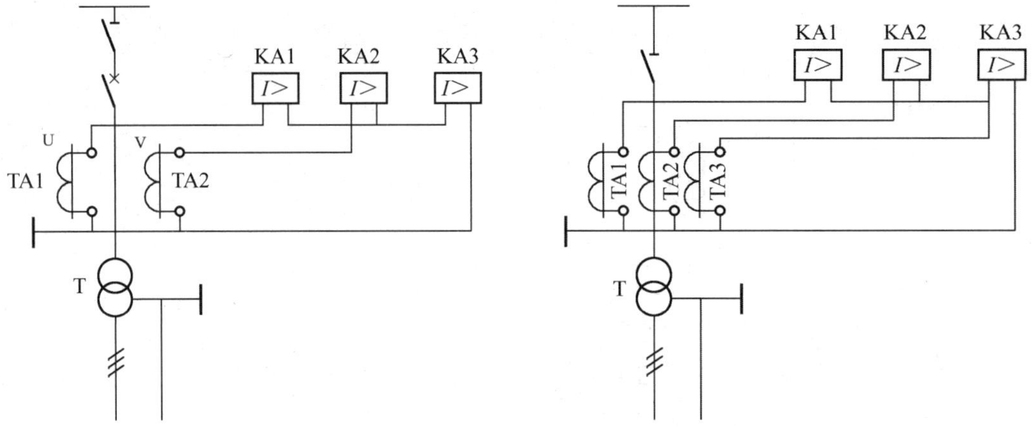

（a）两相三继电器式接线　　　（b）三相三继电器式接线

图 6-22　适用于变压器低压侧单相短路保护的过电流保护接线图

四、电力变压器的瓦斯保护

瓦斯保护的主要元件是瓦斯继电器（气体继电器）。它装在油浸式电力变压器的油箱与油枕（储油柜）之间的连通管中部，如图 6-23 所示。为了使油箱内产生的气体能够顺畅地通过瓦斯继电器排往油枕，变压器安装时应取 1%～1.5%的倾斜度；而在制造变压器时，连通管对油箱顶盖也有 2%～4%的倾斜度。

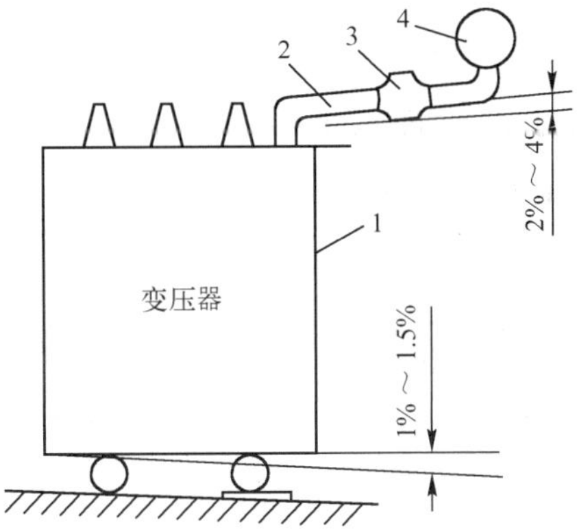

1—变压器油箱；2—连通管；3—瓦斯继电器（气体继电器）；4—油枕（储油柜）

图 6-23　瓦斯继电器在电力变压器上的安装图

1．瓦斯继电器的结构和工作原理

瓦斯继电器主要有浮筒式瓦斯继电器和开口杯式瓦斯继电器两种。FJ3-80 型开口杯式瓦斯继电器的外形与结构示意图如图 6-24 所示。开口杯式瓦斯继电器与浮筒式瓦斯继电器相比，其抗震性较好，误动作的可能性大大减小，可靠性大大提高。

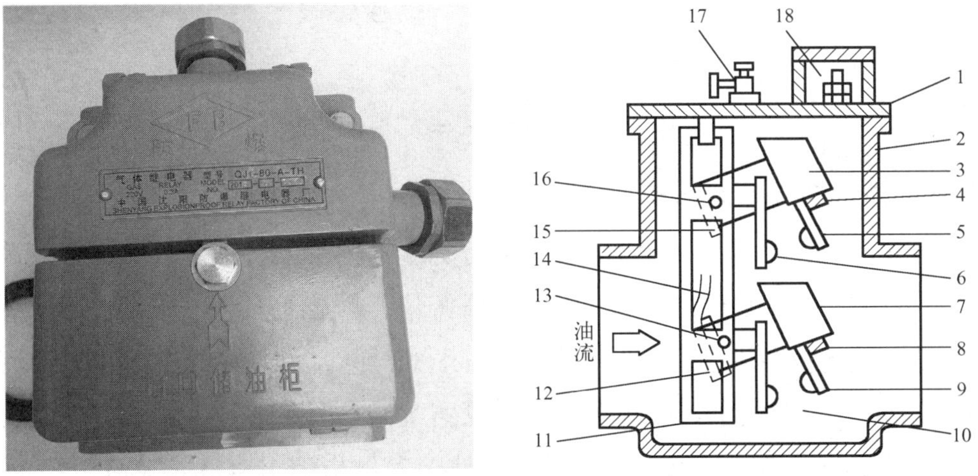

1—盖；2—容器；3—上油杯；4—永久磁铁；5—上动触头；

6—上静触头；7—下油杯；8—永久磁铁；9—下动触头；10—下静触头；

11—支架；12—下油杯平衡锤；13—下油杯转轴；14—挡板；15—上油杯平衡锤；

16—上油杯转轴；17—放气阀；18—接线盒

图 6-24　FJ3-80 型开口杯式瓦斯继电器的外形与结构示意图

在变压器正常运行时，瓦斯继电器容器内的上、下油杯均由于各自的平衡锤作用而升起，如图 6-25（a）所示，此时上下两对触头都是断开的。

当变压器油箱内部发生轻微故障时（如匝间短路等），故障产生的少量气体慢慢上升，进入瓦斯继电器容器内并由上而下地排出其中的油，使油面下降，上油杯因其中盛有残余的油而使其力矩大于另一端平衡锤的力矩而降落，如图 6-25（b）所示。这时上触头闭合而接通信号回路，发出音响和灯光信号，这称为轻瓦斯动作。

当变压器油箱内部发生严重故障时（如相间短路、铁芯起火等），由于故障产生的气体很多，带动油流迅猛地由变压器油箱通过连通管进入油枕。这大量的油气混合体在经过瓦斯继电器时，冲击挡板，使下油杯下降，如图 6-25（c）所示。这时下触头闭合而接通跳闸回路（通过中间继电器），使断路器跳闸，同时发出音响和灯光信号（通过信号继电器），这称为重瓦斯动作。

若变压器油箱漏油，则使得瓦斯继电器容器内的油慢慢流尽，如图 6-25（d）所示。这时先是瓦斯继电器的上油杯下降，发出报警信号，接着瓦斯继电器的下油杯下降，使断路器跳闸，同时发出跳闸信号。

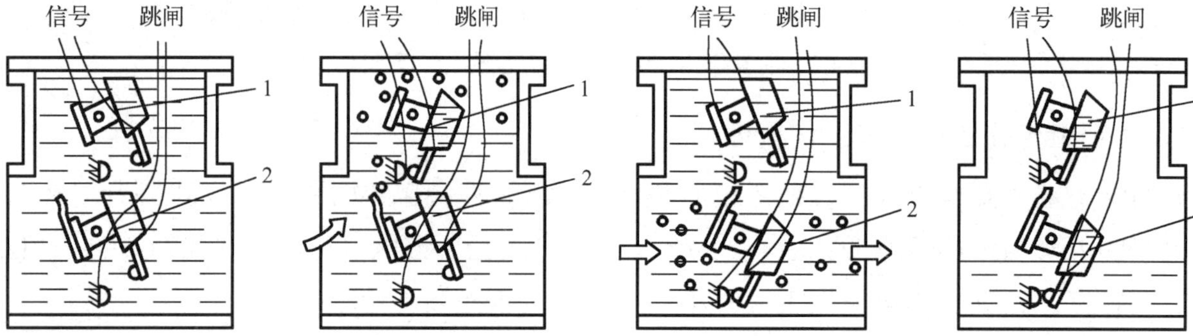

（a）正常状态　（b）轻瓦斯动作　（c）重瓦斯动作　（d）严重漏油

1—上油杯；2—下油杯

图 6-25　瓦斯继电器动作说明

2. 电力变压器瓦斯保护的接线

图 6-26 是电力变压器瓦斯保护的电路图。当变压器内部发生轻微故障（轻瓦斯故障）时，瓦斯继电器 KG 的上触头 KG1-2 闭合，动作于报警信号。当变压器内部发生严重故障（重瓦斯故障）时，瓦斯继电器 KG 的下触头 KG3-4 闭合，通常经中间继电器 KM 动作于断路器 QF 的跳闸线圈 YR，同时通过信号继电器 KS 发出跳闸信号。但是瓦斯继电器 KG 的下触头 KG3-4 闭合，也可以利用切换片 XB 切换触头，使信号继电器 KS 串入限流电阻 R，只动作于报警信号。

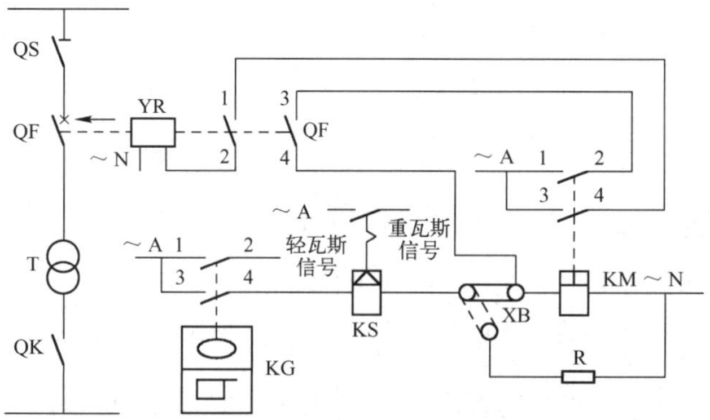

T—油浸式电力变压器；KG—瓦斯继电器；KS—信号继电器；KM—中间继电器；

QF—断路器；YR—跳闸线圈；XB—切换片

图 6-26　电力变压器瓦斯保护的电路图

由于瓦斯继电器 KG 的下触头 KG3-4 在变压器内部发生重瓦斯故障时可能有“抖动”（接触不稳定）的情况，因此为了使跳闸回路稳定地接通，使断路器 QF 能够可靠地跳闸，这里利用中间继电器 KM 的上触头 KM1-2 作为自保持触头。只要瓦斯继电器 KG 的下触头 KG3-4 因重瓦斯动作一闭合，就使中间继电器 KM 动作，并借其上触头 KM1-2 的闭合而自保持其动作状态，同时其下触头 KM3-4 也闭合，使断路器 QF 跳闸。断路器 QF 跳闸后，其辅助触头 QF1-2 断开跳闸回路，而另一对辅助触头 QF3-4 则切断中间继电器 KM 的自保持回路，使中间继电器 KM 返回。

瓦斯保护的主要优点是安装接线简单、动作迅速、灵敏度高，以及能对变压器油箱内部各种类型的故障做出反应，同时，它运行稳定，可靠性高。所以，瓦斯保护是电力变压器的主保护之一。瓦斯保护的缺点是不能对变压器油箱外套管和引出线的故障做出反应，因此还需要与其他保护装置配合使用。

五、电力变压器的差动保护

差动保护是利用故障时产生的不平衡电流来动作的，具有保护灵敏度高、动作迅速的特点。差动保护主要用来对电力变压器内部及引出线和绝缘套管的相间短路故障进行保护，也可用于对电力变压器的匝间短路进行保护，其保护区域在变压器的一、二次侧所装的电流互感器之间。差动保护可分为纵联差动保护和横联差动保护两种。纵联差动保护用于单回路，横联差动保护用于双回路。这里重点分析电力变压器的纵联差动保护。

图 6-27 是电力变压器纵联差动保护的单相原理电路图。

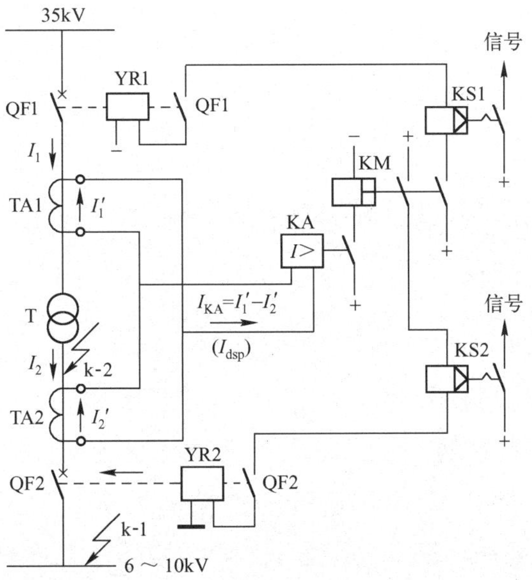

图 6-27　电力变压器纵联差动保护的单相原理电路图

将变压器两侧电流互感器同极性相连接起来，使电流继电器 KA 跨接在两连线之间，于是流过电流继电器 KA 的电流就是变压器两侧电流互感器二次电流之差，即 $I_{KA}=I_1'-I_2'$。当变压器正常运行或差动保护的保护区外的 k-1 点发生短路时，变压器一次侧电流互感器 TA1

的二次电流 I_1' 与变压器二次侧电流互感器 TA2 的二次电流 I_2' 相等或接近相等，因此流入电流继电器 KA（或差动继电器 KD）的电流 $I_{KA}=0$，电流继电器 KA（或差动继电器 KD）不动作。而当差动保护的保护区内的 k-2 点发生短路时，对于单端供电的变压器来说，$I_2'=0$，因此 $I_{KA}=I_1'$，超过电流继电器 KA（或差动继电器 KD）所整定的动作电流，使电流继电器 KA（或差动继电器 KD）瞬时动作，然后通过出口继电器 KM 使断路器 QF 跳闸，同时通过信号继电器 KS 发出信号。

综上所述，电力变压器的差动保护的工作原理是：当正常工作或变压器外部发生故障时，流入电流继电器的电流为不平衡电流，在适当选择好变压器两侧电流互感器的电流比和接线方式的条件下，该不平衡电流值很小，并小于差动保护的动作电流，所以差动保护装置不动作；当在保护范围内电力变压器发生故障时，流入电流继电器的电流大于差动保护的动作电流，差动保护装置动作于跳闸。因此，它不需要与相邻元件的保护在整定值和动作时间上进行配合，可以构成无延时的速断保护。

任务操作二十四　继电保护装置的校验、巡查与维护

训练目标

（1）掌握继电保护装置的校验项目及注意事项。

（2）掌握继电保护装置的巡查与维护项目。

（3）会巡查与维护工厂变配电所的继电保护装置。

训练内容

1．校验、巡查与维护前的准备

（1）工器具的选择、检查：要求能满足工作需要，质量符合要求。

（2）着装、穿戴：穿工作服、绝缘鞋，戴安全帽等。

2．校验、巡查与维护内容

1）继电保护装置的校验

（1）继电保护装置的校验周期。

3～10kV 系统的继电保护装置每两年进行一次校验；供电可靠性要求较高的 10kV 系统、35kV 及以上的系统的继电保护装置每年进行一次校验。

（2）继电保护装置的校验项目。

① 继电器的机械性能检查及电气特性试验。

② 二次回路绝缘电阻的测量。

③ 模拟动作试验。

④ 保护装置整组动作试验。

⑤ 继电保护装置在检修或更换一、二次设备（如检修断路器、更换电流互感器、变更设备容量等），以及继电保护系统进行改造后，应对其进行的补充校验。

⑥ 变压器的瓦斯保护装置应结合变压器大修而进行的校验（瓦斯继电器每三年进行一次内部检查、每年进行一次吹气试验）。

（3）继电保护装置校验时的注意事项。

① 校验前应进行充分的准备，如准备校验仪器设备、校验方案及接线方式，人员安排、准备备品备件等。

② 现场校验电流速断保护装置时，应先检查继电器线圈的串、并联情况和刻度盘的刻度等是否与开关保护定值相符。

③ 校验前，应先清除继电器内部的灰尘及油迹污垢，使活动部分的机件动作灵活，并根据接点的烧损情况进行打磨或更换。对于晶体管继电器，如果有元器件工作性能不稳定，应查明原因，更换元器件或继电器。

④ 校验前，应做好防护措施，以防止正在运行的设备的继电保护装置误动。

⑤ 对继电保护盘进行有较大振动作业时（如钻孔），应将速断、差动等无时限跳闸的保护装置临时停运，但应事前征得有关部门的同意。同时，应有防止铁屑落入元器件的保护措施。

⑥ 改变电流继电器定值时，应先断开压板；改变电流继电器串并联线圈时，应先将电流互感器专用端子短接；改变电流继电器定值后，应将指针螺钉拧紧，临时改动应做好标记。

⑦ 主变压器差动保护装置投入运行后，应在带负荷情况下绘制相量图，并测量不平衡电压，以验证电流互感器的极性及二次接线的正确性。

2）继电保护装置的巡查与维护

（1）继电保护装置的巡查周期。

运行中的继电保护装置，应每班巡查一次；无人值班时，至少每周一次，并随变配电装置一同巡视。

（2）继电保护装置的巡查与维护项目。

① 检查继电器外壳有无破损裂纹，整定值的位置是否变动（漆封或铅封）。

② 检查继电器接点有无卡住、变位倾斜、烧伤，以及脱轴、脱焊等异常。

③ 检查感应式继电器的铝盘转动是否正常，经常带电的继电器的接点是否有较大的抖动或磨损，线圈及附加电阻有无过热现象。

④ 检查压板及转换开关的位置是否与运行要求一致。

⑤ 检查信号指示是否正常。

⑥ 检查小母线直流电压是否正常。

⑦ 检查继电保护装置有无异常声响、发热、冒烟，以及烧焦的异味。

⑧ 检查继电保护装置的电源指示及闭锁指示是否正常。

⑨ 检查继电保护装置接线有无虚脱或打火现象。

⑩ 对于晶体管继电保护装置，应用切换装置定期检测各个回路的工作状态和静态工作点。

3）二次回路及继电保护及自动装置的巡查项目

（1）检查模拟盘各元器件的位置指示是否与实际运行工况一致。

（2）检查中央信号是否正常。

（3）检查控制屏（监控系统各运行参数）各仪表显示是否正常，有无过负荷现象；母线电压三相是否平衡、正常；系统频率是否在规定的范围内。

（4）检查控制屏各位置信号是否正常。

（5）检查变压器远方测温指示和有载调压指示是否与现场一致。

（6）检查二次回路及继电保护各元器件有无异常，接线是否紧固，有无过热、异味、冒烟现象。

（7）检查交直流切换装置工作是否正常。

（8）检查继电保护及自动装置的运行状态、运行监视是否正确。

（9）检查继电保护及自动装置屏上各小开关、把手的位置是否正确。

（10）检查继电保护及自动装置有无异常信号。

（11）核对继电保护及自动装置的投退情况是否符合调度命令要求。

（12）检查高频通道测试数据是否正常。

（13）检查记录有关继电保护及自动装置计数器的动作情况。

（14）检查屏内电压互感器、电流互感器回路有无异常。

（15）检查屏内照明和加热器是否完好，是否按要求投退。

（16）微机保护的打印机运行是否正常，有无打印记录。

（17）检查微机录波保护和录波器的定值和时钟是否正常。

3. 检查、维护记录

按要求进行检查、维护记录（在运行记录簿上记录检查、维护时间，检查、维护人员姓名及设备状况等）。

项目总结

1. 保护装置的基本任务是能自动、快速且有选择性地将故障设备或线路从电力系统中切除，使故障或线路免于继续受到破坏，保证其他非故障部分迅速恢复正常运行。保护装置必须满足选择性、速动性、可靠性和灵敏性四项基本要求。

2. 熔断器在工厂供配电系统中用于过电流保护，应使其符合选择性保护的要求，使故障范围缩小到最小限度，同时应合理选择熔断器熔体的额定电流。

3．低压断路器在低压配电系统中用于过电流保护，应正确选择其配置方式，合理选择和整定脱扣器的电流。它通常有单独接低压断路器或低压断路器-刀开关、低压断路器与接触器配合、低压断路器与熔断器配合三种方式。

4．继电器是一种能够自动动作的电器，当控制它的输入量达到规定值时，其电气输出电路被接通或分断，并且有电路控制的功能。工厂供配电系统中常用的保护继电器有电磁式电流继电器、电磁式电压继电器、电磁式时间继电器、电磁式中间继电器、电磁式信号继电器和感应式电流继电器等。其中，电磁式电流继电器对电流的变化做出反应而动作；电磁式电压继电器对电压的变化做出反应而动作；电磁式时间继电器用来建立所需要的动作时限；电磁式中间继电器用来扩大触头的数量和容量；电磁式信号继电器用来发出保护装置动作的指示信号。

5．在工厂供配电线路的继电保护装置中，启动继电器与电流互感器之间的接线方式主要有两相两继电器式接线和两相一继电器式接线。两相两继电器式接线能对各种类型的相间短路做出反应，但不能完全对单相接地短路做出反应，多用在 60kV 及以下的小接地电流系统中。两相一继电器式接线只能用来对线路相间短路进行保护，不能对所有单相接地短路进行保护，且对各种故障做出反应的灵敏程度是不同的，因此它主要用在 10kV 以下线路中作为相间短路保护和电动机保护。

6．工厂供配电系统的继电保护中，通常设置带时限的过电流保护、电流速断保护作为相间短路的继电保护；设置单相接地保护，当线路发生单相接地短路时，发出报警信号或动作于断路器跳闸。带时限的过电流保护按动作时限特性，可分为定时限过电流保护和反时限过电流保护两种。

7．电力变压器的继电保护通常设置瓦斯保护、差动保护、电流速断保护、过电流保护、过负荷保护、温度保护。其中，瓦斯保护、差动保护是变压器的主保护，而过电流保护是变压器的后备保护。瓦斯保护能对油箱内的各种故障做出反应，但不能对套管及引出线的故障做出反应，因此它不能单独作为变压器的主保护，而是与纵联差动保护或电流速断保护一起，共同作为主保护。变压器的差动保护能对变压器套管及引出线的故障做出反应。

思考与练习题

1．继电保护装置的任务是什么？

2．保护装置应满足哪些基本要求？为什么？

3．如何选择保护线路的熔断器熔体电流？选择熔断器时应考虑哪些条件？

4．低压配电系统中的低压断路器应如何配置？其脱扣器的电流应如何选择和整定？选择低压断路器时应考虑哪些条件？

5．画出我国工厂供配电系统中常用的机电型保护继电器的图形符号和文字符号，并简述其作用。

6．两相两继电器式接线和两相一继电器式接线作为相间短路保护，各有哪些优缺点？

7．说明定时限过电流保护和反时限过电流保护的优缺点。

8．为什么要设置电流速断保护？

9．采用零序电流互感器作为单相接地保护时，电缆头的接地线为什么一定要穿过零序电流互感器的铁芯后接地？

10．电力变压器的哪些故障及异常运行方式应设置保护装置？应设置哪些保护装置？

11．电力变压器低压侧的单相短路保护有哪些措施？最常用的单相短路保护措施是哪一种？

12．电力变压器在哪些情况下需要装设瓦斯保护装置？在什么情况下轻瓦斯动作，什么情况下重瓦斯动作？

13．简述电力变压器纵联差动保护的基本原理。

项目七

工厂供配电系统防雷与接地装置的维护

项目介绍

本项目主要介绍工厂供配电系统的过电压、雷电和接地的有关概念，重点介绍常用的防雷设备与防雷保护措施和接地装置的装设与运行维护等基本知识与基本技能。

知识目标

✧ 了解过电压和雷电的基本概念。

✧ 掌握工厂供配电系统常用的防雷设备与防雷保护措施。

✧ 熟悉接地与接零的有关概念。

✧ 掌握电气设备接地装置的装设方法。

技能目标

✧ 能进行工厂供配电系统防雷设备的巡查与维护。

✧ 会测量电气设备的接地电阻。

✧ 能对工厂供配电系统保护接地的原理、类型进行分析、判断。

✧ 能进行电气设备接地装置的巡查与维护。

任务一　认识过电压及雷电

一、过电压的形式

在电力系统运行过程中，产生危及电气设备绝缘的电压升高称为过电压。电力系统的过电压可分为内部过电压和雷电（大气）过电压两大类。

1．内部过电压

内部过电压是由于电力系统本身的开关操作、负荷剧变或发生故障等原因，电力系统的工作状态突然改变，从而在系统内部出现电磁能量转换、振荡而引起的过电压。

内部过电压又分为操作过电压和谐振过电压等形式。操作过电压是由于系统中的开关操作或负荷剧变而引起的过电压。谐振过电压是由于系统中的电路参数（R、L、C）在不利的组合下发生谐振或由于故障而出现断续性接地电弧而引起的过电压。

2. 雷电过电压

雷电过电压又称大气过电压，也称外部过电压。它是由于电力系统中的线路、设备或建（构）筑物遭受来自大气中的雷击或雷电感应而引起的过电压。雷电过电压的特点是持续时间短，冲击性强，电压幅值可高达1亿伏，电流幅值可高达几十万安，因此对供电系统危害极大，必须加以防护。

雷电过电压有以下三种基本形式。

1）直击雷

雷电直接击中电气线路、设备或建筑物，其过电压引起的强大的雷电流通过这些物体泄入大地，在物体上产生较高的电压降，从而产生破坏性极大的热效应和机械效应，相伴的还有电磁脉冲和闪络放电，这种雷电过电压称为直击雷。

防止直击雷的措施主要是装设避雷针、避雷带、避雷线、避雷网作为接闪器，把雷电流接受下来，通过接地引下线和接地装置，使雷电流迅速而安全地到达大地，保护建筑物、人身和电气设备的安全。

2）感应雷

雷电没有直接击中电力系统中的任何部分，而是由雷电对线路、设备或其他物体的静电感应或电磁感应产生了过电压，这种雷电过电压称为感应雷。

防止感应雷的措施是将建筑物的金属屋顶、建筑物内的大型金属物品等进行良好的接地处理，使感应电荷能迅速流向大地，防止在缺口处形成高电压和放电火花。

3）雷电波侵入

架空线路或金属管道遭受直接雷击或间接雷击而引起的过电压波，沿着架空线路或金属管道侵入变配电所或其他建筑物，这种雷电过电压称为雷电波侵入。据统计，供配电系统中雷电波侵入占所有雷害事故的50%～70%。

防止雷电波侵入的主要措施是对输电线路等能够引起雷电波侵入的设备，在进入建筑物前装设避雷器等保护装置，以便将雷电高电压限制在一定的范围内，保证用电设备不被雷电波冲击击穿。

二、雷电的形成及危害

1. 雷电的形成

1）雷云的形成

雷电的产生原因较为复杂。在雷雨季节，地面水汽蒸发上升，在高空低温环境下水汽凝结成冰晶，冰晶受到上升气流的冲击而破碎分裂，气流携带一部分带正电的冰晶上升，形成正雷云，而另一部分较大的带负电的冰晶则下降，形成负雷云。由于高空气流的流动，所以正雷云和负雷云均在天空中飘浮不定。据观测，在地面上产生雷击的雷云多为负雷云。

雷电放电是带有电荷的雷云之间或者雷云对大地或物体之间产生激烈放电的一种自然现象。

2）直击雷的形成

当空中的雷云靠近大地时，雷云与大地之间形成一个很大的雷电场。由于静电感应作用，地面出现与雷云的电荷极性相反的电荷，如图 7-1（a）所示。

当雷云与大地之间在某一方位的电场强度达到 25～30kV/cm 时，雷云就会开始向这一方位放电，形成一个导电的空气通道，称为雷电先导。大地的异性电荷集中的上述方位尖端上方，在雷电先导下行到离地面 100～300m 时，也形成一个上行的迎雷先导，如图 7-1（b）所示。当雷电、迎电先导相互接近时，正、负电荷强烈吸引中和而产生强大的雷电流，并伴有雷鸣电闪。这就是直击雷的主放电阶段。这时间极短，一般只有 50～100μs。主放电阶段之后，雷云中的剩余电荷继续沿着主放电通道向大地放电，形成断续的隆隆雷声。这就是直击雷的余辉放电阶段，时间为 0.03～0.15s，电流较小（几百安）。

雷电先导在主放电阶段前与地面上雷击对象之间的最小空间距离，称为闪击距离，简称击距。雷电的闪击距离，与雷电流的幅值和陡度有关。

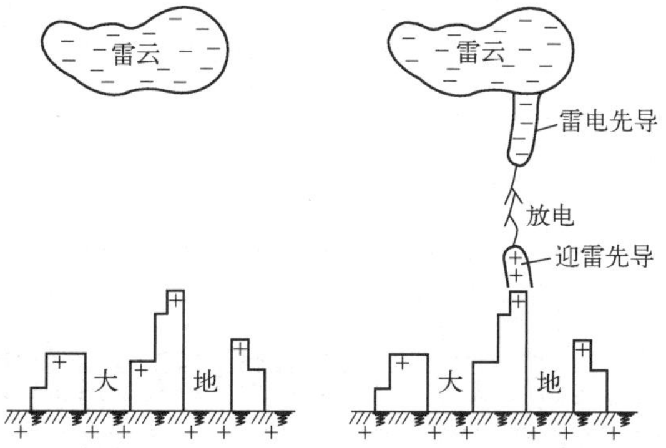

（a）负雷云出现在大地建筑物上方时

（b）负雷云对建筑物顶部尖端放电时

图 7-1　雷云对大地放电（直击雷）示意图

3）雷电感应过电压的形成

架空线路在其附近出现对地雷击时，极易产生感应过电压。当雷云出现在架空线路上方时，线路上由于静电感应而积聚大量异性的束缚电荷，如图 7-2（a）所示。当雷云对地放电或对其他异性雷云中和放电后，线路上的束缚电荷被释放而形成自由电荷，向线路两端泄放，形成很高的感应过电压，如图 7-2（b）所示。高压线路上的感应过电压可高达几十万伏，低压线路上的感应过电压也可达几万伏，对供配电系统的危害都很大。

（a）雷云在线路上方时　（b）雷云对地或对其他雷云放电后

图 7-2　架空线路上的感应过电压示意图

2．雷电的危害

雷电对电力系统、人身的危害如表 7-1 所示。

表 7-1　雷电对电力系统、人身的危害

危 害 形 式	危 害 效 果
热效应	雷电在放电时，强大的雷电流产生的热量足以引起电力设备、导线和绝缘材料的烧毁
机械效应	强大的雷电流所产生的电动力可摧毁塔杆、建筑物等设施，另外雷电流通过电气设备产生的电动力也可使电气设备变形损坏
电磁效应	由于雷电流的变化，在它周围空间产生强大的变化磁场，存在于这个变化磁场中的闭合导体，将产生强大的感应电流。由于这一感应电流的热效应，导体电阻大的部位发热引发火灾和爆炸，造成设备的损坏和人身伤亡
雷电闪络放电	防雷保护装置、电气设备、线路等受到雷击时，都会产生很高的电位，如果彼此间绝缘距离过小，会产生闪络放电现象，即出现雷电反击。雷电反击时，不但电气设备会被击穿烧坏，也极易引起火灾
跨步电压	当雷电流入大地时，人在落地周围 20m 范围内行走时，两脚间会引起跨步电压，造成人身触电伤亡事故

任务二　认识工厂供配电系统的防雷装置

一、接闪器

为了防止直接雷击（雷闪）造成对建筑物和电气设备的破坏作用，以及人畜伤亡事故，通常在建筑物、工程设施、电力架空线上方装设接闪器，通过引下线将接闪器与接地装置连接起来。接闪器通常由避雷针、避雷线、避雷带和避雷网组成。接闪的金属杆，称为避雷针。接闪的金属线，称为避雷线，也称架空地线。接闪的金属带，称为避雷带。接闪的金属网，称为避雷网。

1．避雷针

避雷针的作用是吸引雷电，并通过引下线和接地体，将雷电安全导入大地，从而保护附近的建筑物和设备免受雷击。它通常安装在电杆（支柱）或构架、建筑物上，但独立的避雷针还需要有支持物。图 7-3 所示为某变配电站装设的避雷针。

图 7-3　某变配电站装设的避雷针

（1）避雷针上的金属针是其最重要的组成部分，是专门用来接受雷云放电的，可采用直径为 10～20mm、长度为 1～2m 的圆钢，或采用直径不小于 25mm 的镀锌金属管。

（2）引下线是接闪器与接地体之间的连接线，它将金属针上的雷电流安全引入接地体，并使雷电流尽快地泄入大地。所以，引下线应保证雷电流通过时不会熔化。引下线一般采用直径为 8mm 的圆钢或截面积不小于 25mm^2 的镀锌钢绞线。若避雷针的本体采用铁管或铁塔形式，则可以采用其本体作为引下线，还可以采用钢筋混凝土杆的钢筋作为引下线。

（3）接地体是避雷针的地下部分，其作用是将雷电流直接泄入大地。接地体埋设深度不小于 0.6m，垂直接地体的长度不小于 2.5m，垂直接地体之间的距离一般不小于 5m，接地体一般采用直径为 19mm 的镀锌圆钢。

引下线与金属针及接地体之间，以及引下线本身接头，都要可靠连接。连接处不能用绞合的方法，必须用烧焊或线夹、螺钉连接。

避雷针的保护范围以它能够防护直击雷的空间来表示。保护范围的大小与避雷针的高度有关。可采用滚球法对避雷针保护范围进行计算。计算方法可参看 GB 50057—2010《建筑物防雷设计规范》的规定或有关设计手册。

2. 避雷线

避雷线的功能和原理与避雷针基本相同。避雷线一般采用截面积不小于 35mm^2 的镀锌钢绞线，架设在架空线路的上方，以保护架空线路或其他物体（包括建筑物）免遭直接雷击。由于避雷线既要架空，又要接地，因此又称为架空地线。图 7-4 所示为架空线路中的避雷线。

避雷线的保护范围可按 GB 50057—2010《建筑物防雷设计规范》的规定或有关设计手册进行计算。

图 7-4　架空线路中的避雷线

3. 避雷带和避雷网

避雷带和避雷网用来保护建筑物特别是高层建筑物，使其免遭直接雷击和雷电感应。避雷带通常是在平顶房屋顶四周的女儿墙或坡屋顶的屋脊、屋檐上装的金属带。避雷网通常是利用钢筋混凝土结构中的钢筋网进行雷电防护的。

避雷带和避雷网宜采用圆钢或扁钢，优先采用圆钢。圆钢直径应不小于 8mm；扁钢截面积应不小于 $48mm^2$，其厚度应不小于 4mm。当烟囱上采用避雷环时，圆钢直径应不小于 12mm；扁钢截面积应不小于 $100mm^2$，其厚度应不小于 4mm。

接闪器的防护原理：当雷电先导达到一定高度时，接闪器使电场发生明显的畸变，并将最大电场强度方向（放电发展方向）引到接闪器，使雷云向接闪器放电，雷电击中接闪器后，很大的雷电流通过引下线和接地装置流散到大地，使被保护的建筑物、工程设施、电力线路等免遭雷击。因此，避雷装置必须要有良好的接地系统。

二、避雷器

避雷器用来防止雷电过电压波沿线路侵入变配电所或其他建筑物内，以免危及被保护设备的绝缘，或防止雷电电磁脉冲对电子信息系统的电磁干扰。

避雷器应与被保护设备并联，且安装在被保护设备的电源侧，其一端与被保护设备相连，另一端接地，如图 7-5 所示。

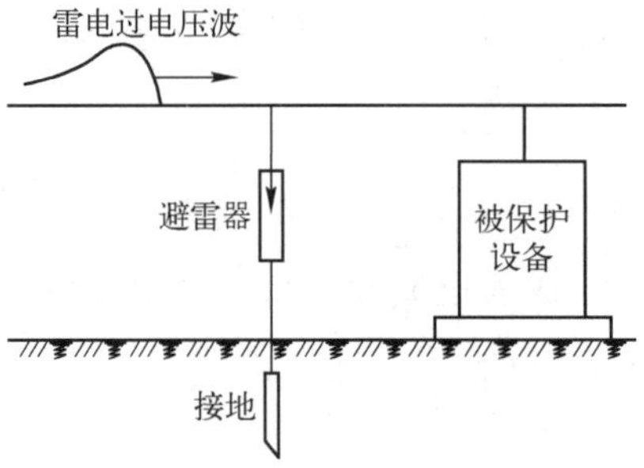

图 7-5　避雷器的连接图

避雷器的工作原理：当线路上出现危及设备绝缘的雷电过电压时，避雷器的火花间隙就会被击穿，或由高阻抗变为低阻抗，使雷电过电压通过接地引下线对大地放电，从而保护了设备的绝缘或消除了雷电电磁干扰；当雷电过电压消失后，避雷器能够自动恢复原来的状态，从而保护了设备的安全。

避雷器有阀式避雷器、排气式避雷器、保护间隙、金属氧化物避雷器等。

1．阀式避雷器

阀式避雷器又称为阀型避雷器，主要由火花间隙和阀电阻片组成，装在密封的瓷套管内。火花间隙用铜片冲制而成，每对间隙用厚为 0.5～1mm 的云母垫圈隔开，如图 7-6（a）所示。在正常情况下，火花间隙能阻断工频电流通过，但在雷电过电压作用下，火花间隙被击穿放电。阀电阻片是用陶料黏固的电工用金刚砂（碳化硅）颗粒制成的，如图 7-6（b）所示。这种阀电阻片具有非线性电阻特性。正常电压时，阀电阻片的电阻很大，而过电压时，阀电阻片的电阻则变得很小。阀电阻片特性曲线如图 7-6（c）所示。因此，阀式避雷器在线路上出现雷电过电压时，其火花间隙被击穿，阀电阻片的电阻变得很小，能使雷电流顺畅地向大地泄放。当雷电过电压消失、线路上恢复工频电压时，阀电阻片的电阻又变得很大，使火花间隙的电弧熄灭、绝缘恢复而切断工频续流，从而恢复线路的正常运行。

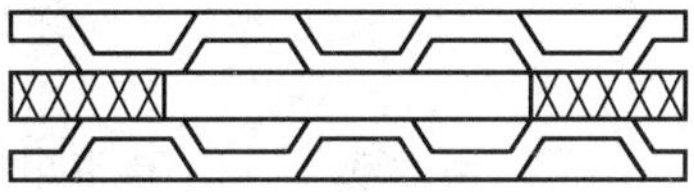

（a）火花间隙

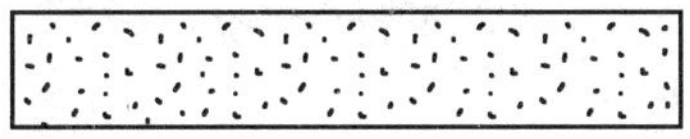

（b）阀电阻片

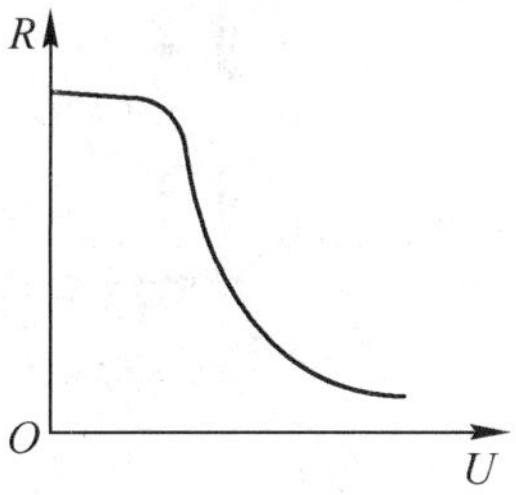

（c）阀电阻片特性曲线

图 7-6　阀式避雷器的组成部件及阀电阻片特性曲线

阀式避雷器中火花间隙和阀电阻片的多少，与其工作电压高低成比例。高压阀式避雷器串联很多单元火花间隙，目的是将长弧分割成多段短弧，以加速电弧的熄灭。但阀电阻片的限流作用是加速电弧熄灭的主要因素。

图 7-7 所示为高低压普通阀式避雷器的外形与结构示意图。

（a）外形

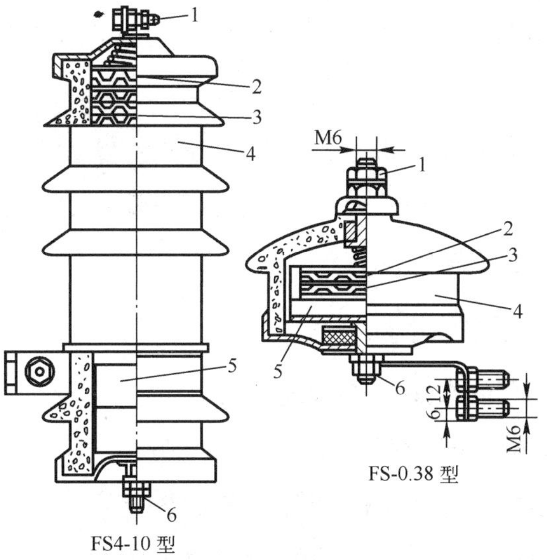

（b）结构示意图

1—上接线端子；2—火花间隙；3—云母垫圈；4—瓷套管；5—阀电阻片；6—下接线端子

图 7-7　高低压普通阀式避雷器的外形与结构示意图（单位：mm）

普通阀式避雷器除 FS 型外，还有一种 FZ 型。FZ 型阀式避雷器内的火花间隙旁边并联有一串分流电阻。这些并联电阻主要起均压作用，使与其并联的火花间隙上的电压分布比较均匀，从而大大改善了阀式避雷器的保护特性。

FS 型阀式避雷器主要用于中小型变配电所，FZ 型阀式避雷器则用于发电厂和大型变配电站。

2．排气式避雷器

排气式避雷器通称管型避雷器，是一种具有较高熄弧能力的保护间隙，由产气管、内部间隙和外部间隙三个部分组成，如图 7-8 所示。产气管由纤维、有机玻璃或塑料制成。内部间隙装在产气管内，一个电极为棒形，另一个电极为环形。

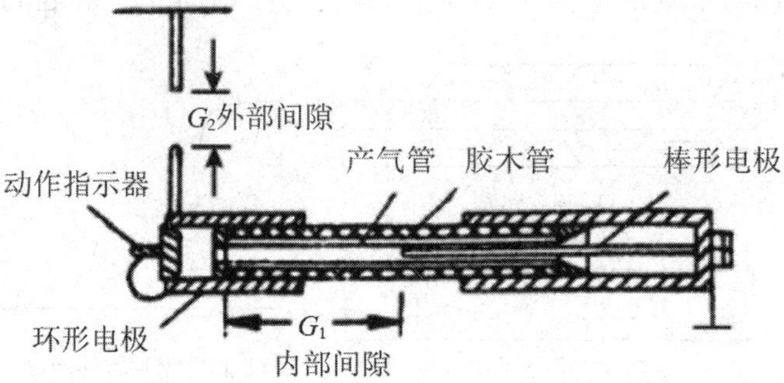

图 7-8 排气式避雷器的外形结构

当线路遭到雷击或雷电感应时，雷电过电压使排气式避雷器的内部间隙和外部间隙击穿，强大的雷电流通过接地装置泄放到大地。由于避雷器放电时内阻接近于零，所以其残压极小，但工频续流极大。雷电流和工频续流使产气管、内部间隙发生强烈的电弧，使管内壁材料燃烧产生大量灭弧气体，由管口喷出，强烈吹弧，使电弧迅速熄灭，全部灭弧时间最多为 0.01s（半个周期）。这时外部间隙的空气迅速恢复绝缘，使避雷器与系统隔离，恢复系统的正常运行。

排气式避雷器具有简单、经济、残压很小的优点，但它动作时有电弧和气体从管中喷出，因此它只能用在室外架空场所，主要用在架空线路上，同时宜装设自动重合闸装置（ARD），以便迅速恢复供电。

3. 保护间隙

保护间隙又称角型避雷器，是由两个金属电极构成的一种简单的防雷保护装置。其中一个电极固定在绝缘子上，与带电导线相接，另一个电极通过辅助间隙与接地装置相接，两个电极之间保持规定的间隙距离。图 7-9 所示为保护间隙的外形结构图，图 7-10 所示为保护间隙的实际安装图。保护间隙具有简单、经济、维护方便的特点，但保护性能差，灭弧能力小，易造成接地或短路故障，使线路跳闸停电。因此，对于装有保护间隙的线路，一般也宜装设自动重合闸装置，以提高供电可靠性。

主间隙可使工频续流电弧在自身电动力和热气流的作用下，易于上升被拉长而自行熄灭。为了防止主间隙被外物（如鼠、鸟、树枝等）偶然短接而造成接地或短路故障，保护间隙中还设有辅助间隙，如图 7-9（c）所示。三相线路上的保护间隙的连接如图 7-11 所示，在其公共接地引下线中间串接一个辅助间隙，这样即使主间隙被外物短接，也不致造成接地或短路故障，以保证运行的安全。保护间隙的间隙最小值如表 7-2 所示。

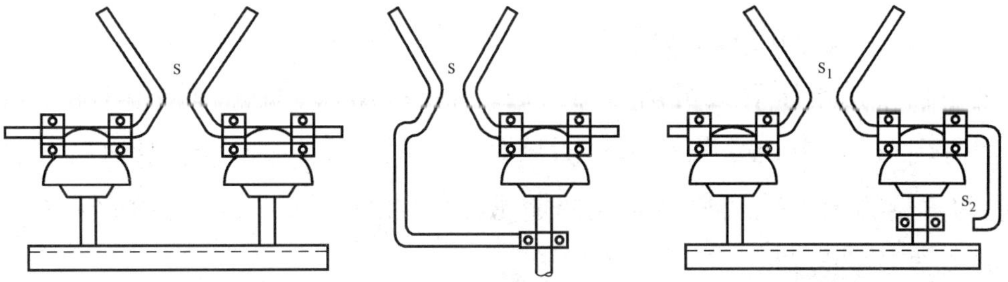

（a）双支持绝缘子单间隙　（b）单支持绝缘子单间隙　（c）双支持绝缘子双间隙

s—保护间隙；s_1—主间隙；s_2—辅助间隙

图 7-9　保护间隙的外形结构图

图 7-10　保护间隙的实际安装图

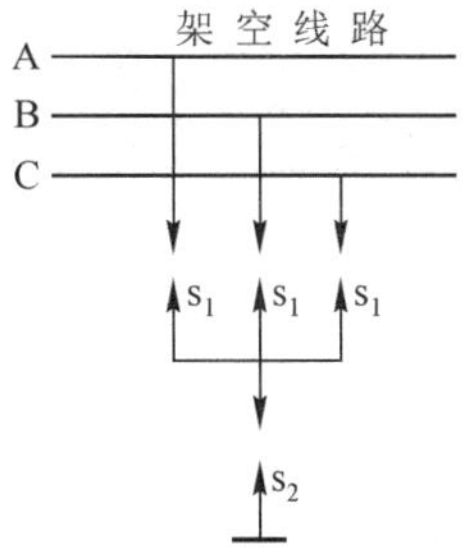

s_1—主间隙；s_2—辅助间隙

图 7-11　三相线路上的保护间隙的连接

表 7-2　保护间隙的间隙最小值

额定电压/kV	3	6	10	35
主间隙最小值/mm	8	15	25	210
辅助间隙最小值/mm	5	10	15	20

保护间隙一般安装在高压熔断器内侧，即靠近变压器和用电装置一侧，出现过电压时，熔断器先熔断，减少线路跳闸次数，缩小停电范围。

保护间隙只用于室外不重要的架空线路上。

4．金属氧化物避雷器

金属氧化物避雷器按有无火花间隙，分为有火花间隙的金属氧化物避雷器和无火花间隙的金属氧化物避雷器。

没有火花间隙的金属氧化物避雷器只有压敏电阻片。压敏电阻片是由氧化锌或氧化铋等金属氧化物烧结而成的多晶半导体陶瓷元件，具有理想的阀电阻特性。在正常工频电压下，它呈现极大的电阻，能迅速有效地阻断工频续流，不需要用火花间隙来熄灭由工频续流引起的电弧。而在雷电过电压作用下，其电阻就变得很小，能很好地泄放雷电流。

目前，国内输电线路主要采用氧化锌避雷器，它是由一个或并联的两个非线性压敏电阻片叠合圆柱构成，其压敏电阻片是由微小氧化锌晶粒为主要材料，加入一些金属氧化粉加工而成的。在正常工作电压下，压敏电阻片的电阻非常大，只有微安级电阻性泄漏电流流过；在过电压时，压敏电阻片的电阻非常小，大电流泄得非常快，具有残压低、动作快、安全可靠的特点。图 7-12 所示为 0.38kV 氧化锌避雷器外形结构图。

氧化锌避雷器根据电压等级可由多节组成，35～110kV 氧化锌避雷器是单节的，220kV 氧化锌避雷器是两节的，500kV 氧化锌避雷器是三节的，而 750kV 氧化锌避雷器则是四节的。图 7-13 所示为常见的无火花间隙的氧化锌避雷器实物图，图 7-14 所示为无火花间隙的氧化锌（三节）避雷器及安装图。

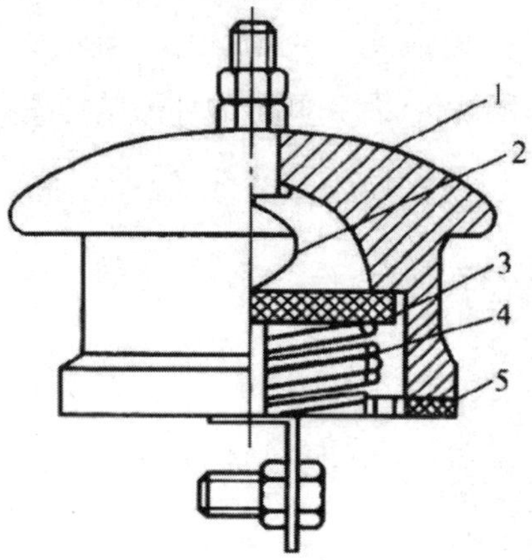

1—瓷套；2—熔丝；3—氧化锌电阻片；4—弹簧；5—密封垫

图 7-12　0.38kV 氧化锌避雷器外形结构图

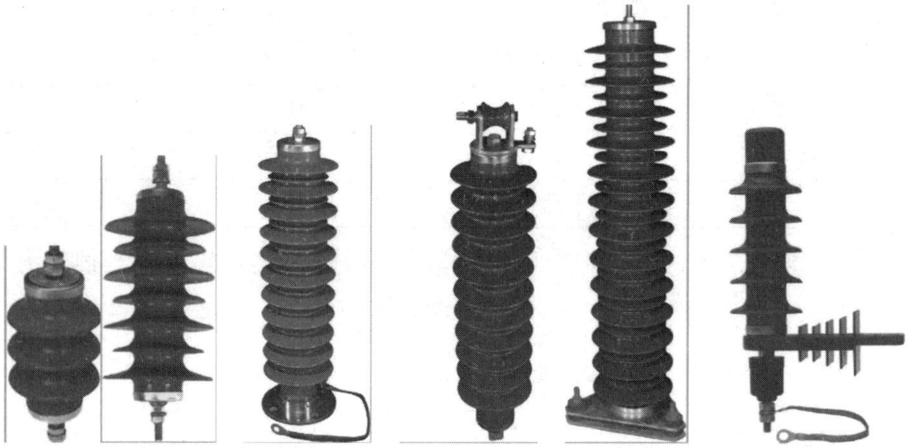

图 7-13　常见的无火花间隙的氧化锌避雷器实物图

图 7-14　无火花间隙的氧化锌（三节）避雷器及安装图

有火花间隙且有金属氧化物电阻片的氧化锌避雷器，其结构与前面讲的普通阀式避雷器类似，只是普通阀式避雷器采用的是碳化硅电阻片，而有火花间隙的金属氧化物避雷器采用的是性能更优异的金属氧化物电阻片，是普通阀式避雷器的更新换代产品。图 7-15（a）为有火花间隙的氧化锌避雷器的实物图，图 7-15（b）为有火花间隙的氧化锌避雷器的外形结构图，图 7-15（c）为有火花间隙的氧化锌避雷器的安装示意图。

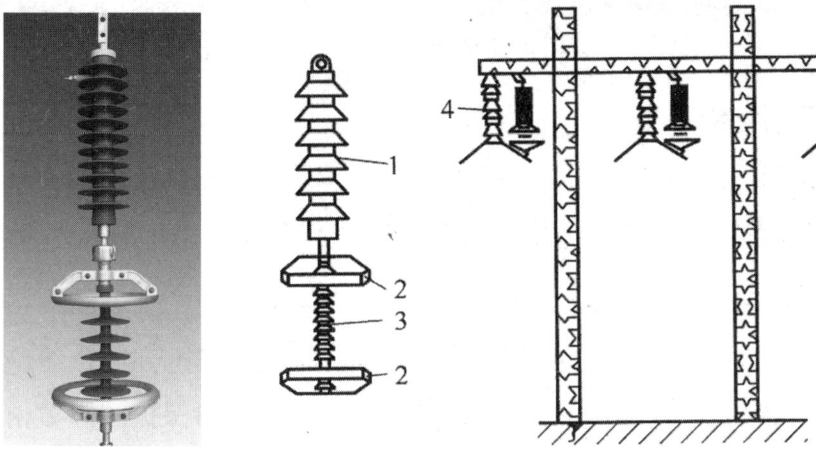

（a）实物图　（b）外形结构图　（c）安装示意图

1—本体；2—串联间隙环状电极；3—固定间隙距离用的合成绝缘子；4—电力线路绝缘子串

图 7-15　有火花间隙的氧化锌避雷器的实物图、外形结构图和安装示意图

除以上介绍的避雷器外，还有电源系列、计算机系列、程控电话系列、广播电视系列、天线系列等避雷器，常用于弱电系统中。

任务三　认识工厂供配电系统的防雷保护

一、架空线路的防雷保护

架空线路的防雷保护措施，应根据线路电压等级、负荷性质、系统运行方式，以及当地雷电活动情况、土壤电阻率等情况，经过技术经济比较的结果采取合理的保护措施。

1．装设避雷线

避雷线的主要作用是防止雷电直击导线，同时还有在雷击塔顶时起分流作用，从而减小塔顶电位；对导线有耦合作用，从而降低绝缘子串上的电压；对导线有屏蔽作用，从而降低导线上的感应过电压。装设避雷线作为架空线路最有效的保护措施，但由于其造价很高，因此只在 66kV 及以上的架空线路上才全线装设避雷线；在 35kV 及以下的架空线路上，一般只在进出变配电所的一段线路上装设避雷线；而在 10kV 及以下的架空线路上一般不装设避雷线。高压铁塔输电线路上装设避雷线如图 7-16 所示。

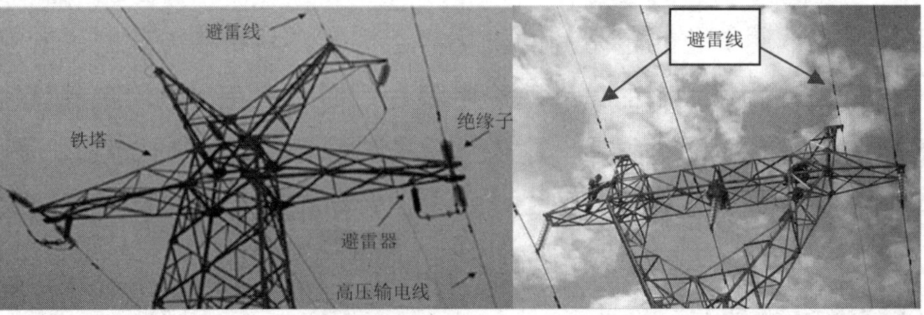

图 7-16　高压铁塔输电线路上装设避雷线

2．提高线路本身的绝缘水平

杆塔本身的条件直接关系到架空线路的耐雷水平，对于 10kV 及以下的架空线路，可采用木横担、瓷横担或将绝缘子提高一个绝缘等级，以提高线路本身的防雷水平。

3．利用三角形排列的顶线兼作防雷保护线

对于中性点不接地系统的 3～10kV 架空线路，可在其三角形排列的顶线绝缘子上装设保护间隙，如图 7-17 所示。在出现雷电过电压时，顶线绝缘子上的保护间隙被击穿，通过其接地引下线对地泄放雷电流，从而保护了下边两根导线。由于线路为中性点不接地系统，一般也不会引起线路断路器跳闸。

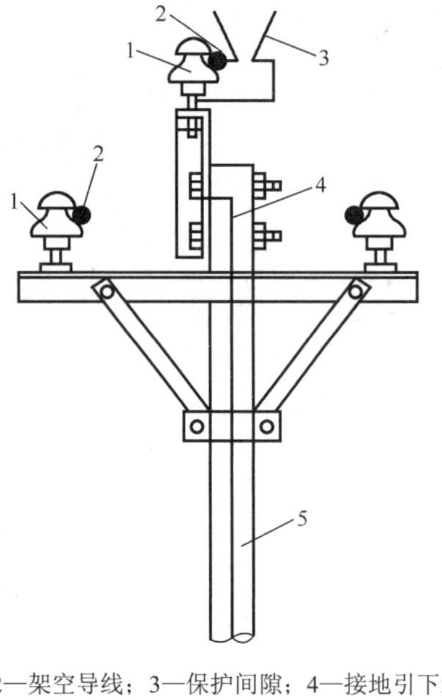

1—绝缘子；2—架空导线；3—保护间隙；4—接地引下线；5—电杆

图 7-17　顶线绝缘子附加保护间隙

4．装设自动重合闸装置

线路上因雷击放电造成线路电弧短路时，会引起线路断路器跳闸，但线路断路器跳闸后电弧会自行熄灭。如果线路上装设自动重合闸装置，则使线路断路器经 0.5s 后自动重合闸，电弧通常不会复燃，从而能恢复供电，这对一般用户不会有多大影响。

5．个别绝缘薄弱地点加装避雷器

对于架空线路中个别绝缘薄弱地点，如跨越杆、转角杆、分支杆、带拉线杆及木杆线路中个别金属杆等处，可装设排气式避雷器或保护间隙。

二、变配电所的防雷保护

变配电所的设备一旦受到直接雷击，就可能造成设备的严重损坏，引起长时间的停电，其后果是十分严重的。因此，变配电所内的设备和建筑物必须有完善的直击雷保护装置。

变配电所的防雷保护主要指直击雷防护和线路过电压防护。变配电所的防雷保护一般由三道防线组成：第一道防线的作用是防止雷电直击变配电所电气设备；第二道防线为进线保护段；第三段防线的作用是通过避雷器将侵入变配电所的雷电波降低到电气装置绝缘强度允许值以内。三道防线构成一个完整的变配电所防雷保护系统，图 7-18 所示为某变配电所防雷保护三道防线示意图。运行经验证明，装设避雷针和避雷线对直击雷的防护是有效的，但对沿线路侵入的雷电波所造成的事故则需要装设避雷器加以防护。

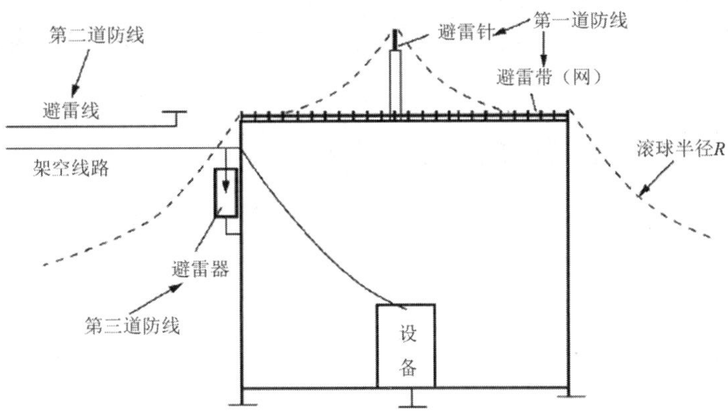

图 7-18　某变配电所防雷保护三道防线示意图

1．直击雷的防护措施

室外变配电装置应装设避雷针来进行直击雷防护，将变配电所的进线杆塔和室外电气设备全部置于避雷针的保护范围之内，使其免遭直接雷击。若变配电所处在附近更高的建筑物上防雷设施的保护范围之内或变配电所本身为车间内型，则可不必再考虑直击雷的防护。

独立避雷针宜设独立的接地装置。当设独立的接地装置有困难时，可将避雷针与变配电所的主接地网相连接，但避雷针与主接地网的地下连接点至 35kV 及以下的设备与主接地网的地下连接点之间，沿接地线的长度不得小于 15m。

独立避雷针及其引下线与变配电装置在空气中的水平间距不得小于 5m。当独立避雷针的接地装置与变配电所的主接地网分开时，它们在地中的水平间距不得小于 3m。这些规定都是为了防止雷电过电压对变配电装置进行反击闪络。

2．对雷电波侵入的防护

（1）在 3～10kV 变电所中，应在每组母线和每条架空线路上安装阀式避雷器，其保护范围如图 7-19 中虚线框所示。3～10kV 变电所中母线上的避雷器与变压器的最大电气距离如表 7-3 所示。

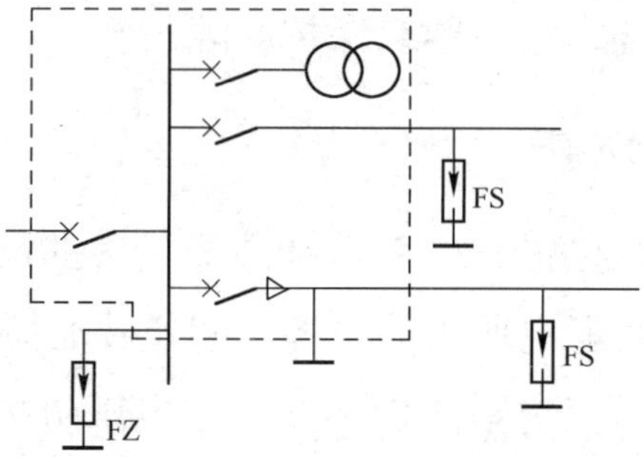

图 7-19　3～10kV 变电所防雷电波侵入的保护线路

表 7-3　3～10kV 变电所中母线上的避雷器与变压器的最大电气距离

经常运行的进出线数	1	2	3	4 及以上
最大电气距离/m	15	23	27	30

（2）对于有电缆进线线段的架空线路，阀式避雷器应装设在架空线路与连接电缆的终端头附近，阀式避雷器的接地端应和电缆金属外皮相连接。若各架空线路均有电缆进出线段，则避雷器与变压器的电气距离不受限制，避雷器应以最短的接线与变电所的主接地网连接，包括通过电缆金属外皮与主接地网连接，如图 7-20 所示。

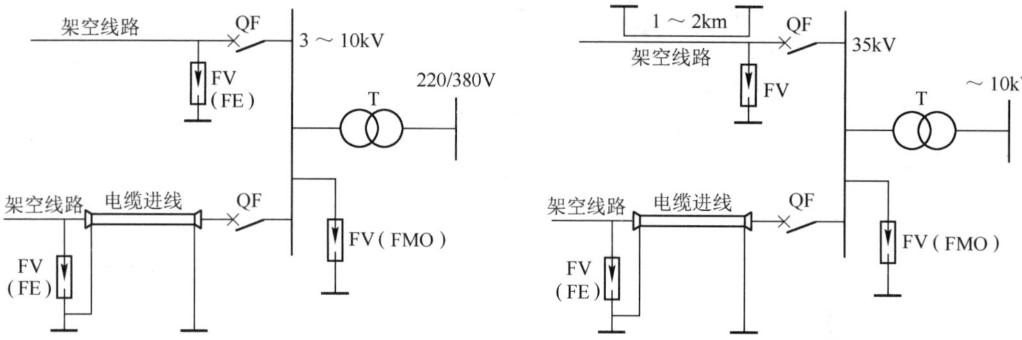

（a）3～10kV 架空线路和电缆进线　（b）35kV 架空线路和电缆进线

FV—阀式避雷器；FE—排气式避雷器；FMO—金属氧化物避雷器

图 7-20　变配电所对雷电波侵入的防护

（3）当与架空线路连接的 3～10kV 配电变压器及 Y yn0 或 D yn0 联结的配电变压器设在一类防雷建筑内为电缆进线时，均应在高压侧装设阀式避雷器。保护装置宜靠近变压器装设，其接地线应与变压器低压侧中性点（在中性点不接地的电网中，与中性点的击穿熔断器的接地端）及外露可导电部分连接在一起接地。

（4）在多雷区及向一类防雷建筑供电的 Y yn0 或 D yn0 联结的配电变压器，除在高压侧按有关规定装设避雷器外，在低压侧也应装设一组避雷器。

任务操作二十五 防雷装置的巡查与维护

训练目标

（1）掌握防雷装置的巡查与维护项目。

（2）能对运行中的各种防雷装置进行巡查与维护。

（3）能处理避雷器异常运行情况。

训练内容

1．巡查与维护前的准备

（1）工器具的选择、检查：要求能满足工作需要，质量符合要求。

（2）着装、穿戴：穿工作服、绝缘鞋，戴安全帽等。

2．巡查与维护内容

1）防雷装置的巡查与维护

防雷装置的巡查与维护分为定期巡查与维护和日常巡查与维护两类。每年在雷雨季节到来之前，应进行一次全面的定期巡查与维护。日常巡查与维护应在每次雷击之后进行。在雷电活动强烈的地区，对防雷装置应随时进行目测检查。

防雷装置的巡查与维护项目主要如下。

（1）检查外部防雷装置的电气连续性，若发现有脱焊、松动和锈蚀等，应进行相应的处理，特别是在断接卡或接地测试点处，应经常进行电气连续性测量。

（2）检查接闪器、杆塔和引下线的腐蚀情况及机械损伤，包括由雷击放电造成的损伤情况。如果有损伤，应及时修复；当腐蚀部位超过截面的三分之一时，应更换。

（3）测试接地装置的接地电阻值，若测试值大于规定值，则应检查接地装置和土壤条件，找出变化原因，采取有效的整改措施。

（4）检测内部防雷装置、设备金属外壳、机架等电位连接的电气连续性，若发现连接处松动或断路，则应及时更换或维修。

（5）检查各类浪涌保护器的运行情况：有无接触不良、漏电流是否过大、发热、绝缘是否良好、积尘是否过多等。若出现故障，则应及时更换或维修。

2）避雷器的巡查与维护项目

避雷器的日常巡查与维护项目如下。

（1）检查避雷器的瓷质部分是否清洁，有无裂纹、破损，有无放电现象和闪络痕迹。

（2）检查避雷器内部有无响声。

（3）检查放电计数器是否完好，内部是否受潮，上下连接线是否完好无损，检查计数器是否动作，每月抄录一次计数器动作情况。

（4）检查避雷器的引线是否完整，有无松股、断股；检查接头连接是否牢固，且是否有足够的截面；导线应不过紧或过松，不锈蚀，无烧伤痕迹。

（5）检查避雷器底座是否牢固，有无锈烂，接地是否完好，安装是否偏斜。

（6）检查避雷器均压环的装设是否牢固，有无损伤，环面是否保持水平。

避雷器在特殊情况下的巡查项目如下。

在雷雨、大风、大雾及冰雹天气时应加强巡查避雷器，巡查的主要内容如下。

（1）雷雨时不得接近防雷设备，可在一定距离范围内检查避雷针的摆动情况。

（2）雷雨后检查放电计数器的动作情况，检查避雷器表面有无闪络痕迹，并做好记录。

（3）在大风天气时应检查避雷器、避雷针上有无搭挂物，检查摆动情况。

（4）在大雾天气时应检查瓷质部分有无放电现象。

（5）下冰雹后应检查瓷质部分有无损伤痕迹，计数器是否损坏。

3）避雷器异常运行的处理

当避雷器在运行中发生异常现象和故障时，运行值班人员应对异常现象和故障进行分析判断，并及时采取措施进行处理。

（1）避雷器瓷套有裂缝。

若天气正常，则应按调度规程规定向有关部门申请停电，将故障相避雷器退出运行，更换合格的避雷器。若当时没有备品更换，又在短时间内不至于威胁安全运行，则可在瓷套裂缝深处涂漆或环氧树脂以防受潮，然后安排换上合格的避雷器。

若在雷雨中发现避雷器瓷套有裂缝，则应尽可能不使避雷器退出运行，待雷雨过后进行处理。若发现避雷器瓷套有裂缝且造成闪络，但没有引起系统接地，则在可能的条件下停用故障相的避雷器。

（2）避雷器内部有异常响声或避雷器套管有炸裂现象并引起系统接地故障。

运行值班人员应避免靠近，可用断路器或人工接地转移方法断开故障避雷器。

（3）避雷器在运行中发生爆炸。

若爆炸没有造成系统永久性接地，则可在雷雨过后拉开故障相的隔离开关，将避雷器停用，并更换避雷器。若爆炸后造成系统永久性接地，则禁止用拉开隔离开关的方法来停用避雷器。

（4）避雷器动作指示器内部烧黑或烧毁，接地引下线连接点上有烧痕或烧断现象。

这时可能存在阀电阻片失效、火花间隙灭弧特性变坏等内部缺陷，引起工频续流增大等，应及时对避雷器进行电气试验或解体检查，再进行处理。

任务四　认识工厂供配电系统的接地装置

一、接地的有关概念

1. 接地和接地装置

将电气设备的某金属部分与大地之间进行良好的电气连接，称为接地。埋入地中并直接与大地接触的金属导体，称为接地体或接地极。专门为接地而人为装设的接地体，称为人工接地体。兼作接地体用的直接与大地接触的各种金属构件、金属管道及建筑物的钢筋混凝土基础等，称为自然接地体。连接接地体与设备、装置接地部分的金属导体，称为接地线。接地线在设备、装置正常运行情况下是不载流的，但在故障情况下要通过接地故障电流。

接地线与接地体合称接地装置。由若干接地体在大地中相互用接地线连接起来的一个整体，称为接地网，如图 7-21 所示。其中，接地线又分为接地干线和接地支线。接地干线一般应采用不少于两个导体在不同地点与接地网相连接。

2. 接地电流和对地电压

当电气设备发生接地故障时，电流通过接地体向大地作半球形向地下流散，这一电流称为接地电流，用 I_E 表示。由于这半球形的球面，距离接地体越远，球面越大，其散流电阻越小，相对于接地点的电位来说，其电位越低。接地电流电位分布曲线如图 7-22 所示。

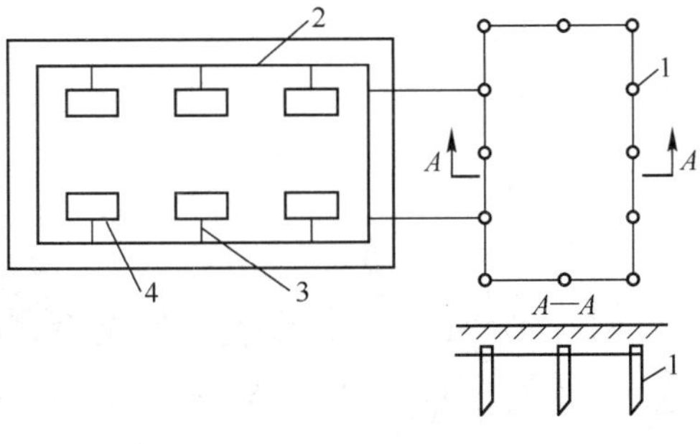

1—接地体；2—接地干线；3—接地支线；4—电气设备

图 7-21　接地网示意图

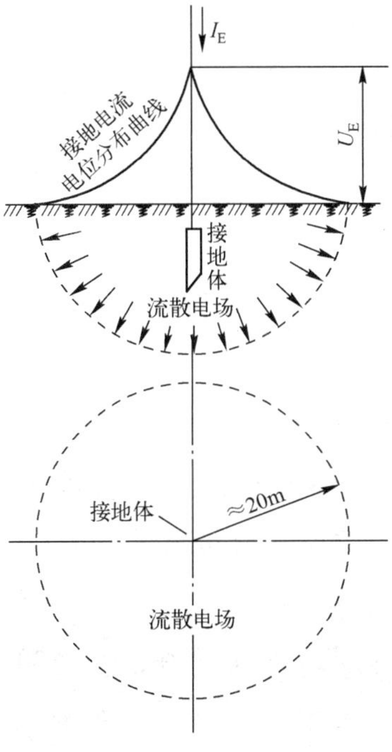

I_E—接地电流；U_E—对地电压

图 7-22　接地电流电位分布曲线

试验表明，在距离接地故障点约20m的地方，散流电阻实际上已接近于零，这电位为零的地方，称为电气上的“地”或“大地”。

电气设备的接地部分，如接地的外壳和接地体等，与零电位的“地”（“大地”）之间的电位差，称为接地部分的对地电压，如图7-22中的U_E。

3．接触电压和跨步电压

1）接触电压

接触电压是指设备的绝缘损坏时，人的身体可触及的两部分之间出现的电位差。例如，人站在发生接地故障的设备旁边，手触及设备的金属外壳，则人手与脚之间所呈现的电位差为接触电压，如图7-23中的U_{tou}。

2）跨步电压

跨步电压是指人在接地故障点附近行走时，两脚之间所出现的电位差，如图7-23中的U_{step}。在带电的断线落地点附近及雷击时防雷装置泄放雷电流的接地体附近行走时，同样也有跨步电压。越靠近接地故障点及跨步越长，跨步电压越大。离接地故障点约20m时，跨步电压通常为零。

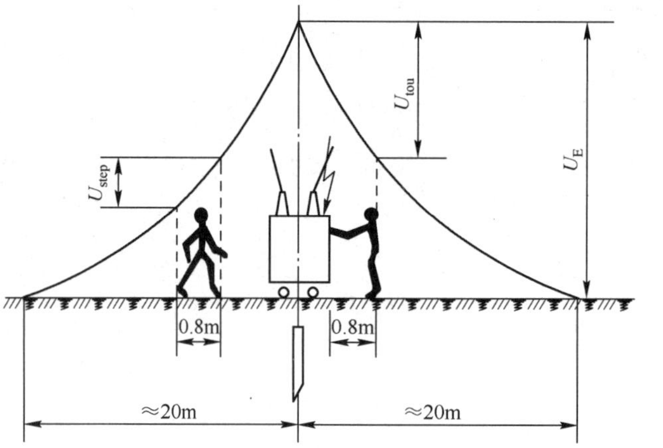

U_{tou}—接触电压；U_{step}—跨步电压

图7-23　接触电压和跨步电压说明图

4．接地的类型

电力系统和电气设备的接地，按其功能分为工作接地、保护接地、保护接零、重复接地、防雷接地和防静电接地等。

1）工作接地

工作接地是为保证电力系统和设备达到正常工作要求而进行的一种接地，如电源的中性点接地、防雷装置的接地、变压器的中性点接地等。各种工作接地有各自的功能。例如，电源的中性点直接接地能在运行中维持三相系统中相线对地电压不变；而防雷装置的接地是为了对地泄放雷电流，实现防雷保护的要求。

2）保护接地

保护接地指为保障人身安全、防止间接触电而将设备的外露可导电部分接地。保护接地的功能说明如图 7-24 所示。若电气设备外壳没有保护接地，则当电气设备的绝缘损坏发生一相碰壳故障时，设备外壳电位将上升为相电压，人接触设备时，故障电流将全部流过人体流入地中，这是很危险的。若电气设备外壳有保护接地，则当发生类似情况时，接地电阻和人体电阻形成并联电路，由于人体电阻远大于接地电阻，流经人体电流较小，避免或减轻了人体触电的危害。

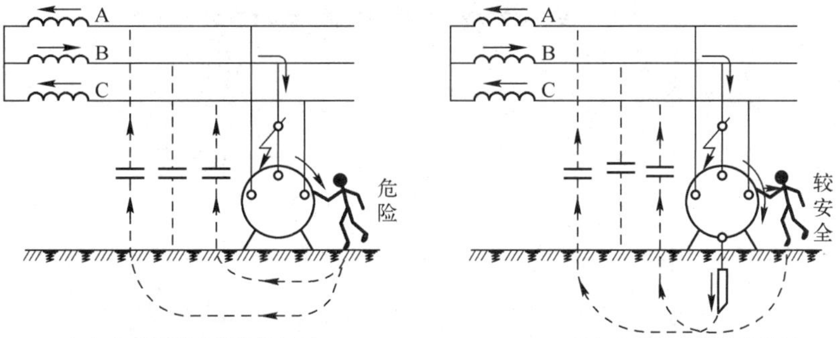

（a）电动机没有保护接地时　（b）电动机有保护接地时

图 7-24　保护接地的功能说明

保护接地通常用于中性点不接地的系统中，如 TT 系统和 IT 系统中设备外壳的接地。

3）保护接零

为防止因电气设备绝缘损坏而使人身受到触电危险，将电气设备的金属外壳与变压器的中性线（零线）相连接，称为保护接零。

在保护接零的系统中，当某一相绝缘损坏使相线碰壳时，形成单相短路，单相短路电流通过该相和中性线形成回路。由于中性线阻抗很小，所以单相短路电流很大，它足以使线路上的保护装置（如熔断器和低压断路器）迅速动作，切除故障，恢复系统其他部分的正常运行。

保护接零通常用在低压三相四线制中性点直接接地的系统中，如设备的外露可导电部分经公共 PE 线（如在 TN-S 系统）或 PEN 线（如在 TN-C 系统）接地。必须注意的是，在同一低压配电系统中，不能有的设备采取保护接地而有的设备又采取保护接零。否则，当采取保护接地的设备发生单相接地故障时，采取保护接零的设备的外露可导电部分（外壳）将带上危险的电压，如图 7-25 所示。

4）重复接地

在 TN 系统中，为确保公共 PE 线或 PEN 线安全可靠，除在电源中性点进行工作接地外，还应在 PE 线或 PEN 线的下列地点进行重复接地：①在架空线路终端及沿线每隔 1km 处；②在电缆和架空线路引入车间和其他建筑物处。

若不进行重复接地，则在 PE 线或 PEN 线断线且有设备发生单相接壳短路时，接在断线后面的所有设备的外壳都将呈现接近于相电压的对地电压，即 $U_E \approx U_\varphi$，如图 7-26（a）所示，这是很危险的。如果进行了重复接地，那么在发生同样故障时，断线后面的设备的外壳呈现的对地电压 $U_E \ll U_\varphi$，如图 7-26（b）所示，危险程度将大大降低。

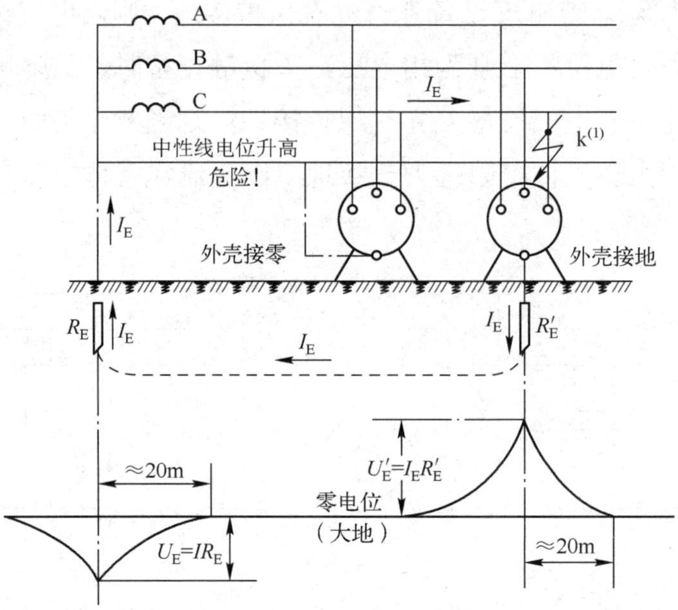

图 7-25　同一系统中有的接地有的接零，在接地设备发生单相接地故障时的情形

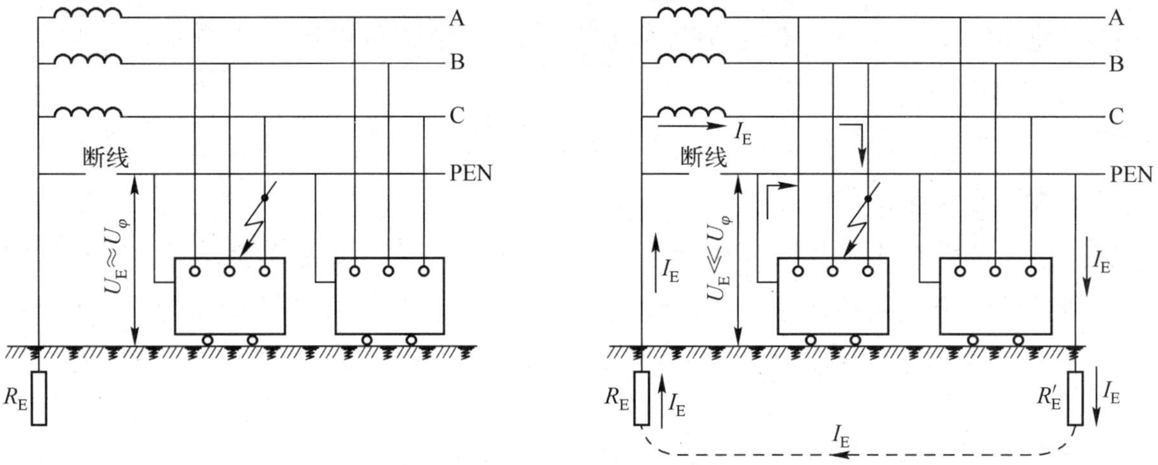

（a）没有重复接地的系统中，PE 线或 PEN 线断线时

（b）采取重复接地的系统中，PE 线或 PEN 线断线时

图 7-26　重复接地的功能说明

5）防雷接地

防雷接地的作用是将接闪器引入的雷电流泄入地中，将线路上传入的雷电流通过避雷器或放电间隙泄入地中。此外，防雷接地还能将雷云静电感应产生的静电感应电荷引入地中以防止产生过电压。

6）防静电接地

防静电接地是消除静电危害的最有效和最简单的措施，但仅对消除金属导体上的静电有效，对集成电路制造及装配车间、电子计算机中心操作室等建筑物中非导体上的静电，主要依靠防护材料的设计和安装来解决。

二、电气设备的接地装置

1．电气设备应该接地或接零的金属部分

根据 GB 50169—2016《电气装置工程接地装置施工与验收规范》的要求，电气设备的下列金属部分必须接地。

（1）电机、变压器等电气设备、携带式或移动式用电器具等的金属底座、框架及外壳。

（2）电气设备的传动装置。

（3）室内外配电装置的金属或钢筋混凝土构架及靠近带电部分的金属遮栏和金属门。

（4）配电、控制、保护用的屏（柜、箱）及操作台等的金属框架和底座。

（5）交流与直流电力电缆的接头盒、终端头和膨胀器的金属外壳和电缆的金属护层，以及可触及的电缆金属保护管和穿线的钢管。

（6）电缆桥架、支架和井架。

（7）装有避雷线的电力线路杆塔和装在配电线路杆上的电力设备。

（8）在非沥青地面的居民区内，无避雷线的小接地电流架空电力线路的金属杆塔和钢筋混凝土杆塔。

（9）变电站（换流站）的构架、支架。

（10）封闭母线的外壳及其他裸露的金属部分。

（11）六氟化硫封闭式组合电器和箱式变电站的金属箱体。

（12）电热设备的金属外壳。

（13）控制电缆的金属护层。

（14）互感器的二次绕组。

2．电气设备可不接地或不接零的金属部分

电气设备的下列金属部分可不接地或不接零。

（1）在木质、沥青等不良导电地面的干燥房间内，交流额定电压为 380V 及以下或直流额定电压为 440V 及以下的电气设备的外壳。但当有可能同时触及上述电气设备的外壳和已接地的其他物体时，则仍应接地。

（2）在干燥场所，交流额定电压为 127V 及以下或直流额定电压为 110V 及以下的电气设备的外壳。

（3）安装在配电屏、控制屏和配电装置上的电气测量仪表、继电器和其他低压电器等的外壳，以及当发生绝缘损坏时，在支持物上不会引起危险电压的绝缘子的金属底座等。

（4）安装在已接地金属构架上的设备，如穿墙套管等。

（5）额定电压为 220V 及以下的蓄电池室内的金属支架。

（6）与已接地的机床、机座之间有可靠电气接触的电动机和电器的外壳。

3．接地电阻及其要求

接地电阻是接地线和接地体的电阻与接地体的散流电阻的总和。由于接地线和接地体的电阻相对很小，因此接地电阻可认为就是接地体的散流电阻。

接地电阻按其通过电流的性质，可分为工频接地电阻和冲击接地电阻。工频接地电阻是工频接地电流流经接地装置入地所呈现的接地电阻，用 R_E 表示。冲击接地电阻是雷电流流经接地装置入地所呈现的接地电阻，用 R_{sh} 表示。

接地电阻的要求值主要根据电力系统中性点运行方式、电压等级、设备容量，特别是根据允许的接触电压来确定。其要求如下。

1）1kV 及以上的大接地短路电流系统

在这种情况下，单相接地就是单相短路，线路电压又很高，所以接地电流很大。因此，当发生接地故障时，在接地装置及其附近所产生的接触电压和跨步电压很高，要将其限制在很小的安全电压下，实际上是不可能的。但对于这样的系统，当发生单相接地短路时，继电保护装置立即动作，出现接地电压的时间极短，产生的危险较小。规程允许接地网对地电压不超过 2kV，因此接地电阻规定为

$$R \leqslant 2000/I_{CK}$$

式中，R 为接地电阻（Ω）；I_{CK} 为计算用的接地短路电流（A）。

2）1kV 及以上的小接地短路电流系统

在这种情况下，规程规定，接地电阻在一年内任何季节均不得超过以下数值。

（1）当高压和低压电气设备共用一套接地装置时，要求对地电压不得超过 120V，因此有

$$R \leqslant 120/I_{CK}$$

（2）当接地装置仅用于高压电气设备时，要求对地电压不得超过 250V，因此有

$$R \leqslant 250/I_{CK}$$

在以上两种情况下，接地电流即使很小，接地电阻也不允许超过 10Ω。

3）1kV 以下的中性点直接接地系统

对于 1kV 以下的中性点直接接地的三相四线制系统，发电机和变压器中性点接地装置的接地电阻不应大于 4Ω。容量不超过 100kV·A 时，要求接地电阻不大于 10Ω。

中性线的每一重复接地装置的接地电阻不应大于 10Ω。容量不超过 100kV·A 且当重复接地点多于三处时，每一重复接地装置的接地电阻可不大于 30Ω。

4）1kV 以下的中性点不接地系统

这种系统发生单相接地时，不会产生很大的接地短路电流，将接地电阻规定为不大于 4Ω，即发生接地时的对地电压不超过 40V，保证小于安全电压 50V 的安全值。对于小容量的电气设备，由于其接地短路电流更小，所以规定接地电阻不大于 10Ω。

三、电气设备接地装置的装设

1. 人工接地体的选用

对于人工接地体的材料，为避免腐烂，水平接地体应尽量选用圆钢或扁钢，垂直接地体尽量选用角钢、圆钢或钢管。接地装置的导体截面应符合热稳定性、均压、机械强度及耐腐蚀的要求。水平接地体的截面积不应小于连接至接地装置接地线截面积的75%，钢接地体和接地线的最小规格不应小于表7-4所列规格。

表7-4 钢接地体和接地线的最小规格（根据GB 50169—2016）

种类、规格及单位		地上		地下	
		室内	室外	交流回路	直流回路
圆钢直径/mm		6	8	10	12
扁钢	截面积/mm^2	60	100	100	100
	厚度/mm	3	4	4	6
角钢厚度/mm		2	2.5	4	6
钢管管壁厚度/mm		2.5	2.5	3.5	4.5

注：（1）电力线路杆塔的接地体引出线截面积不应小于50mm^2；引出线应热镀锌。

（2）按GB 50057—2019《建筑物防雷设计规范》规定，防雷的接地装置，圆钢直径不应小于10mm；扁钢截面积不应小于100mm^2，厚度不应小于4mm；角钢厚度不应小于4mm；钢管管壁厚度不应小于3.5mm。作为引下线，圆钢直径不应小于8mm；扁钢截面积不应小于48mm^2，厚度不应小于4mm。

2. 自然接地体的选用

在设计和装设接地装置时，首先应充分利用自然接地体，以节约投资，节约钢材。如果实地测量所利用的自然接地体接地的电阻已满足要求，而且这些自然接地体又满足短路热稳定性条件时，除变配电所外，一般不必再装设人工接地装置了。

可作为自然接地体的有如下几种。

（1）埋设在地下的金属管道，但不包括可燃和有爆炸物质的管道。

（2）金属井管。

（3）与大地有可靠连接的金属结构，如建筑物的钢筋混凝土基础、行车的钢轨等。

（4）水工构筑物及其类似坐落于水或潮湿土壤环境的构筑物的金属管、桩、基础层钢筋网等。

对变配电所来说，可利用其建筑物的钢筋混凝土基础作为自然接地体。

利用自然接地体时，一定要保证其良好的电气连接。在建、构筑物结构的结合处，除已焊接者外，都要采用跨接焊接，而且跨接线不得小于规定值。

3. 人工接地体的装设方式

人工接地体按装设方式，可分为水平接地体和垂直接地体，如图7-27所示。

（1）水平接地体选用热镀锌的圆钢或扁钢，水平铺设在地面以下0.5～1m的坑内，其长度以5～20m为宜。

（2）垂直接地体选用热镀锌的角钢或钢管，垂直埋入地下，其长度一般不小于 2.5m。

为减小相邻接地体的屏蔽效应，垂直接地体间的距离及水平接地体间的距离一般为 5m，当受地方限制时，可适当减小。

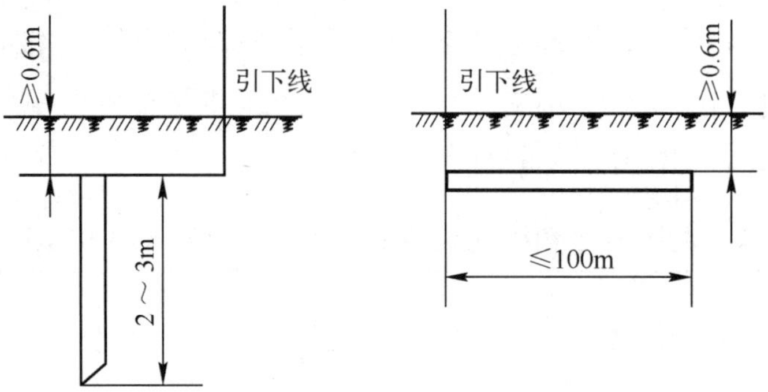

（a）垂直埋设的管形或棒形接地体　　（b）水平埋设的带形接地体

图 7-27　人工接地体

为了减少外界温度变化对散流电阻的影响，埋入地下的接地体，其顶端离地面不宜小于 0.6m。

4．接地线的选用

埋入地下的各接地体必须用接地线将其互相连接构成接地网。接地线的安装位置应合理，便于检查，不应妨碍设备检修和运行巡视。接地线必须保证连接牢固，和接地体一样，除应尽量采用自然接地线（如建筑物的金属构架、电梯竖井、电缆的金属外皮等）外，一般选用扁钢或钢管作为人工接地线。其截面除应满足热稳定性的要求外，也应满足机械强度的要求。

任务操作二十六　接地装置的巡查与维护

训练目标

（1）会识读变配电所的接地装置平面布置图。

（2）掌握接地装置的巡查与维护项目。

（3）会巡查与维护接地装置。

训练内容

1．巡查与维护前的准备

（1）工器具的选择、检查：要求能满足工作需要，质量符合要求。

（2）着装、穿戴：穿工作服、绝缘鞋，戴安全帽等。

（3）人员安排：监护人 1 人，操作员 1 人。

2．校验、巡查与维护内容

1）识读接地装置平面布置图

接地装置平面布置图是表示接地体和接地线在一个平面上具体布置和安装要求的一种安装图。图 7-28 所示为某高压配电所及附设 2 号车间变电所的接地装置平面布置图。

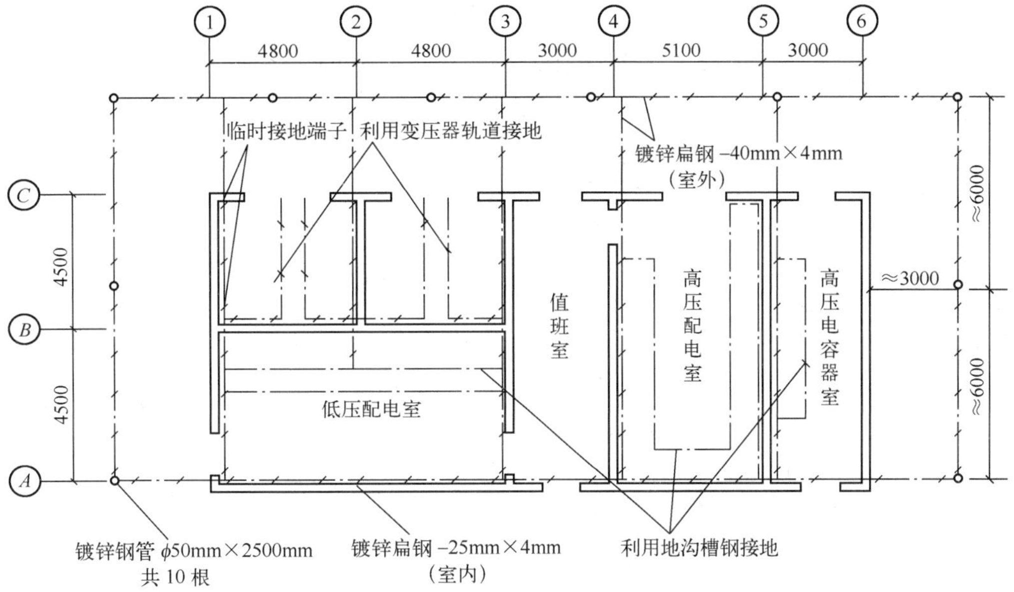

图 7-28 某高压配电所及附设 2 号车间变电所的接地装置平面布置图（单位：mm）

由图 7-28 可以看出，距变配电所建筑 3m 左右，埋设 10 根棒形垂直接地体（直径为 50mm、长为 2500mm 的镀锌钢管或 50mm×5mm 的镀锌角钢）。接地体之间间距约为 5m 或稍大。接地体之间用 40mm×4mm 的镀锌扁钢焊接成一个外缘闭合的环形接地网。变压器下面的导轨及放置高压开关柜、高压电容器柜和低压配电屏等的地沟上的槽钢或角钢，均用 25mm×4mm 的镀锌扁钢焊接成网，并与室外的接地网多处相连。

为便于测量接地电阻及移动式设备临时接地的需要，图 7-28 在适当的地点装有临时接地端子。整个变配电所接地系统的接地电阻要求不大于 4Ω。

2）接地装置的巡查与维护项目

（1）检查接地引下线的完整性和锈蚀情况，接地体附近有无挖开及其他异常情况。

（2）每年在雷雨前应检查 1 次接地引下线，埋入地下 0.5m 以上的一段比较容易锈蚀，必要时应挖开地面进行检查。特别是对含有重酸、碱、盐及金属矿岩等化学成分的土壤地带的接地装置，一般每 5 年应挖开局部地面进行检查。

（3）测量接地装置的接地电阻。对于发电厂和变配电所的总接地网，应每年测量 1 次；对于发电厂和变配电所的独立避雷针的接地装置及构架上所安装的避雷针的集中接地装置，应每 3～5 年至少测量 1 次；对于发电厂和变配电所阀式避雷器的集中接地装置，应每 1～2 年至少测量 1 次；对于架空线路杆塔的接地电阻，应每 5 年至少测量 1 次，测量时应将接地引下线与杆塔分开；对于变配电所进线段避雷线的接地电阻，应适当缩短测量周期，一般每 2 年测量 1 次；对于配电线路上的接地装置，应每隔 2～3 年至少测量 1 次；对于一般性的工业建、构筑物，应每隔 2～3 年测量 1 次；对于暗装的避雷网或利用混凝土钢筋柱子中的钢筋作为接地引下线的工程，由于设计的规定，都非常可靠，一般不需要平时检查，但每隔 5～6

年必须在顶部明装避雷线的地方进行接地电阻的测量，或在首层配电屏接地端子处测量。

（4）测量接地电阻需要在雷雨季节前土壤电阻率最大的季节内进行，即夏季土壤最干燥时期或冬季土壤冰冻最严重时期，以保证所测接地电阻的准确性。

根据检查情况，若发现有不合乎要求的地方，则应及时进行补救处理。例如，接地引下线的断续卡接触不良时，应除锈拧紧；导体腐蚀达 30%以上时，应更换导体；接地电阻超过规定值的 20%时，必须装设辅助接地体等。

3）用接地电阻测试仪测量接地装置的电阻值

（1）选表：选择精度和测量范围足够的接地电阻测试仪。

（2）检查：要求接地电阻测试仪外壳完好无损，接线端子齐全完好，检流计指针应能自由摆动，附件齐全完好。

（3）调整：将接地电阻测试仪放平，检流计指针应与基线对准，否则应调准。

（4）试验：先将接地电阻测试仪的四个接线端子（C_1、P_1、P_2、C_2）短接，再将接地电阻测试仪放平稳，把倍率挡置于将要使用的一挡，调整刻度盘，使“0”对准下面的基线，摇动摇柄到 120r/min，检流计指针应不动。

（5）接线：按如图 7-29 所示的接地电阻测量示意图接好各条线。

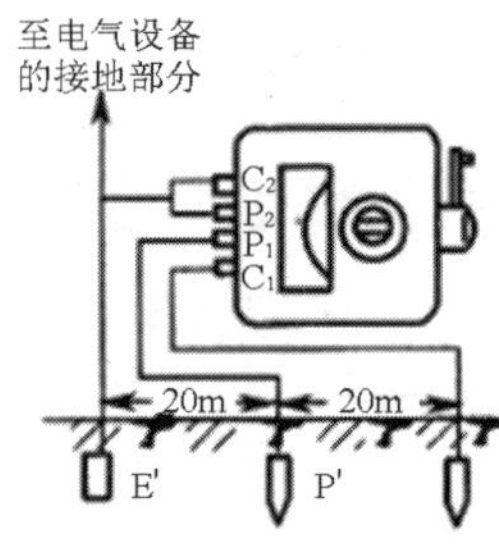

图 7-29　接地电阻测量示意图

（6）摇动：先将接地电阻测试仪水平放置，两人配合，一人监视现场，一人进行摇测。在摇动摇柄的同时，调整刻度盘（若检流计指针右偏，则使刻度盘逆时针方向转动；若检流计指针左偏，则使刻度盘顺时针方向转动）使指针复位。指针接近基线时，应加快摇速到 120r/min，并仔细调整刻度盘，使指针对准基线，然后停止摇动。

（7）读数：读取对应基线处刻度盘上的数。

（8）换算：被测接地电阻值（Ω）=读数×倍率。

（9）拆线：收回各条测量用线、接地钎子和仪表，并将其存放在干燥、无尘、无腐蚀性气体且不受震动场所。

测量时的注意事项：应正确选择接地电阻测试仪；应将被测接地装置退出运行（先切断与其有关的电源，拆开与接地线的连接螺栓）；测量用的一条 40m 线的上方不应有与其相平行的电力线路，下方不应有与其相平行的地下金属管线；雷雨天气不得测量防雷接地装置的接地电阻；接地电阻测试仪禁止开路试验，不使用时应将接线端用裸导线短接。

4）工作记录

按要求进行巡查与维护和接地电阻测量记录（在运行操作记录簿上记录巡查与维护时间，巡查与维护人员姓名、设备状况，以及接地电阻值等）。

项目总结

1．在电力系统运行过程中，产生危及电气设备绝缘的电压升高称为过电压，按其产生的原因可分为内部过电压和雷电过电压（也称大气过电压或外部过电压）。雷电过电压是雷电通过电力装置、建筑物等放电或感应形成的过电压。雷电过电压又分为直击雷、感应雷和雷电波侵入。内部过电压是由于电力系统本身的开关操作、负荷剧变或发生故障等原因，电力系统的工作状态突然改变，从而在系统内部出现电磁能量转换、振荡而引起的过电压。过电压对供配电系统、建筑物等将造成很大的危害。

2．工厂供配电系统的防雷装置主要有接闪器和避雷器两种。

接闪器是专门用来接受直接雷击的金属物体，可分为避雷针、避雷线、避雷带和避雷网。

避雷器是用来防止雷电过压波沿线路侵入变配电所或其他建筑物内，以免危及被保护设备的绝缘，或防止雷电电磁脉冲对电子信息系统的电磁干扰。常用的避雷器有阀式避雷器、排气式避雷器、保护间隙和金属氧化物避雷器等。

避雷器与被保护设备并接在一起，当雷电过电压侵入时，避雷器能够自动地放电，限制过电压的幅值，从而保护电气设备；当雷电过电压消失后，又能自动灭弧将工频续流切断。

3．工厂供配电系统中，架空线路的防雷保护措施通常采用装设避雷线、提高线路本身的绝缘水平、利用三角形排列的顶线兼作防雷保护线、装设自动重合闸装置、个别绝缘薄弱地点加装避雷器等方式。变配电所的防雷保护措施通常采用装设避雷针和避雷线来防止直击雷，采用加装避雷器方式来防止雷电波的侵入。

4．电力系统和电气设备的接地分为工作接地、保护接地、保护接零、重复接地、防雷接地、防静电接地等。

接地装置是保证供配电系统安全运行的主要设施之一，它由接地体和接地线组成。在设计和敷设变配电所接地装置时，应尽量做到使电位分布均匀，以防止发生接触电压和跨步电压。接地装置应优先考虑自然接地体，当自然接地体不能满足要求时，应考虑装设人工接地体。

思考与练习题

1．什么是过电压？过电压有哪些类型？其中，雷电过电压又有哪些形式？各是如何产生的？

2．什么是接闪器？其功能是什么？避雷针、避雷线、避雷带和避雷网各主要用在哪些场所？

3．避雷器的主要功能是什么？阀式避雷器、排气式避雷器、保护间隙和金属氧化物避雷器在结构、性能上各有哪些特点？各应用在哪些场合？

4．架空线路有哪些防雷保护措施？变配电所又有哪些防雷保护措施？

5．什么是接地体和接地装置？什么是人工接地体和自然接地体？

6．接地有哪些类型？接地的一般要求有哪些？

7．简述电气装置中的必须接地部分。

8．如何确定电气设备接地电阻？

9．为什么要重复接地？重复接地的功能是什么？

10．TN 系统、TT 系统和 IT 系统各自的接地形式有何区别？

项目八

实施工厂供配电系统运行管理与事故处理

项目介绍

本项目主要介绍工厂供配电系统的运行管理措施、工厂供配电系统节约电能的一般措施、工厂供配电系统功率因数补偿的方法和工厂供配电系统事故处理方法，为今后从事工厂供配电系统运行与维护管理等工作打下基础。

知识目标

✧ 掌握工厂供配电系统的运行管理措施。
✧ 了解节约电能、提高功率因数的重要意义。
✧ 掌握节约电能的一般措施。
✧ 掌握提高工厂供配电系统功率因数的方法。
✧ 了解工厂供配电系统事故的种类和处理方法。

技能目标

✧ 会填写工厂供配电系统的运行日志。
✧ 能进行工厂变配电所的抄表工作。
✧ 会进行并联电容器组的投切操作。
✧ 能进行并联电容器组的巡查与维护。
✧ 会处理工厂供配电系统一般事故。

任务一　认识工厂供配电系统的运行管理措施

工厂供配电系统的规范化管理是工厂进行正常生产的必要保证。工厂应根据国家供用电管理的相关规程，设置专职机构或专人负责工厂供配电系统的运行管理。

一、工厂供配电系统的技术管理措施

工厂供配电系统的技术管理措施主要内容有建立和健全必要的管理制度和标准，编制和修改工厂供配电系统现场运行规程，建立和健全技术档案，收集和管理工厂供配电系统的技术资料，做好运行值班人员的业务技术培训工作等。

1. 建立和健全技术管理制度

在工厂供配电系统的运行管理中，必须要建立和健全电气安全工作规程（含安全用具管理），电气运行操作规程（含停、送电和限电顺序），电气异常运行及事故处理规程，电气工作岗位责任制度，电气设备巡视检查制度，电气设备运行交、接班制度，电气设备缺陷和维护制度，调荷节电管理制度，电工培训考核制度等管理制度。

2. 建立和健全技术资料管理制度

工厂供配电系统的技术资料管理主要如下。

1）相关规程

工厂供配电系统运行管理中的规程包括《电业安全工作规程》（发电厂和变电所电气部分）《现场运行规程》《电气设备预防性试验规程》《变压器运行规程》《电业生产事故调查规程》《高压断路器检修工艺》《电力系统调度规程》等。

2）技术图纸

工厂供配电系统的技术图纸主要有：电气设备建筑平面分布图（应标明电气设备容量）、供配电线路平面分布图（应标明线路电气参数）、变配电所平面布置图、电气隐蔽工程竣工图、变配电所二次系统图、一次系统主接线图、一次设备电气安装图、二次设备展开图及安装接线图、防雷接地系统图、直流系统图、用电系统图等。

3）模拟图板（表）

工厂供配电系统的模拟图板（表）主要有：一次系统模拟操作图板、继电保护及自动装置定值配置图、变电所修试揭示图、变电所消防器材布置图、变电所巡视路线图、事故紧急拉闸顺序表、有关人员名单表（主要指变配电所值班轮值表、有权发布调度命令人员名单表、有权签发工作票人员名单表、有权单独巡视高压设备人员名单表、工作负责人或检修班组工作监护人名单表）等。

变配电所倒闸操作模拟图板的主要作用是使运行值班人员对变配电设备的全貌建立起一个系统的概念，有利于各项安全措施的正确部署和对误操作的防范。它以单线表示三相电路，能反映出变配电设备各个电气元件间的连接关系及运行状况，各个电气元件均按规定的编号方法予以编号。

图 8-1 所示为某变配电所倒闸操作模拟图板。该变配电所有两路 10kV 电源进线，编号 101、102 的电气元件表示与 10kV 供电线路连接的第 1 路、第 2 路断路隔离开关，编号 21、22 的电气元件表示 10kV 系统第 1 路、第 2 路跌开式熔断器，编号 201-2、202-2 的电气元件

表示10kV系统第1路、第2路线路侧和变压器侧隔离开关，编号201、202的电气元件表示10kV系统第1路、第2路断路器，编号49、59的电气元件表示10kV系统第1路、第2路电压互感器隔离开关，编号44、55的电气元件表示10kV系统接通与断开本段母线用的隔离开关，编号245的电气元件表示10kV系统4#、5#母线之间的联络开关，编号401、402的电气元件表示0.4kV系统中4号变压器的总开关，编号445的电气元件表示0.4kV系统4#、5#母线之间的联络开关。

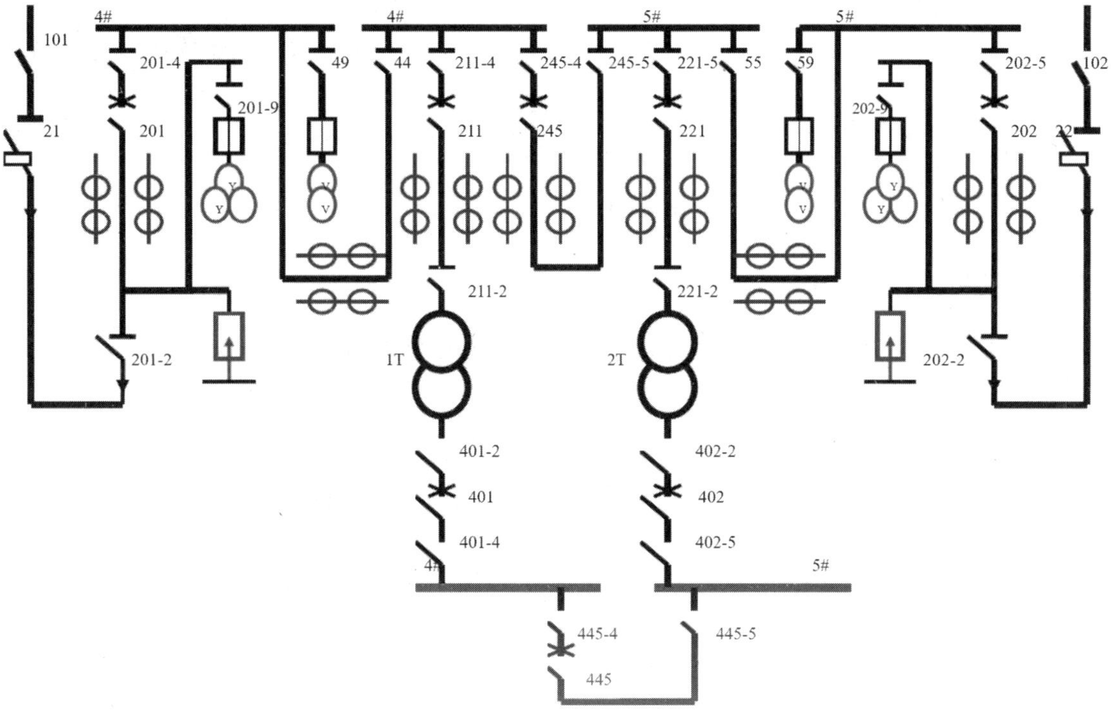

图8-1 某变配电所倒闸操作模拟图板

4）设备主要技术台账及资料

工厂供配电系统的设备主要技术台账及资料有：电气运行日志，一、二次台账，一、二次设备使用说明书，修试（校）报告，历年修试（校）记录，设备缺陷记录，人身和设备事故记录，工作票、操作票及执行情况记录，供电、用电双方及相关单位的用电协议文件，安全、经济运行指示图表，上级通知，其他各种记录簿等。

5）技术培训资料

工厂变配电所的技术培训资料主要有：技术培训的管理与计划、技术培训的方法、技术培训的记录与保管等。

3．电气运行日志

电气运行日志用来记录工厂供配电系统设备运行的相关电气数据，是保证工厂供配电系统设备安全运行的重要技术资料。工厂供配电系统的电气运行日志主要有以下几种：交接班记录簿、设备缺陷记录簿、断路器跳闸记录簿、继电保护调试记录簿、设备检修试验记录簿、反事故演习记录簿、运行分析记录簿、安全活动记录簿、培训记录簿等。

填写电气运行日志是工厂供配电系统值班人员的基本职责，要做到认真及时填写各种记录，以便于对工厂供配电系统运行工况及系统故障等情况进行分析、比较和查阅。

二、工厂供配电系统的运行调度管理制度

工厂供配电系统的运行调度管理的任务是组织整个变配电系统安全、可靠、合理、经济地运行，并保证操作的正确性。

1. 运行调度管理的任务

（1）充分发挥变配电系统供电设备的能力，最大限度地满足系统内负荷对电能的需求。

（2）保证变配电系统内电能的质量符合使用标准。

（3）保证变配电系统处于经济运行方式。

（4）统一协调、指挥工厂各部门的用电。

2. 对运行调度员的要求

（1）应熟悉电力系统调度规程的有关规定和供用电双方签订的协议。

（2）应熟悉调度管理的制度和调度范围。

（3）应清楚本单位电气设备的操作管理及调度操作术语等。

（4）应能正确调度本单位变配电系统的运行操作和事故处理。

三、工厂变配电所班组计划管理

1. 班组计划的分类

工厂变配电所班组计划时间可分为年度计划、月度计划、周计划和日计划，按计划性质可分为指令性计划和指导性计划；按计划的内容可分为生产作业计划、劳动工时计划、物资需用计划、成本费用计划、设备检修计划、技术改造计划、班组培训计划、质量计划和节能计划等。

2. 班组计划的编制依据

班组计划的编制依据主要有：企业方针目标的分解值、班组承担的分目标；班组的岗位职责与任务；班组的技术装备与力量；班组的人员配备；班组需用物资供应情况；班组所需生产费用的落实情况；技术工艺、操作标准及其他信息资料的准备和提供情况；质量标准；各种定额等。

3. 班组计划编制的原则和要求

班组计划编制要体现先进性、科学性、积极性，但应合理可靠；计划要具体、明确，班组目标要分解到岗位、个人；计划的实施措施要可行、便于操作和能够操作；计划要以班组成员充分讨论。

4．班组计划编制的内容

班组计划的主要内容有计划项目、目标值和承担人，计划的实施措施和负责人，检查考核的方法、标准，物资、资金费用需求计划等。

四、工厂供配电系统设备管理制度

工厂供配电系统设备管理的主要目标与要求是使设备经常处于技术完善、质量良好的状态下工作。设备管理制度的基本内容如下。

1．设备管理分工负责制度

设备管理分工负责制度是将工厂供配电系统的全部设备按台分区，明确主管，落实责任，使变电所每台设备有人管，运行人员人人管。

2．设备验收管理制度

设备验收管理制度是运行管理人员要做到修（试）后设备不验收不投运，检修中发现设备缺陷不消除不签字，检修后检修人员和运行人员不分别在检修记录上做好结论性记录不投运。设备验收分为新建、扩建验收和修试后验收两种。

3．设备缺陷管理制度

设备缺陷管理制度是要建立设备缺陷管理流程，做到发现及时，汇报及时，处理及时。

当运行人员发现设备缺陷后，应对设备缺陷进行鉴定，分析缺陷的真实性和原因，然后分类，并填入设备缺陷记录簿，同时按分类进行汇报；在设备缺陷消除之前，应加强对设备的巡视，注意其发展和变化，以防发生事故；在设备缺陷消除后，应在设备缺陷记录簿内写明消除日期、消除人姓名和情况等，没有能一次消除的缺陷应重新填入设备缺陷记录簿，并注明原因；定期对设备缺陷进行一次清理，列出清单，报主管部门。

4．设备定期评级制度

设备定期评级制度的目的是全面掌握设备技术状况，加强对设备的维修和改进，使设备处于完好状态。

设备的评级可分为一类、二类、三类设备。一类设备是指技术状况全面良好，外观整洁，技术资料齐全正确，能保证安全经济运行的设备的绝缘定级和继电保护及二次设备定级均为一级；二类设备是个别次要元件或次要试验结果不合格，但暂时不影响安全运行或影响较小，外观尚可，主要技术资料齐备且基本符合实际者，或检修预防性试验超周期但不超过半年的设备，其绝缘定级和继电保护及二次设备定级均为一级或二级；三类设备是有重大缺陷，不能保证安全运行，三漏严重，外观不整洁，主要技术资料残缺不全，抢修预防性试验超过一个周期加半年仍没修、没试的，上级规定的重大反事故措施没有完成的设备。

5. 设备档案管理制度

设备档案是运行人员掌握设备健康状况、及时发现设备内部隐患和存在问题的可靠措施，是变配电所技术管理人员督促检修部门和班组定期进行设备修试的重要手段。变配电所应设立兼职设备档案保管员。

设备档案管理制度主要是指设备台账、揭示图表、各种记录、修试报告、各种图纸及设备使用说明书等的管理制度。

6. 设备日常运行维护制度

设备日常运行维护制度主要包括设备的正常运行、正确操作、定期切换和维护保养等制度。

阅读材料：智能变配电监控系统

任务操作二十七　填写运行日志

训练目标

能正确填写运行日志。

训练内容

1. 工作前的准备

（1）准备相关的运行日志记录簿。

（2）着装、穿戴：穿工作服、绝缘鞋，戴安全帽等。

2. 工作内容

在工厂变配电所，与当班值班人员共同完成下列任务。

1）完成交接班记录簿的填写

该记录簿主要记录设备的运行情况，要清楚记录内容，明确进行了哪些倒闸操作。交接班记录簿如表8-1所示。

表8-1　交接班记录簿

全所无事故____天，无运行责任事故____天，____年____月____日，星期____，天气____，班次____

1. 运行记事（操作、异常、运行）： ________________ ________________ ________________ ________________	2. 巡视及设备缺陷情况： 3. 操作情况： 已执行____张，未执行____张， 结束____张，作废____张。 ________________

续表

4．工作票记录（种类、编号）： ______ ______ ______ ______	7．工具情况： ______ 8．工作票情况： 执行中____张，未执行____张， 结束______张，间断____张。
5．定期更换： ______ ______ ______ ______	9．装设接地线情况： ______ 10．上级通知及下一班注意事项： ______ 11．运行方式： ______
6．设备修试情况： ______ ______ ______	______ 接班者　　正值______副值______ 交班者　　正值______副值______

2）完成设备缺陷记录簿的填写

该记录簿主要记录设备缺陷情况。设备缺陷记录簿如表 8-2 所示。

表 8-2　设备缺陷记录簿

______年　　　　　　　　　　　　　　　　　______页

发现日期		设备名称和缺陷内容	缺陷性质	缺陷发现人	缺陷汇报人	缺陷消除日期	消除人
月	日						

3）完成断路器跳闸记录簿的填写

该记录簿主要记录断路器动作情况。断路器跳闸记录簿如表 8-3 所示。

阅读材料：
变配电所电气设备主要缺陷

表 8-3　断路器跳闸记录簿

跳闸时间				跳闸原因	保护动作情况	动作次数	累计次数	值班人员	断路器跳闸后抢修日期及工作负责人
月	日	时	分						

4）完成继电保护装置调试记录簿的填写

该记录簿主要记录继电保护装置调试情况。继电保护装置调试记录簿如表 8-4 所示。

表 8-4　继电保护装置调试记录簿

保护设备名称＿＿＿＿＿＿日期＿＿＿＿＿＿　　　　　　　　　　第＿＿＿＿＿页

月	日	工作性质	工作情况	工作负责人	值班人员

5）完成设备检修试验记录簿的填写

该记录簿主要记录设备检修、试验情况。设备检修试验记录簿如表 8-5 所示。

表 8-5　设备检修试验记录簿

单元名称＿＿＿＿＿＿　　　　　　　　　　设备名称＿＿＿＿＿＿

年		工作票编号	工作内容	存在问题	评　价	工作负责人	值班负责人
月	日						

6）完成反事故演习记录簿的填写

该记录簿主要记录反事故演习情况。反事故演习记录簿如表 8-6 所示。

表 8-6　反事故演习记录簿

＿＿＿＿＿＿＿＿变（配）电所
日期：＿＿年＿＿月＿＿日　　　　　　　　第＿＿号
演习开始时间：
演习终了时间：
学习地点：
参加演习人员和职称：
领导人：
监护人：
演习题目：
结论和对每一位参加人员的单独评价（指出演习人员有哪些错误）：
其他意见：
根据演习的结果而拟定的措施：

编　号	简要内容	执行人	期　限	备　注

7）完成运行分析记录簿的填写

该记录簿主要分析并记录变配电所运行中出现的问题。运行分析记录簿如表 8-7 所示。

表 8-7 运行分析记录簿

参加人员	
分析内容	
分析意见	

8）完成安全活动记录簿的填写

该记录簿主要记录进行的安全活动。安全活动记录簿如表 8-8 所示。

表 8-8 安全活动记录簿

____年____月____日　　　星期____

参加人员	
内　容	
意　见	

9）完成培训记录簿的填写

该记录簿主要记录值班人员的培训情况。培训记录簿如表 8-9 所示。

表 8-9 培训记录簿

编号	培训内容	参加对象	人数	起止日期	主办单位	备注

10）注意事项

运行日志在工作开始前或工作结束后及时填写，应做到不缺项，不伪造。

任务操作二十八 完成变配电所的抄表工作

训练目标

能正确抄录相关仪表的读数。

训练内容

1. 工作前的准备

（1）准备相关的抄表记录簿。

（2）着装、穿戴：穿工作服、绝缘鞋，戴安全帽等。

2. 工作内容

在工厂变配电所，与当班值班人员共同完成抄表任务。在有人值班的变配电所，值班人员应及时抄表。各变配电所都应根据需要抄录的数据制备专用的抄表纸，其格式应与各变配电所实际情况相适应。

（1）按规定时间抄表。

（2）按规定的先后次序抄表。

（3）为保证抄表起到作用，必须按如下要求抄表。

① 应按规定准时抄录表计的指示值，并注意是否在正常范围内。过负荷运行时，应缩短抄表时间。

② 为便于判断设备的运行状况，通常用红线在电流表、电压表和温度表上标出设备的额定值或允许范围。抄表时要特别注意相关表计的指示是否超越红线。

③ 抄表时，人眼所处位置一定要与表的位置在同一条水平线上。对于表面有弧度的表，人眼所处位置要与表面的位置相垂直。

任务二　认识工厂供配电系统节约电能的一般措施

一、节约电能的意义

一是能在一定程度上缓解电力供需的矛盾。如果每个电力用户都能够积极地节约电能，就可使有限的电力生产满足更多电力用户对电能的需求，可在一定程度上缓解电力生产发展跟不上国民经济发展要求的状况。

二是节约一次能源。电能是通过对一次能源的生产、加工而转化过来的能源。节约电能可节约大量的煤、油、天然气等一次能源。

三是提高企业的经济效益。节约电能可以减少电力用户的电费支出，降低企业产品的电能消耗，使产品生产成本下降。

节约电能，不仅仅是减少工厂的电费开支，降低工业产品的生产成本，更重要的是由于电能能创造出比它本身价值高几十倍甚至上百倍的工业产值，所以多节约1kW·h电能，就能为国家多创造财富，有力地促进国民经济的持续发展。因此，节约电能具有十分重要的意义。

二、节约电能的一般措施

工厂节约电能，可以从科学管理和技术改造两个方面采取措施。

1. 加强工厂供配电系统的科学管理

1）加强能源管理，建立和健全管理机构和制度

要对工厂的各种能源（包括电能）进行统一管理。不仅要建立能源管理机构，形成一个完整的管理体系，而且要建立一套科学的能源管理制度。实行能耗定额管理和相应的奖惩制度，推动工厂节电节能工作的开展。

2）实行计划供用电，提高能源利用率

国家对用电实行宏观调控，实行计划供用电就是宏观调控的一种手段。工厂应按与供电部门签订的《供用电合同》实行计划用电。供电部门可对工厂采取必要的限电措施。对工厂内部供用电系统来说，各车间用电也应按工厂下达的指标实行计划用电，并加强用电管理，各车间的供电线路上宜装设电能表计量，以便考核。

3）实行需求侧管理，进行负荷调整

需求侧管理是电力供应方（电网部门）对需求方（用户）的负荷管理。负荷调整就是根据供电系统的电能供应情况及各类用户的不同用电规律，合理地安排和组织各类用户的用电时间，以降低负荷高峰，填补负荷低谷，即所谓“削峰填谷”，充分发挥发、变电设备的能力，提高电力系统的供电能力。负荷调整是一项带全局性的工作，也是需求侧管理和宏观调控的一种手段。实行峰谷分时电价和丰枯季节电价政策是运用电价这一经济杠杆对用户用电进行调控的一项有效措施。电力系统负荷调整的主要对象是工厂。由于实行负荷调整，“削峰填谷”可提高变压器的负荷率和功率因数，既提高了供电能力，又节约了电能。

工厂的负荷调整主要采取以下措施。

（1）错开各车间的上下班时间、进餐时间等，使各车间的高峰负荷时间错开，从而降低工厂总的负荷高峰。

（2）调整厂内大容量设备的用电时间，使其避开高峰时间用电。

（3）调整各车间的生产班次和工作时间，实行高峰让电等。

4）实行经济运行方式，全面降低系统能耗

经济运行方式是指能使整个电力系统的能耗降低、经济效益最高的一种运行方式。例如，对于负荷率长期偏低的电力变压器，可以考虑更换较小容量的电力变压器；如果运行条件许可，两台并列运行的电力变压器，可以考虑在低负荷时切除一台；对于负荷长期偏低的电动机，也可以考虑更换较小容量的电动机。这样处理，都可降低电能损耗，达到节电的效果。

5）加强运行维护，提高设备的检修质量

节约用电与供用电系统的运行维护和检修质量有密切关系。例如，电力变压器通过检修，消除了铁芯过热的故障，就能降低铁损，节约电能；电动机通过检修，使其转子与定子间的气隙均匀或减小，或者减小转子的转动摩擦，也都能降低电能损耗。

2. 实施工厂供配电系统的技术改造

（1）加快更新、淘汰现有低效高耗能的供用电设备。

（2）改造现有不合理的供配电系统，合理选择变配电所所址，使变配电所尽可能靠近负荷中心和通过合理布线、选择导线截面等方式来有效降低线路损耗。

（3）选用高效节能产品，合理选择设备容量，如正确选择变压器的型号、容量、数量等。

（4）进行技术改造，发挥设备潜力，提高设备的负荷率和使用效率。

（5）改进生产工艺和操作方法。

（6）采用无功补偿设备，提高功率因数。

任务三 认识工厂供配电系统功率因数补偿的方法

工厂供配电系统中的绝大多数用电设备（如感应电动机、电力变压器、电焊机、电弧炉等）的功率因数均小于1，而功率因数是衡量供配电系统是否经济运行的一个重要指标。

一、提高功率因数的意义

工厂供配电系统的功率因数是随着负荷的波动而变化的。企业功率因数低将造成下列不良影响。

（1）降低发电机的输出功率，使发电设备效率降低，发电成本提高。

（2）降低变电、输电设施的供电能力。

（3）使电网损耗增加（电网中功率损耗与功率因数的平方成反比）。

（4）增加供电线路上的电压损失，降低供电质量，使用电设备运行条件恶化。

所以，提高用电设备的自然功率因数、降低电力负荷对无功功率需求的重要性是十分明显的。提高功率因数是合理使用电力、节约电能的一种有效措施，对国民经济具有重要意义。

为促进电力用户提高用电设备的功率因数，我国《供电营业规则》中规定：“无功电力应就地平衡，用户应在提高自然功率因数的基础上，按有关标准设计和安装无功补偿设备，并做到能随负荷和电压变动及时投入和切除，以防无功电力倒送。除电网有特殊要求的用户外，用户在当地供电企业规定的电网高峰负荷时的功率因数，应达到下列规定：100kV·A 及以上的高压供电的用户，功率因数在0.90以上；其他电力用户和大中型电力排灌站、趸购转售电企业，功率因数在0.85以上；农业用电，功率因数在0.80以上”。并规定：“凡功率因数未达到上述规定的，应增添无功补偿装置，通常采用并联电容器进行补偿。”这里所指的功率因数，即最大负荷时的功率因数，按下式计算：$\cos\varphi = P_{30}/S_{30}$。

二、功率因数补偿方法

1．提高自然功率因数

功率因数不满足要求时，首先应提高自然功率因数。提高自然功率因数是指不用任何补偿设备，通过降低用电设备所需的无功功率来提高功率因数的方法。它不需要增加投资，是最经济的提高功率因数的方法，主要途径是降低感应电动机和变压器上消耗的无功功率。

1）合理选择和使用感应电动机

由于感应电动机励磁的无功功率占电力系统总无功功率的70%左右，所以合理选用感应电动机，是提高自然功率因数的重要措施之一。可以通过合理选择感应电动机绕组的额定电压和容量使其经常在接近于满载的情况下运行。

2）适当降低电动机的运行电压

对于轻载运行的电动机，可以通过专用变压器供电、改变电动机内部接线（如将电动机定子绕组由三角形连接改为星形连接）等方式适当降低其运行电压，以提高自然功率因数。

3）合理选择与使用变压器

合理选择变压器容量，低损耗变压器的最佳负荷率约为 50%；及时切除空载变压器，降低变压器的空载损耗；多台变压器并列运行，根据负荷变化的特点实行经济运行方式；根据电网运行情况及时调整变压器的分接开关，防止变压器过激磁。

4）调整生产工艺过程，改善设备运行制度

可以根据生产工艺过程，将消耗无功功率的设备安排在系统无功负荷低谷时运行。

此外，还可以通过安装电动机空载自动断电装置、负荷连接力求三相平衡等方法来提高工厂功率因数。

2. 采用人工补偿功率因数

1）采用并联电容器补偿

采用并联电容器来补偿无功功率是广泛采用的一种提高功率因数的方法。它具有有功损耗低、无旋转部分、运行维护方便、可按系统需要增大或减小安装容量和改变安装地点等优点。

（1）并联补偿电容器组的接线方式。

并联补偿电容器组大多采用三角形（△形）接线，如图 8-2、图 8-3 所示。低压并联电容器多数是做成三相的，其内部已接成三角形。这是因为接成三角形比接成星形的补偿能力大，即使任一相电容器断线，三相线路仍会得到无功补偿，但当任一相电容器击穿短路时，将会造成三相线路的两相短路。

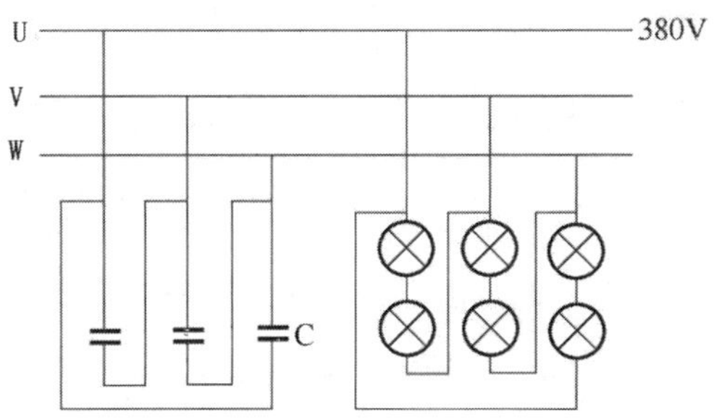

图 8-2 低压电容器组的接线方式

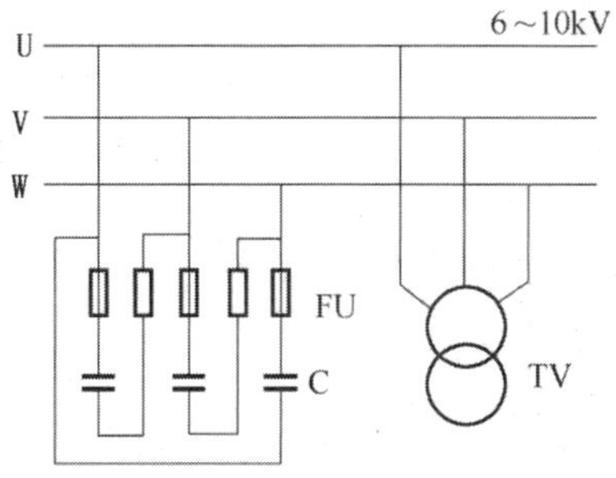

图 8-3 高压电容器组的接线方式

（2）并联补偿电容器组的装设位置。

并联补偿电容器组可以装设在高压侧或低压侧，如图 8-4 所示。

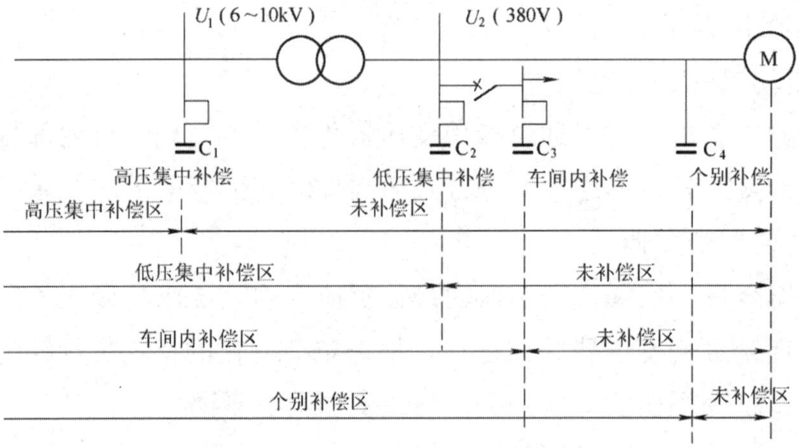

图 8-4 并联补偿电容器组在供配电系统中的装设位置

高压侧补偿一般采用集中补偿的方式，即将并联电容器组接在变电所的6～10kV母线上。一般根据电容器组容量的大小选配开关，对集中补偿的高压电容器利用高压断路器进行手动投切。电容器组的安装方式可根据台数多少设置在高压配电室或专用的电容器室。这种补偿方式具有初期投资较少，运行维护方便，利用率较高的优点，但只能补偿高压母线以前的供电系统及线路的无功功率，不能减少用户变压器和低压配电网络中的无功负荷。这种补偿方式可以满足工厂总功率因数的要求，所以在大中型工厂中应用广泛。图 8-5 所示为集中补偿的高压电容器组接线图。

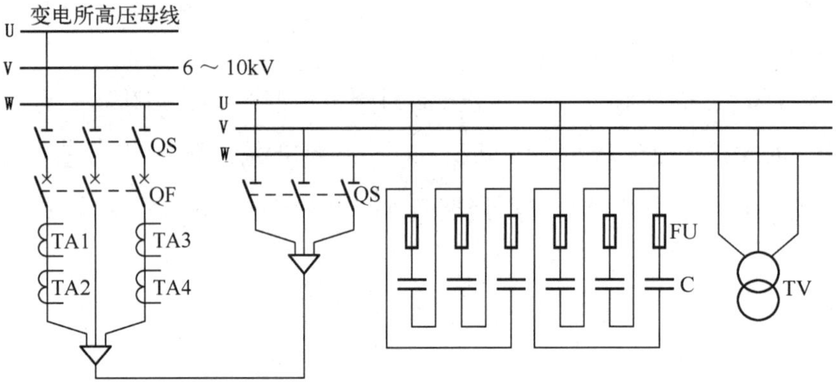

图 8-5 集中补偿的高压电容器组接线图

低压侧补偿有个别补偿、分组补偿和集中补偿三种方法。个别补偿指在电网末端负荷处，按照某用电设备的需要直接在用电设备的附近装设电容器，使无功功率得到就地补偿，可以最大限度地降低配电线路、变压器、高压线路的无功功率损耗和减少有色金属消耗量，具有补偿范围大、补偿效果好的特点。图 8-6 所示为电动机旁个别补偿。分组补偿指在电网末端多个用电设备共用一组电容器补偿装置，能够减小低压配电线路、变压器的无功功率损耗，具有电容器利用率高，比个别补偿可节省电容器容量的优点。集中补偿指将电容器安装在工厂变电所变压器的低压侧（低压母线上），能补偿变电所低压母线前的变压器、高压线路及电力系统的无功功率损耗，有较大的补偿区，在工厂中应用广泛。

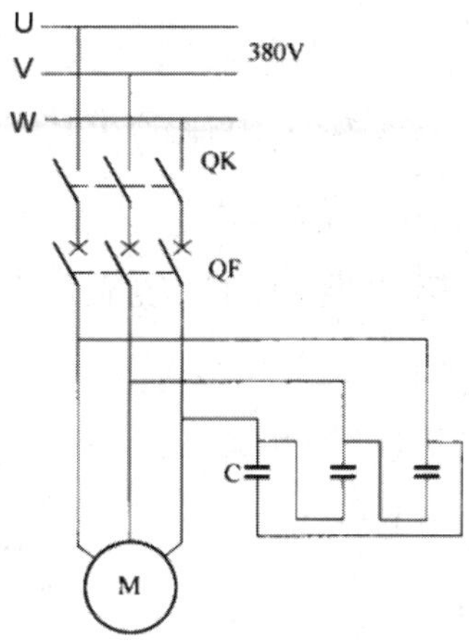

图 8-6 电动机旁个别补偿

应当说明的是，最好的补偿方法是根据工厂实际情况采用电容器集中补偿与分散补偿相结合的补偿方法。

（3）并联补偿电容器组的投切方式。

在采用并联电容器组提高功率因数的方法中，采用手动投切具有简单经济、便于维护的优点，但不便调节容量，更不能按负荷变化进行补偿，以达到理想的补偿要求。具有下列情况之一时，宜采用手动投切的并联电容器组补偿：①补偿低压基本无功功率；②常年稳定的无功功率补偿；③长期投入运行的变压器或变配电所投切次数较少的高压电容器组。

对于集中补偿的高压电容器组，采用高压断路器进行手动投切。

对于集中补偿的低压电容器组，可按补偿容量分组投切。图 8-7（a）是利用接触器进行分组投切的电容器组，图 8-7（b）是利用低压断路器进行分组投切的电容器组。上述两种投切方法还可按补偿容量进行分组投切。

对于分散就地补偿的电容器组，可利用被补偿用电设备的控制开关进行投切。

对于单独就地补偿的电容器组，可利用控制用电设备的断路器或接触器进行手动投切。

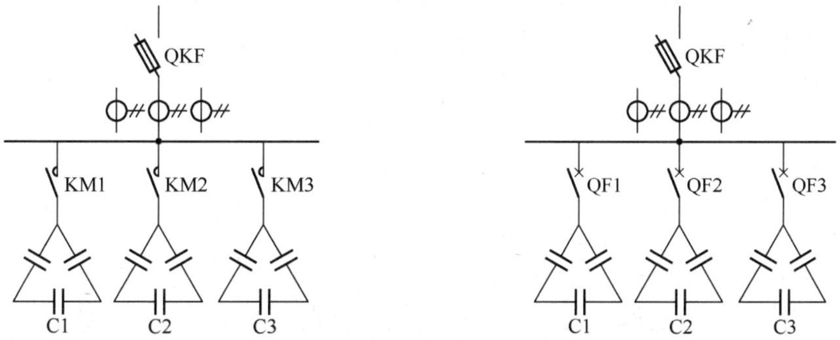

（a）利用接触器进行分组投切的电容器组　（b）利用低压断路器进行分组投切的电容器组

图 8-7 手动投切的集中补偿的低压电容器组

（4）并联补偿电容器组的操作方法。

在正常情况下全站停电操作时，应先拉开电容器组开关，后拉开各路出线开关。恢复送电时，应先合各种出线开关，后合电容器组开关。

在发生下列情况之一时，应立即拉开电容器组开关，使其退出运行。

① 电容器组母线电压超过电容器组额定电压的1.1倍或超过规定的短时间允许过电压及通过电容器组的电流超过电容器组额定电流的1.3倍。

② 电容器油箱外壳最高温度及电容器周围环境温度超过规定的允许值。

③ 电容器连接线接点严重过热或熔化。

④ 电容器内部或放电装置有严重异常声响。

⑤ 电容器外壳有较明显的异形并膨胀。

⑥ 电容器瓷套管发生严重闪络放电。

⑦ 电容器喷油起火或油箱爆炸。

在发生下列情况之一时，不得将电容器组合闸送电。

① 当变电所事故跳闸而全所无电后，必须将电容器组的开关拉开。这是因为变电所母线无负荷时，母线电压可能较高，有可能超过电容器的允许电压，对电容器的绝缘不利。另外，电容器组可能与空载变压器产生共振而使过电流保护装置动作。因此应尽量避免无负荷空投电容器组。

② 当电容器组开关自动跳闸后不准强送电（抢送电）。

③ 保护电容器组的熔断器熔断后，在未查明原因之前不准更换熔体送电。

④ 电容器组禁止带电荷合闸，电容器组在切除5min后才能再次合闸。

（5）并联补偿电容器组的保护。

低压并联补偿电容器组或容量较小的电容器组（450kV·A 及以下），可以通过装设熔断器来做电容器的相间短路保护；对于容量较大的高压并联补偿电容器组，则需要用高压断路器控制，通过装设过电流保护装置来做电容器的相间短路保护。对于采用三角形接线的高压电容器组，三角形接线的各边均接有高压熔断器；对于6～10kV 电容器组装在有可能出现过电压的场所时，需要装设过电压保护装置。当电容器组所接电网的单相接地电流大于10A时，应装设单独的单相接地保护装置；当单相接地电流小于 10A，以及电容器与支架绝缘时，可以不装设单相接地保护装置。

（6）无功自动补偿装置。

具有自动调节功能的并联电容器组，通称无功自动补偿装置。采用无功自动补偿装置可以按负荷变动情况进行无功补偿，达到比较理想的无功补偿要求。但是这种补偿装置初期投资较大，且维修比较麻烦。因此，凡可不用自动补偿或采用自动补偿效果不大的地方，均不必装设无功自动补偿装置。

具有下列情况之一时，宜装设无功自动补偿装置：①为避免过补偿，装设无功自动补偿装置在经济上合理时；②为避免轻载时电压过高造成某些用电设备损坏，而装设无功自动补偿装置在经济上合理时；③只有装设无功自动补偿装置才能满足在各种运行负荷情况下的允许电压偏差值时。

低压自动补偿装置的原理接线图如图 8-8 所示。它按电力负荷的变动及功率因数的高低，以一定的时间间隔（10～15s）自动控制各组电容器回路中接触器的投切，使电网的无功功率自动得到补偿，保持功率因数在 0.95 以上，而不致过补偿。

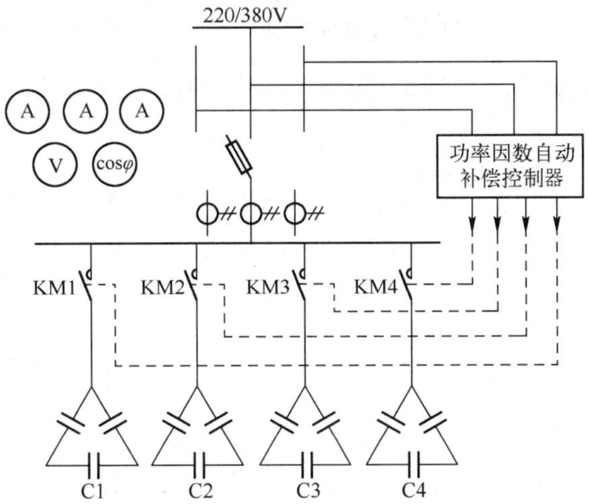

图 8-8 低压自动补偿装置的原理接线图

2）采用同步电动机补偿

同步电动机补偿是在满足生产工艺的要求下，选用同步电动机，通过改变励磁电流来调节和改善供配电系统的功率因数。

3）采用动态无功功率补偿

对于一些容量很大的冲击性负荷（如炼钢电炉、黄磷电炉、轧钢机等），必须采用大容量、高速的动态无功功率补偿装置，如晶闸管开关快速切换电容器、晶闸管励磁的快速响应式同步补偿机等。

任务操作二十九 变配电所并联电容器组的投切操作和巡查与维护

训练目标

（1）能进行并联电容器组的投切操作。

（2）掌握电容器组的巡查与维护项目。

（3）会进行电容器组的巡查与维护。

训练内容

1. 操作和巡查与维护前的准备

（1）工器具的选择、检查：要求能满足工作需要，质量符合要求。

（2）着装、穿戴：穿工作服、绝缘鞋，戴安全帽等。

（3）人员安排：监护人 1 人，操作员 1 人。

2．操作和巡查与维护工作内容

（1）判断并联电容器组是否需要投切。

并联电容器组在供配电系统中正常运行时是否需要投入或切除，应视供配电系统的功率因数或电压是否符合要求而定。若功率因数或电压过低，则应投入电容器组或增加电容器投入量。若变配电所母线电压偏高（如超过电容器额定电压的 10%），则应将电容器组部分或全部切除。

但发生下列情况之一时，应立即切除电容器组：①电容器爆炸；②接头严重过热；③套管闪络放电；④电容器喷油或起火；⑤环境温度超过 40℃。

（2）并联电容器组的投入和切除。

并联电容器组的投入和切除，均应由当班调度员根据系统运行情况统一调度，运行值班人员接到调度命令后才允许操作。一般，在功率因数低于 0.85 时投入电容器组，在功率因数超过 0.95 且有超前趋势时切除电容器组。当变电所电容器组母线全停电时，应先拉开电容器组的分路开关，后拉开母线上各出线开关；当该母线送电时，应先合上各出线开关，后合上电容器组开关。但在事故情况下可先将电容器组停用，然后向调度员汇报。

下面以如图 8-5 所示的集中补偿的高压电容器组的投入和切除为例进行操作。

（1）并联电容器组的投入。

① 合上电源侧隔离开关。

② 合上电容器侧隔离开关。

③ 合上电容器的断路器。

④ 检查电容器三相电流是否平衡，电容器是否有异常情况。

⑤ 向调度员汇报操作任务已完成。

在正常情况下，电容器组的投切比较频繁，但在电容器的断路器分闸后，相隔时间超过 5min 才允许重新合闸。

（2）并联电容器组的切除。

① 拉开电容器的断路器。

② 拉开电容器侧隔离开关。

③ 拉开电源侧隔离开关。

④ 用合格的验电器对电容器组进出线两侧各相分别验电，以确保电容器上已无电压。

⑤ 对外壳绝缘的电容器，除将电容器的电极进行放电外，还必须将电容器的外壳进行放电。在对外壳进行放电前，工作人员不准触及外壳，以防触电。

⑥ 装接地线。

⑦ 记录操作时间，并向调度员汇报操作任务已完成。

3．并联电容器组的巡查与维护项目

对运行中的并联电容器组，值班人员应进行日常巡查与维护、定期停电巡查与维护，以

及特殊巡查与维护。

1）日常巡查与维护

电容器组的日常巡查与维护应由变配电室的运行值班人员完成。有人值班时，每班巡查与维护一次；无人值班时，每周至少巡查与维护一次。夏季在室温最高时巡查，其他时间可在系统电压最高时巡查。若不停电检查有困难时，则可以短时间停电，以便能更好地检查。

日常巡查与维护项目主要有：检查并联电容器组的电压、电流和室温等是否超过规定值；检查电容器外部，观察有无漏油、喷油、外壳膨胀等现象，有无放电声响和放电痕迹，接头处有无发热现象，放电回路是否完好，指示灯指示是否正常等。对装有通风装置的电容器室，还应检查通风装置各部分是否完好。

在巡查与维护中应在运行记录簿中记录电压表、电流表和温度表的数值，也要记录其他缺陷情况。

2）定期停电巡查与维护

并联电容器组要定期进行停电巡查与维护，一般应每季度进行一次。巡查与维护内容是检查各部分螺丝接点的松紧和接触情况，检查放电回路的完整性，检查风道的灰尘并清扫电容器的外壳、绝缘子及支架等处的灰尘，检查电容器组的开关、馈线，检查电容器外壳的保护接地线，检查保护装置等。

3）特殊巡查与维护

当电容器组发生短路跳闸、熔断器熔体熔断等现象后，应立即进行特殊巡查与维护。巡查与维护项目除上述各项外，必须时还应对电容器组进行试验。在查出电容器组或断路器分闸熔断器熔体熔断原因之前，禁止再次合闸。

对室外电容器组在雷、风、雨、雪等恶劣天气时，也应进行特殊巡查与维护。

4．实施运行中电容器组的巡查与维护

（1）检查电容器组是否在额定电压和额定电流下运行，三相电流表指示是否平衡。若运行电压超过额定电压的10%、运行电流超过额定电流的30%时，应将电容器组退出运行，以防电容器烧坏。

（2）检查电容器套管及本体是否有渗漏油现象，内部声音是否异常。

（3）检查电容器套管及支持绝缘是否有裂纹及放电痕迹。

（4）检查各接头及母线是否有松动和过热现象，放电装置是否良好。

（5）检查试温片是否熔化脱落。

（6）检查电容器室室内通风是否良好，环境温度是否超过40℃，并记录室温。

任务四　认识工厂供配电系统事故处理方法

一、工厂供配电系统事故的种类

根据运行经验总结及事故统计，工厂供配电系统事故可分为电气设备方面的事故和不正常操作引起的事故两类。

1．电气设备方面的事故

（1）电气设备的绝缘损坏事故。

（2）电缆头与绝缘套管的损坏事故。

（3）高压断路器与操作机构的损坏事故。

（4）继电保护及自动装置的误动作或因缺少这些必要的装置而造成的事故。

（5）由于绝缘子损坏或脏污而引起的闪络事故。

（6）由于雷电而引起的事故。

（7）由于倒杆、倒塔、着火等而引起的事故。

（8）导线及架空地线的断线事故。

（9）配电变压器事故。

（10）断路器拒绝跳闸或合闸失灵事故。

2．不正常操作引起的事故

（1）带接地线合闸送电事故。

（2）带负荷拉、合隔离开关事故。

此外，还有单相接地故障、线路断路器跳闸事故、全所停电事故、各种违反操作规程引发的设备和人身伤害事故等。

二、工厂供配电系统事故处理的原则

（1）发生事故时，值班人员必须沉着、迅速、准确地处理，不应慌乱或未经慎重考虑就处理，以免事故扩大。具体措施如下。

① 尽快限制事故扩大，消除事故的根源，并解除对人身及设备安全的威胁。

② 用一切可能的办法保持设备继续运行，对重要用户应保证供电，对已停电的用户应迅速恢复供电。

③ 改变运行方式，使供电恢复正常。

④ 为避免事故现场无统一指挥而造成混乱，现场人员必须主动向调度员、领导等汇报事故处理中的每个环节，及时听取指示。

（2）处理事故时，除领导和值班人员外，其他外来的工作人员应退出事故现场。事故前进入的人员应主动退出，不能妨碍处理事故。

（3）在调度管辖范围内的设备发生事故时，值班人员应将事故情况简单而准确地报告给调度员，并听从调度员的命令进行处理。在处理事故的整个过程中，应与调度员保持联系，并迅速地执行命令，做好记录。

（4）在事故处理的过程中，值班人员除积极处理外，还应有明确的分工，要将事故发生及处理过程详细记入设备操作簿内。

三、工厂供配电系统事故现场处理人员应具备的素质

工厂供配电系统事故处理是一项专业性很强的工作，对人员的技术要求较高，处理事故时现场人员必须具备以下条件。

（1）熟悉并掌握电气作业安全规程。

（2）熟悉并掌握工厂供配电系统主接线。

（3）掌握工厂供配电系统正常情况下和事故情况下的倒闸操作。

（4）掌握继电保护方面的知识。

（5）了解工厂生产车间的主要负荷情况。

四、工厂供配电系统事故处理的工作程序

值班人员处理事故时，应遵循以下工作程序。

（1）根据表计指示、继电保护及自动装置动作情况和设备的外部征象判断事故发生前后的情况。

（2）若对人身和设备安全有威胁，则应立即解除这种威胁，必要时要停止设备运行。反之，则应尽力保持或恢复设备的正常运行。应特别注意，对没有直接受到损害的设备进行隔离，保证它们的正常运行。

（3）迅速检查和正确判断事故性质、地点和范围。

（4）对所有没有受到损害的设备，保持其运行。

（5）为防事故扩大，必须主动将事故发生的时间、现象、设备名称和编号、跳闸断路器、继电保护和自动装置动作情况及频率、电压、电流等的变化，迅速而准确地报告给当班调度员和领导。

（6）认真监视表计、信号指示，并做详细记录，所有电话联系均应录音，对处理过程应做详细、准确的记录。

五、工厂供配电系统事故处理的注意事项

（1）处理事故时，所有值班人员必须到自己的工作岗位，集中注意力，迅速、正确地执行当班调度员的命令。只有在接到当班调度员的命令或有明显和直接的危及人身安全或设备完整性的情况时，才可停止设备的运行。

（2）若逢交接班时发生事故，则应由交班人员处理，接班人员作为助手。待恢复正常时，再交接班。但若一时不能恢复，则需要经调度员同意后才可交接班。

（3）当班调度员是事故处理的指挥人，变配电所值班人员应及时将事故征象和处理情况向其汇报，并迅速而无争辩地执行调度员的命令。若值班人员认为调度员的命令有错误，则应指出，并解释原因。若调度员确认自己的命令正确，则值班人员应立即执行。若调度员的命令直接威胁到人身或设备的安全，则无论在什么情况下，值班人员均不得执行，此时应立即将具体情况汇报给生产主管领导，并按其指示执行。

（4）有下列情况时，值班人员可不经调度员许可自行操作，结束后汇报：对威胁人身和设备安全的设备停电；对已损坏的设备隔离；恢复用电；确认母线电压消失，拉开连接在母线上有关的断路器。

（5）处理事故时，必须迅速、正确、果断，要“稳、准、快”，不慌乱，必须严格执行接令、复诵、汇报、录音和记录制度，使用统一的调度术语和操作术语，汇报内容应简明扼要。

阅读材料：
恶性操作造成变电站全站失电

（6）当恢复继电保护及自动装置的掉牌时，必须两人进行，及时做记录。

任务操作三十　变配电所低压主进线开关跳闸事故处理

训练目标

会处理变配电所低压主进线开关跳闸事故。

训练内容

1．事故处理前的准备

（1）工器具的选择、检查：要求能满足工作需要，质量符合要求。

（2）着装、穿戴：穿工作服、绝缘鞋，戴安全帽等。

2．事故处理过程

1）分析主进线开关跳闸事故的原因

（1）低压母线侧发生相间或对地短路，一般由以下几种情况引起。

① 连接螺丝松动，引起过热、跳火，造成对地或相间弧光短路。

② 金属等导电物体或颗粒掉落造成直接对地或相间短路。

③ 断路器的极限通断能力不够，开关的极限通断能力达不到设计要求，当有大的短路电流通过时，引起断路器绝缘损伤或有弧光喷出引起分支连接小母线短路。

④ 断路器上接线端头缺隔弧板或上接线端头距离裸母线过近，易造成弧光短路，断路器上接线端头必须按规定配置和安装隔弧板并保证上接线端头与裸母线的距离。

⑤ 房间漏水或清扫时水溅到导体上引起短路等。

（2）出线分路故障短路，开关越级跳闸，如出线电缆故障、出线电缆终端开关柜内故障、负载或负载开关装置故障等。

（3）操作人员操作失误，如带负荷拉、合刀开关造成弧光短路引起跳闸，开关分、合闸状态误判，错按“分闸按钮”，防护措施不当或作业人员不认真误碰开关分闸装置。

（4）开关本体故障。

（5）开关过负荷（很少出现）。

（6）有大容量设备启动，或多台大电机同时启动，对电网有较大的电流冲击超出开关电流动作值。

2）主进线开关跳闸事故处理步骤

（1）检查跳闸发生的母线段所带的设备是否有明显短路迹象：先检查主进线开关、低压主汇流母线、分支小母线、分路刀开关，然后检查分路断路器、分路熔断器。注意：检查开关的导电软连接带是否有因断裂而搭挂接地，检查主汇流母线、分支小母线、分路刀开关有无短路迹象。

若发现有明显的故障迹象，则应立即隔离故障点（拉下该分路刀开关），然后送上低压主进线开关。若无明显的故障迹象，则采取如下措施处理：拉下各分路刀开关，断开分路断路器，送上低压主进线开关，摇测并试送各分路，注意：应先试送重要负荷，夜间应先送照明，长、短丝、地下室应先送排风、送风。

对于有重合闸装置的线路，应检查重合闸线路是否已切换到未停电段，若未切换，则应检查重合闸分路。正常后，手动切换送电后要迅速组织人力分头检查故障线路，查出故障起始点，然后根据故障情况对症处理。

（2）低压联络运行方式下的事故处理。

若低压主进线开关与低压联络开关同时跳闸，其处理方法同（1）。停电段母线送电正常后，合上低压联络开关，恢复变电所正常运行方式。若低压主进线开关跳闸后，而低压联络开关仍在合闸状态时，一般是开关误动或开关损坏造成的，则应检查低压主进线开关，无问题后迅速送电。

任务操作三十一　变压器高压侧开关跳闸事故处理

训练目标

会处理变压器高压侧开关跳闸事故。

训练内容

1. 事故处理前的准备

（1）工器具的选择、检查：要求能满足工作需要，质量符合要求。

（2）着装、穿戴：穿工作服、绝缘鞋，戴安全帽等。

2．事故处理过程

1）分析变压器高压侧开关跳闸事故的原因

变压器高压侧开关跳闸的主要原因一般有：变压器内部故障、变压器过负荷、低压侧由短路故障引起越级跳闸、一次侧开关至变压器高压瓷套管之间发生相间或对地短路事故、人员误动或误碰等。

2）变压器高压侧开关跳闸事故的处理原则

（1）要准确判断是变压器内部故障还是变压器外部故障，是速断动作还是定时限过电流动作。

（2）要迅速恢复供电，在联络运行方式下若由一台变压器带全部负荷，则将引起过负荷，处理不及时将造成过负荷跳闸。

（3）要准确查清引起故障的原因。

3）变压器高压侧开关跳闸事故的处理步骤

（1）根据事故信号判断是哪一台设备跳闸。

（2）确认跳闸性质：查看高压配电柜上的保护装置显示信息，看是过电流动作还是速断动作或重瓦斯动作。

（3）若为速断保护动作，则应迅速断开变压器低压侧主进线开关，将变压器退出，防止在低压联络状态下向变压器反送电。同时，要紧密监视另一台正在运行的变压器的电流，防止在低压联络运行方式下，另一台变压器过负荷跳闸。在变压器并列运行方式下，经检查低压侧正常后，应将低压母联开关合闸，同时请示调度员调整降低负荷，并视负荷情况考虑是否退出变压器的过电流保护。然后组织人力分头对变压器及其一、二次侧进行检查。

首先检查高压开关柜内有无短路，特别要注意是否有小动物引起的短路，检查变压器瓷套管是否完整，连接变压器的母线上是否有闪络的痕迹；其次检查高压电缆头是否损伤，电缆是否有移位。

排除上述怀疑后，应对变压器内部进行检查。当发现内部有故障时，不得合闸送电。

若为保护误动作引起的跳闸，而变压器又没有损伤的迹象，则要对继电保护装置进行检查和试验。若判断无故障，则可空载合闸试送电；合闸后，经检查正常，方可与其他线路接通。

（4）若为变压器的定时限过电流保护装置动作引起的跳闸时，则应先解除音响，断开变压器低压主进线开关，然后检查高压断路器、变压器及其连接母线、电缆头。若没出现明显的故障迹象，则可将变压器合闸试送电，然后按变电所低压主进线开关跳闸的处理方法进行处理。若发现高压断路器、变压器及其连接母线、电缆头有故障迹象时，则应立即进行修理，修理好后方可合闸送电。

（5）若为因变压器过负荷或人员误动引起的跳闸，则要立即抢送。

项目总结

1．工厂供配电管理部门应建立完善的技术管理制度、完整的技术资料管理制度和电气运行日志等。这些既是维护、维修的基本技术依据，也是进行事故分析的原始资料，还是进行运行管理的具体体现。要保证工厂供配电系统正常运行，应加强工厂变配电所的运行调度管理、班组计划管理和设备管理。

2．节约电能不仅可以缓解电力供需的矛盾，降低企业的生产成本，提高经济效益，而且可以节约大量的一次能源，因此每个企业和电力用户都应高度重视电能的节约。工厂节约电能，可以从科学管理和技术改造两个方面采取措施。

3．提高工厂供配电系统的功率因数，使工厂供配电系统经济运行，对国民经济具有重要意义。用户在当地供电企业规定的电网高峰负荷时的功率因数，应达到规定要求。凡功率因数未达到规定要求的，应增添无功补偿装置，通常采用并联电容器进行补偿。

4．功率因数补偿方法有提高自然功率因数和采用人工补偿功率因数两种方法。其中，采用人工补偿功率因数的方法有并联电容器补偿、同步电动机补偿、动态无功功率补偿等。

5．工厂供配电系统的事故种类较多。发生事故时，值班人员必须沉着、迅速、准确地处理，不应慌乱或未经慎重考虑就处理，以免事故扩大。处理事故时，必须严格按规程要求进行。

思考与练习题

1．工厂供配电系统运行管理应建立哪些技术资料？应建立哪些技术管理制度？

2．在交接班记录簿上主要记录哪些内容？

3．节约电能对工业和国民经济有何重要意义？

4．什么是提高自然功率因数？什么是无功功率的人工补偿？为什么工厂通常采用并联电容器来进行无功补偿？

5．在什么情况下应立即拉开电容器组开关，使其退出运行？

6．在什么情况下不查明原因不得将电容器组合闸送电？

7．说明并联电容器组的投切操作过程。

8．工厂供配电系统的事故主要有哪些？

9．简要说明工厂供配电系统发生事故时的处理原则、处理程序和注意事项。

参考文献

[1] 沈柏民．工厂供电技术与技能训练[M]．北京：人民邮电出版社，2011.

[2] 崔陵．企业变配电系统运行与维护[M]．2 版．北京：高等教育出版社，2021.

[3] 刘介才．工厂供电[M]．6 版．北京：机械工业出版社，2016.

[4] 刘介才．供配电技术[M]．4 版．北京：机械工业出版社，2017.

[5] 田淑珍．工厂供配电技术及技能训练[M]．3 版．北京：机械工业出版社，2017.

[6] 陈小虎．工厂供电技术[M]．4 版．北京：高等教育出版社，2015.

[7] 劳动和社会保障部，中国就业培训技术指导中心．变配电室值班电工（初级、中级）[M]．北京：中国电力出版社，2003.

[8] 劳动和社会保障部，中国就业培训技术指导中心．变配电室值班电工（高级、技师、高级技师）[M]．北京：中国电力出版社，2003.

[9] 中华人民共和国能源部．中华人民共和国行业标准　电业安全工作规程（发电厂和变电所电气部分）[S]．DL 408—1991．北京：中国电力出版社，1991.

[10] 中华人民共和国国家质量监督检验检疫总局，中国国家标准化管理委员会．中华人民共和国行业标准　电力安全工作规程（发电厂和变电站电气部分）[S]．GB 26860—2011．北京：中国标准出版社，2012.

[11] 刘介才．工厂供电设计指导[M]．3 版．北京：机械工业出版社，2021.